工业和信息化部"十四五"规划教材　　　　　　通信技术精品系列教材

现代通信
接入网技术 微课版

张庆海◎主编　李坡 陈晓刚◎副主编

U0277920

人民邮电出版社
北　京

图书在版编目（ＣＩＰ）数据

现代通信接入网技术：微课版／张庆海主编. --
北京：人民邮电出版社，2023.10
通信技术精品系列教材
ISBN 978-7-115-61338-7

Ⅰ. ①现… Ⅱ. ①张… Ⅲ. ①接入网－教材 Ⅳ.
①TN915.6

中国国家版本馆CIP数据核字(2023)第044566号

内 容 提 要

随着通信技术迅猛发展，通信业务向综合化、数字化、智能化、宽带化方向发展，人们对通信业务多样化的需求不断提高。本书以当前现代通信接入网技术为主线，全面、系统地介绍相关技术理论和工程实践，共 7 个模块，包括通信接入网基础认知、LAN 接入技术、EPON 技术、GPON 技术、10G PON 技术、WLAN 技术和 ODN 工程实施与运维。

本书以产教融合为背景，采用模块化结构，力求做到内容新颖、知识全面、应用深入、案例引导、由浅入深。本书在编写过程中，注重基本概念和基本原理掌握与实际应用的紧密结合。

本书既可作为职业本科、应用型本科以及高等职业院校通信和电子信息类专业的教材，也可供 ICT 领域相关技术人员和管理人员阅读。

◆ 主　　编　张庆海

副 主 编　李　坡　陈晓刚

责任编辑　鹿　征

责任印制　王　郁　焦志炜

◆ 人民邮电出版社出版发行　　　北京市丰台区成寿寺路 11 号

邮编　100164　电子邮件　315@ptpress.com.cn

网址　https://www.ptpress.com.cn

大厂回族自治县聚鑫印刷有限责任公司印刷

◆ 开本：787×1092　1/16

印张：16　　　　　　　　　　　2023 年 10 月第 1 版

字数：439 千字　　　　　　　　2023 年 10 月河北第 1 次印刷

定价：59.80 元

读者服务热线：(010)81055256　印装质量热线：(010)81055316

反盗版热线：(010)81055315

广告经营许可证：京东市监广登字 20170147 号

通信网不断发展，从模拟通信到数字通信，从电缆到光缆，从有线到无线，一代又一代新技术、新系统层出不穷。在新一代通信网络体系结构中，接入网作为网络的"最后一公里"，在工程应用中面广、量大，技术复杂。随着以 IP 业务为代表的数据通信业务的"爆炸式"增长和通信市场的日益开放，接入网呈现出综合化、数字化、智能化、宽带化的主要特征。随着我国职业教育体系的日趋完善，高等职业教育培养出的学生不仅需要扎实的理论基础，也需要高超技能。在产教融合背景下，为紧跟时代发展，进一步缩小毕业生能力与社会需求的差距，实现就业的无缝对接，高等职业院校迫切需要具有鲜明时代特色的教材。本书就是根据这一时代需求，依据相关专业教学标准而编写的。

本书的人才培养目标以党的二十大精神为指引，从知识、能力、素质等方面充分体现立德树人的根本任务，在传授专业知识、提高专业技能的同时，更加注重素质提升，从科学素养、职业素质等方面全面落实，积极推进三全育人。

本书以产教融合为背景，采用模块化结构，以现代通信接入网技术为主线，全面、系统地介绍相关技术理论和工程实践，各模块基本按"学习目标→重点/难点→情境描述→知识引入→技能演练→思考与练习"的架构进行内容组织，让工程流程与教学环节相呼应，技术理论和工程实践相结合。

全书共 7 个模块，内容如下。

模块 1，通信接入网基础认知，主要内容包括通信接入网的发展和基本概念以及典型接入网技术等。

模块 2，LAN 接入技术，理论内容主要包括 TCP/IP 基本原理、以太网基本原理、虚拟局域网技术以及 LAN 接入典型组网等；工程实践以不同规模的 LAN 接入网组建为背景，按照工程建设的步骤，首先通过仿真进行方案设计，其次对设备认知、设备安装、数据配置、系统调试等不同环节的岗位所需技能进行演练。

模块 3，EPON 技术，理论内容主要包括 EPON 的技术原理、关键技术等；工程实践以用 EPON 技术实现基本的宽带网络业务为工程背景，对设备认知、设备安装、数据配置、功能验证等不同环节的岗位所需技能进行演练。

模块 4，GPON 技术，理论内容主要包括 GPON 的技术原理、关键技术等；工程实践以实现宽带业务和语音业务为工程背景，对设备认知、设备安装、数据配置、功能验证等不同环节的岗位所需技能进行演练。

模块 5，10G PON 技术，理论内容主要包括 10G EPON 和 XG（S）-PON 两类技术，对不同的 10G PON 技术原理进行介绍；工程实践以实现 IPTV、三网融合等业务为工程背景，对设备认知、设备安装、数据配置等不同环节的岗位所需技能进行演练。

模块 6，WLAN 技术，理论内容主要包括 WLAN 技术原理、关键技术以及 Wi-Fi6 新技术等；工程实践根据不同的无线接入需求，对组网设计、设备认知、设备安装、数据配置、功能验证等不同环节的岗位所需技能进行演练。

模块 7，ODN 工程实施与运维，理论内容主要包括有关无源光网络的结构组成、工程实施与运维方面的知识；工程实践以典型无源光网络的建设为工程背景，对工程实施、工程测试验收等不同环节的岗位所需技能进行演练。

本书配备丰富的数字化教学资源，包括 PPT 课件、教学大纲、习题答案、微课视频等，实现了纸质教材与数字资源的结合。教师可在人邮教育社区（https://www.ryjiaoyu.com）网站注册、登录后下载相关资源，微课视频可通过扫描书中二维码直接观看。

本书由南京工业职业技术大学张庆海担任主编；南京工业职业技术大学李坡、嘉环科技股份有限公司陈晓刚担任副主编；南京工业职业技术大学董鹏、李敏，南京理工大学紫金学院张雨，嘉环科技股份有限公司单世亮、吴捷、高文鹏等参编。编者在编写本书过程中还得到了来自中国通信学会、人民邮电出版社、华为技术有限公司、南京广播电视系统工程公司、南京牧信科技有限公司等单位的领导、专家和老师等的大力支持与指导，在此表示最诚挚的谢意！

由于编者水平有限，书中难免存在疏忽、遗漏或其他不妥之处，承蒙读者指教及提出修改建议，以便将来修订时更好地完善本书，编者将不胜感激！

编　者

2023 年 4 月

目 录 CONTENTS

01 模块1　通信接入网基础认知

【学习目标】

- 了解通信接入网的发展过程；
- 掌握通信接入网的定义、组成、分类等基本概念；
- 理解通信接入网技术标准；
- 理解典型通信接入网技术工作原理；
- 培养认识世界的能力和爱国主义精神；
- 培养自主学习、独立思考问题的能力和创新精神。

【重点/难点】

- 通信接入网的组成和标准；
- 典型通信接入网技术。

【情境描述】

　　随着通信技术的飞速发展，人们对通信业务的需求不断提高，综合化、数字化、智能化、宽带化和个人化成为电信业务的主流发展趋势。通信网也日益复杂，为便于分析，人们把整个通信网抽象为由核心网、接入网和用户驻地网组成。如何充分利用现有的网络资源增加业务类型，提高服务质量，已成为通信行业专家和运营商日益关注的课题，"最后一公里"解决方案是大家最关心的焦点之一。因此，接入网已成为网络应用和建设的热点。本模块主要介绍有关通信接入网的概况。以通信接入网在通信网中的位置为背景开启学习本书的大门。本模块的内容主要包括通信接入网的发展、电信接入网的定义、IP 接入网的定义、接入网的拓扑结构、接入网分类和典型接入网技术等。本模块是学生继续学习各种接入网技术的基础，是学生顺利进入接入网技术学习的大门。

【知识引入】

1.1　通信接入网的概念

1.1.1　通信网络结构

　　传统的通信网络结构中通常若干终端设备通过用户环线与中心交换机进行

相互通信，如图 1-1 所示。由于通信设备间的距离太远，不可能敷设专用的线路，需组建传输通信网络，如图 1-2 所示。通信网可以定义为：通信网是构成多个用户相互通信的多个电信系统互联的通信体系，它利用电缆、光缆或电磁波作为传输介质，通过交换、传输、管理等设备，使用各种通信手段和一定的连接方式将地理上分散的终端设备互连起来，实现通信和信息交换。通信的终端设备越多，它们之间的通信路径就越错综复杂。建立通信网的目的是开展某种通信业务，它不仅能提供普通的电话业务，而且能提供数字化、宽带化的综合业务。因此，一般按通信业务的不同，通信网可划分为电话网、数据网和移动通信网等。

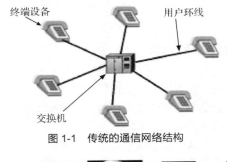

图 1-1　传统的通信网络结构

图 1-2　传输通信网络

　　随着技术的发展，通信网日益复杂，为便于分析，人们将整个通信网抽象为由核心网、接入网和用户驻地网组成，核心网与接入网之间的接口称为业务节点接口（Service Node Interface，SNI），接入网和用户驻地网之间的接口称为用户-网络接口（User-Network Interface，UNI），如图 1-3 所示。用户驻地网既可以是终端网络，也可以是单独的终端设备。接入网是处于核心网与用户驻地网之间的，连接本地交换机和用户的部分。从运营商角度来看，接入网在整个通信网中处于网络的边缘，是网络建设的最后一段，也称"最后一公里"；而对用户来说，接入网是用户直接接触的网络，可以说是"最初一公里"。这里的"一公里"只是形象说法，表示相对于整个通信网络来说是距离较短的一段。而核心网处于通信网络的核心位置，承担骨干通信任务，关系重大，被成千上万个用户共用，是通信网的信源传输中心，主要由长途网（城市之间）和中继网（本市内）组成。现在，通信网的核心部分已经实现数字化和宽带化，核心网正向超高速、大容量的方向发展，展现出宽带化、IP 化以及业务融合化的趋势。

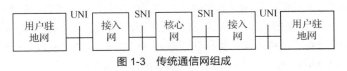

图 1-3　传统通信网组成

　　接入网覆盖面积广，接入节点覆盖全国，所有电话能接入的地方均能上网。

　　接入网的引入给通信网带来新的变革，使整个通信网络结构发生了根本的变化。传统电话网中的用户环路就是接入网的原型，接入网是电话网中用户环路的延伸和扩展。

　　与核心网相比，接入网具有复用、交叉连接和传输功能，一般不具有交换功能，它提供开放的 V5 标准接口，可实现与任何种类的交换设备进行连接；接入网支持多种业务，但与核心网相比业务密度较低。另外，接入网对运行条件要求不高，相对一般放在机房内的核心网设备，接入网设备通常放在户外，因此对设备的性能、温度适应性和可靠性有很高的要求。接入网组网能力强，有多种组网形式，可采用多种接入技术，如铜线接入、光纤接入、光纤同轴混合接入、无线接入等。同时，接入网具备全面的网络管理（以下简称网管）功能，可通过相关协议接入本地网管系统，由本地的网管中心对它进行管理。

1.1.2　通信接入网的发展

通信接入网是随着业务类型的发展而不断演进的。第 1 种业务为语音业务，仅涉及语音通信，属于窄带业务，对网络带宽的需求固定；第 2 种业务为上网业务，包括简单的网页浏览、观看文字及图片、传输文字及图片等，需要简单的即时通信；第 3 种业务为网络游戏与视频业务，包括在线视频、在线音乐、视频即时通信等。随着技术的发展，高清游戏与视频业务成为新的需求，包括高清在线游戏、高清在线视频、互联网电视（Internet Protocol Television，IPTV）、高品质音乐、高清视频即时通信等。更高带宽的业务还有 4K 视频、视频监控等。

用户业务的不断发展推动了宽带接入技术的发展。接入网的发展主要经历了如下 4 个阶段。

第 1 个阶段：纯语音接入的接入网，主要基于电缆接入。

第 2 个阶段：初步的综合接入网，包括普通传统电话业务（Plain Old Telephone Service，POTS）、综合业务数字网（Integrated Service Digital Network，ISDN）、数字数据网（Digital Data Network，DDN）等。

第 3 个阶段：宽窄带一体化的接入网，如组合型接入网、融合型接入网。

第 4 个阶段：向下一代网络（Next-Generation Network，NGN）演进的接入网，实现与 NGN 的对接，全面过渡到分组网。

1.1.3　通信接入网的结构组成

传统通信接入网的结构组成如图 1-4 所示，可分为馈线段、配线段和引入线段。图 1-4 中，SW 为交换模块（Switch），RSU 为远端交换模块（Remote Switching Unit），RT 为远端设备（Remote Terminal），SN 为业务节点（Service Node），FP 为灵活点（Flexible Point），DP 为配线点（Distributing Point），CPN 为用户驻地网（Customer Premises Network）。SN 至 FP 为馈线段；FP 至 DP 为配线段；DP 至 CPN 为引入线段。FP 与 DP 是两个很重要的信号分路点，大致对应传统铜线用户线的交接箱和分线盒。

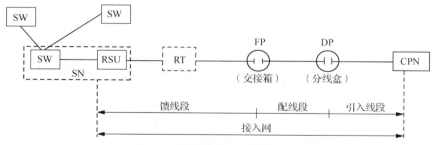

图 1-4　传统通信接入网的结构组成

通信网发展至今，已经发生了天翻地覆的变化，从模拟到数字，从电缆到光缆，从准同步数字系列（Plesiochronous Digital Hierarchy，PDH）到同步数字系列（Synchronous Digital Hierarchy，SDH），从同步传输模式（Synchronous Transfer Mode，STM）到异步传输模式（Asynchronous Transfer Mode，ATM），从 ATM 到 IP/DWDM（Dense Wavelength Division Multiplexing，密集波分复用）……一代又一代新技术、新系统层出不穷。然而，绝大多数新技术、新系统都是应用于骨干网中的，用户接入网仍被模拟双绞线技术所主宰。由于社会经济和通信技术的发展，单纯的语音业务已难以满足用户和市场的需求，特别是光纤技术的出现，以及用户对新业务，尤其是对宽带图像和数据业务的需求增加，给整个网络的结构带来了影响，同时为用户接入网的改造和更新带来了转机。总之，用户对宽带综合业务的需求和通信技术的迅速发展是接入网技术发展的两大原动力。

现代通信接入网的结构组成是指本地交换机与用户终端之间的所有机线设备。各种不同业务（如宽带、语音或数据业务等）通过干线传输系统设备（如程控交换机、宽带汇聚设备、复用设备或交叉连接设备等）到达接入网骨干节点，通过配线架与接入网设备（如光线路终端）连接，然后再通过分配网络到达用户或网络终端设备。现代通信接入网的结构组成如图1-5所示。

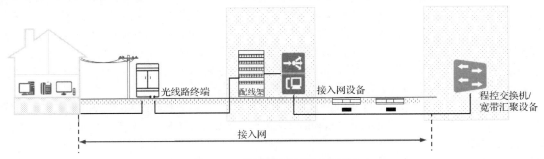

图 1-5　现代通信接入网的结构组成

1.1.4　接入网在通信网中的位置

随着技术的不断发展，传统通信网与计算机通信网日趋融合，形成可以提供语音、数据（包括 IP 业务）、图像、多媒体、各种增值业务及智能业务等多种业务的网络。城域网引入现代通信网，模糊了传统电信界所定义的通信网结构以及接入网概念。不少业界人士根据网络地域特征和功能特征认为通信网由长途骨干网、城域网、接入网和用户驻地网组成。

微课 1-1　接入网在通信网中的位置

① 长途骨干网。长途骨干网是指连接国家各省/地区主要节点的网络，通常是网状网，具有可靠的保护措施，以保障大容量的可靠传输为基本特征。

② 城域网。城域网是指在城市范围内，以 IP 和 ATM 电信技术为基础，以光纤作为传输介质，集数据、语音、视频服务于一体的高带宽、多功能、多业务接入的多媒体通信网络。其特点是除了较大容量传输时，它以路由器作为长途骨干网的调度设备，所构成的网络拓扑结构通常为环形结构。

③ 接入网。接入网包括以支持传统电话业务为主的传统电信界定义的接入网、以接入数据业务或 IP 业务为主的 IP 接入网和提供综合业务接入的接入网。其主要功能是实现用户业务的接入和汇聚，拓扑结构则呈现多样化，既有星形、环形，也有树形，还有环形加树形等。

④ 用户驻地网。用户驻地网是由用户自己或用户驻地网运营商管理、运行的网络，一般是用户终端至 UNI 所包含的网络部分，它由完成通信和控制功能的用户驻地中的机线设备组成，其规模大小可能因用户的不同而非常不同，简单的用户驻地网可以仅仅是进到普通居民用户家里的一对双绞线，大的、复杂的用户驻地网可以是覆盖几千米的校园通信网、大企业网或用户驻地网运营商所运营的居民小区网络等。

这里，长途骨干网和城域网也就是核心网，而接入网在整个网络中的作用并没有本质的变化。可以认为接入网是由用户与城域网之间的一系列实体组成的。在无线接入网中，3G、4G或 5G 基站设备与核心网通过交换设备连接；有线宽带接入网主要为现代光纤接入网，主要包括光线路终端（Optical Line Terminal，OLT）、光网络单元（Optical Network Unit，ONU）和光分配网（Optical Distribution Network，ODN）等设备；公用电话交换网（Public Switched Telephone

Network，PSTN）包括媒体网关（Media Gateway，MGW）、电话终端和连接线缆，其与核心网连接的设备可以是本地交换机与核心网交换机，如图 1-6 所示。

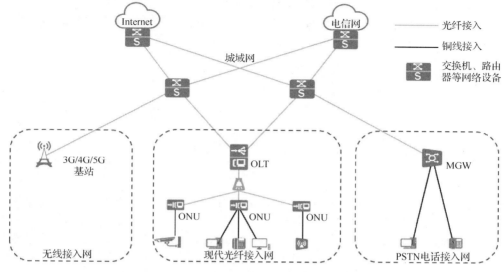

图 1-6　接入网在通信网中的位置

用户驻地网通过不同的终端设备连接到接入网，实现不同的业务功能。例如无线接入网使用手机或移动终端连接；有线宽带接入网通过 PC、网络电话或网络电视连接；PSTN 通过网络电话或普通电话机连接。

1.2　通信接入网的标准

在通信接入网的发展过程中主要有两大标准，一是电信接入网标准 ITU-T G.902，二是 IP 接入网标准 Y.1231。它们有不同的功能特点，现分述如下。

微课 1-2　接入网的标准与分类

1.2.1　电信接入网标准

1995 年 11 月，国际电信联盟（International Telecommunications Union，ITU）发布了第一个接入网标准 ITU-T G.902（以下简称 G.902）。在 G.902 中，接入网是这样定义的：接入网由业务节点接口和用户-网络接口之间的一系列传送实体（包括线路设施和传输设施）组成，是为传送电信业务提供所需传送承载能力的实施系统，可经由 Q3 接口配置和管理。

G.902 定义的接入网是由 3 个接口界定的，即用户通过 UNI 连接到接入网（Access Network，AN）；接入网通过 SNI 连接到业务节点；接入网和业务节点通过 Q3 接口连接到电信管理网（Telecommunications Management Network，TMN），如图 1-7 所示。

UNI 进一步可分为单个 UNI 和共享 UNI。单个 UNI 的例子包括 PSTN 和 ISDN 中各种类型的 UNI，但是 PSTN 中的 UNI 和用户信令并没有得到广泛应用，因而各个国家采用自己的规定。共享 UNI 的例子是 ATM 接口。当 UNI 是 ATM 接口时，这个 UNI 可支持多个逻辑接入，每一个逻辑接入通过一个 SNI 连接到不同 SN。这样 ATM 接口就成为一个共享 UNI，通过这个共享 UNI 可以接入多个 SN。UNI 在接入网的用户侧，支持各种业务的接入，如模拟电话业务接入、N-ISDN 业务接入、B-ISDN 业务接入，以及租用线业务的接入。对于不同的业务，采用不同的接入方式，对应不同的接口类型。UNI 主要包括 Z 接口、ISDN 2B+D（B 为 64kbit/s 速率，D 为 16kbit/s 速率）、ISDN 30B+D、ATM 接口、以太网接口、通用串行总线（Universal Serial Bus，USB）接口、外设部件互连（Peripheral Component Interconnect，PCI）接口、租用线接口等。能用作 UNI 的一定可以用作 SNI，但业务节点接口不一定能作为用户接口，例如 V5 接口只能作为业务节点接口，不能作为用户接口使用。

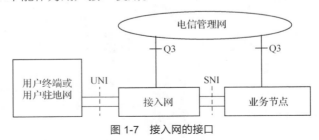

图 1-7　接入网的接口

SNI 是 AN 与 SN 之间的接口，是 SN 通过 AN 向用户提供电信业务的接口。SN 是指能独立提供某种业务的实体，即一种可提供各种交换类型或永久连接类型的电信业务的网元，例如本地交换机、X2.5 节点机、数字数据网（Digital Data Network，DDN）节点机、特定配置下的点播电视和广播电视业务节点等，支持窄带接入业务和宽带接入业务，并连接到通信网中。如果 AN-SNI 侧与 SN-SNI 侧不在同一个地方，可以通过透明传送通道实现远端连接。SNI 可分为模拟接口（Z 接口）和数字接口（V 接口）。Z 接口对应 UNI 的模拟 2 线音频接口，可提供普通电话业务；在 V5 接口出现以前，ITU-T 的 Q 系列建议中规范了 V1～V4 接口，V5 接口主要是为满足 ISDN 用户接入而提出的，它们的共同特点是都不支持 PSTN 和 ISDN 的综合接入。V5 接口是标准化的数字接口，包括 V5.1 和 V5.2 等不同版本，如以太网接口以及其他 ATM 接口等。

TMN 是收集、处理、传送和存储有关通信网操作、维护和管理信息的一种综合手段，可以提供一系列管理功能，对通信网实施管理、控制。它是通信技术和计算机技术相互渗透和融合的产物。TMN 的目标是最大限度地利用电信网络资源，提高运行质量和效率，向用户提供优质的通信服务。TMN 能使各种操作系统之间通过标准接口和协议进行通信，它在现代通信网中起支撑作用。TMN 有 5 种节点：操作系统（Operating System，OS）、网络单元（Network Element，NE）、中介装置（Mediation Device，MD）、工作站（Work Station，WS）、数据通信网（Data Communication Network，DCN）。TMN 有 3 类标准接口：Q 接口、F 接口、X 接口。

网管接口采用 Q3 接口，是 TMN 与被管理部分连接的标准接口。其功能包括用户端口功能的管理、运送功能的管理和业务端口功能的管理等。

1.2.2　IP 接入网标准

随着 Internet 业务的"爆炸式"发展，IP 业务量急剧增长。提供 IP 业务与提供传统的以电话业务为代表的电信业务有很大的不同。2000 年 11 月，ITU 通过了 IP 接入网的 Y.1231 标准。根据 Y.1231 建议，IP 接入网定义为：IP 接入网是由网络实体组成的提供所需接入能力的一个实施系统，用于在 IP 用户和因特网服务提供者（Internet Service Provider，ISP）之间提供具有接入 IP 业务能力的网络。IP 接入网是 IP 作为第 3 层协议的网络。IP 业务是通过用户与 ISP 之间的接口，以 IP 包传送数据的一种服务。IP 接入网的结构如图 1-8 所示。可以看出，IP 接入网与用户驻地网和 IP 核心网之间的接口是参考点（Reference Point，RP），RP 用来在逻辑上分离 IP 核心网和 IP 接入网功能，与上述的传统电信接入网的 UNI 和 SNI 不同，RP 在某些 IP 网络中并不是用具体的物理接口来描述的。在某些 IP 网络中也无法界定 IP 核心网与 IP 接入网之间具体的接口位置。

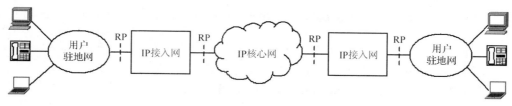

图 1-8 IP 接入网的结构

1.2.3 G.902 标准与 Y.1231 标准的比较

从以下几个方面对 G.902 标准与 Y.1231 标准进行比较。

1. 在接入网定义方面比较

G.902 标准定义的是 SNI 与对应 UNI 之间的承载电信业务的实体；Y.1231 标准定义的是 IP 用户与 ISP 之间的承载 IP 业务的实体。

2. 在界定与接口方面比较

G.902 标准定义的接入网由 UNI、SNI 和 Q3 接口界定；而 Y.1231 标准的接口抽象为统一的接口 RP，更具灵活性和通用性。

3. 从功能方面比较

G.902 标准具有复用、连接、运送功能，无交换和计费功能，它不解释用户信令，UNI 和 SNI 只能静态关联，用户不能动态选择 SN；而 Y.1231 标准除具有复用、连接、运送功能外，还具有交换和计费功能，能解释用户信令，IP 用户可以自己动态选择 ISP。

4. 从接入管理角度比较

G.902 标准对接入网的管理由 TMN 实现，受制于电信网络的体制，没有关于用户接入管理的功能；Y.1231 标准具有独立且统一的身份认证、授权和记账协议(Authentication Authorization and Accounting，AAA) 用户接入管理模式，便于运营和对用户的管理，适用于各种接入技术。

Y.1231 标准将接入网的发展推进到一个新的阶段，IP 接入网比电信接入网具有更大优势。IP 接入网适应当今主流技术，可以提供数据、语音、视频和其他各种业务，满足网络融合的需求。目前宽带接入技术几乎都是基于 IP 接入网的。

由于 Internet 业务的流行，传统的电信接入网不再以支持电信业务为基本特征，而向提供电话、数据（以 Internet 业务为代表）和视频业务的综合接入方向演进，同时 ISP 也希望 IP 接入网能够提供传统电信业务。所以，接入网越来越显现出综合业务接入的特征。因此，现在人们不再用"接入网"这个术语指 G.902 标准定义的接入网或 Y.1231 标准定义的 IP 接入网，而笼统地用"接入网"来表示用户与核心网中的城域网之间的一系列传送实体（例如线路设施和传输接入设施），它是为传送接入电信业务或 IP 业务提供所需传送承载能力或 IP 接入能力，并且可通过网管接口或 RP 进行配置和管理的实施系统。

1.2.4 接入网的功能

接入网主要有三大功能：系统管理功能、传送功能和接入功能。

① 系统管理功能：系统配置、监控和管理。

② 传送功能：主要是传送 IP 业务。

③ 接入功能：对用户接入进行控制和管理。接入方式分为 5 类，即直接接入方式、PPP（Point-to-Point Protocol，点对点协议）隧道方式[二层隧道协议（Layer2 Tunneling Protocol，L2TP）]、IP 隧道方式[互联网络层安全协议（Internet Protocol Security，IPSec）]、路由方式

和多协议标记交换（Multi-Protocol Label Switching，MPLS）方式。接入功能主要包括如下几个方面。

- 多 ISP 的动态选择；
- 使用 PPP 的 IP 地址动态分配；
- 网络地址转换（Network Address Translation，NAT）；
- 鉴权；
- 加密；
- 计费；
- 与远程身份认证拨号用户服务（Remote Authentication Dial-In User Service，RADIUS）

服务器的交互。

1.3　接入网分类

接入网可以从不同的角度分类，如按拓扑结构、传输介质、带宽、接入技术等分类。

1.3.1　按拓扑结构分类

接入网的拓扑结构指的是机线设备的集合排列形状，它反映了物理上的连接性，接入网的成本在很大程度上受拓扑结构的影响，拓扑结构直接与接入网的效能、可靠性、经济性和提供的业务有关。当前接入网中常见的拓扑结构有总线型结构、星形结构、环形结构、树形结构等，如图 1-9 所示。在实际应用中还可以将以上各种拓扑结构进行组合，形成其他形式的拓扑结构。

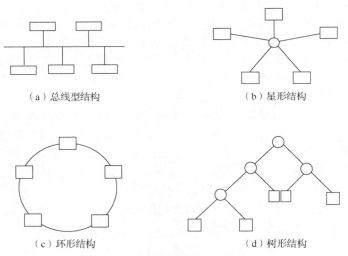

（a）总线型结构　　　　　　　　　　（b）星形结构

（c）环形结构　　　　　　　　　　（d）树形结构

图 1-9　接入网按拓扑结构的分类

1.3.2　按传输介质分类

接入网按传输介质可分为有线接入网和无线接入网。其中有线接入网包括光纤接入网、铜线接入网和混合接入网等；无线接入网是指在交换节点到用户的传输线路上，部分或全部采用无线传输方式，根据通信终端的状态可分为移动接入网和固定无线接入网。接入网按传输介质的分类如图 1-10 所示。

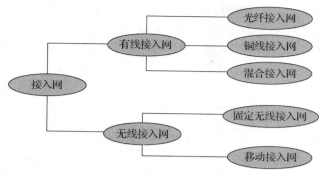

图 1-10　接入网按传输介质的分类

1.3.3　按带宽分类

接入网按带宽可分为窄带接入网和宽带接入网。窄带与宽带是以要求传输的数据量来划分的，一般地，带宽大于 2Mbit/s 属于宽带业务。窄带业务包括语音、传真等业务。宽带业务主要包括上网、视频、游戏、高清电视（High Definition Television，HDTV）等业务。

1.3.4　按接入技术分类

接入技术包括 x 数字用户线（x Digital Subscribe Line，xDSL）技术、以太网技术、混合光纤同轴电缆（Hybird Fiber/Coax，HFC）技术、电力线接入技术、有源光网络（Active Optical Network，AON）技术、无源光网络（Passive Optical Network，PON）技术、无线局域网（Wireless Local Area Network，WLAN）技术、无线广域网技术等。其中 PON 技术包括 ATM 无源光网络（ATM Passive Optical Network，APON）、以太网无源光网络（Ethernet Passive Optical Network，EPON）、吉比特无源光网络（Gigabit Passive Optical Network，GPON）、10G PON 等技术。

微课 1-3　典型接入网技术简介

1.4　典型接入网技术简介

1.4.1　xDSL 技术

xDSL 技术是对多种用户线高速接入技术的统称，包括 ADSL、HDSL、VDSL、SDSL、RDSL 等。xDSL 通过不对称传输，利用频分复用技术，使上、下行信道分开，语音信道为 0～4kHz，上行信道为 30k～138kHz，下行信道为 138k～1104kHz，减小串音的影响，从而实现信号的高速传送。xDSL 频谱分布如图 1-11 所示。

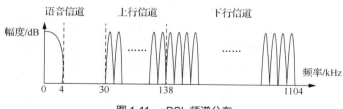

图 1-11　xDSL 频谱分布

xDSL 在信号调制、数字相位平衡、回波抑制等方面采用了先进的器件和动态控制技术。其调制技术包括正交调幅（Quadrature Amplitude Modulation，QAM）、无载波调幅/调相（Carrierless Amplitude Phase Modulation，CAP）和离散多音频调制（Discrete Multi-Tone Modulation，DMT）技术。xDSL 技术能利用现有的市话铜线进行信号传输，不同的技术有不同的传输特性——主要体现在上、下行传输速率上。xDSL 技术特性如表 1-1 所示。

表 1-1   xDSL 技术特性

技术名称	含义	主要特点
HDSL	高速率数字用户线	在两对电话线上实现全双工通信，速率为 1.5M～2Mbit/s
HDSL-2	高速率数字用户线 2	在一对电话线上实现全双工通信，速率为 1.5M～2Mbit/s
ADSL	不对称数字用户线	在一对铜线上实现不对称速率，最高下行速率为 8Mbit/s，最高上行速率为 1Mbit/s
RADSL	速率自适应数字用户线	根据线路品质调整其速率
IDSL	基于 ISDN 数字用户线	在一对铜线上实现对称 ISDN 速率
VDSL	甚高比特率数字用户线	甚高速的 DSL，最高下行速率为 52Mbit/s，最高上行速率为 13Mbit/s

ADSL 技术是 xDSL 技术中应用最为广泛的技术之一。它由 Bellcore（贝尔通信研究所）在 1989 年提出，是一种利用双绞线传送双向不对称速率数据的技术，其技术原理如图 1-12 所示。上行方向上，PC 发送的数据信号经 ADSL Modem（调制解调器）调制转换成高频模拟信号。电话发送的是低频语音信号。二者经信号分离器，以频分复用的方式合成至一路信号，再经双绞线向电话局侧传输。到达电话局侧后再通过局端分离器将信号分开，高频信号经数字用户线接入复用器（Digital Subscriber Line Access Multiplexer，DSLAM）解调成数字信号，与 Internet 通信；低频信号经程控交换机与电话交换网通信。下行方向与上行方向的工作过程是互逆的。

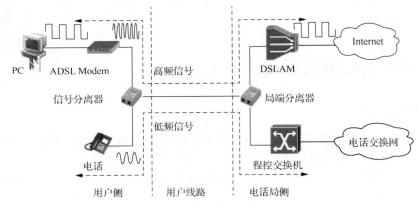

图 1-12   ADSL 技术原理

xDSL 在一对铜线上分别传送数据和语音信号，充分使用现有铜缆网络设施就能提供视频点播、远程教学、可视电话、多媒体检索、局域网（Local Area Network，LAN）互连、Internet 接入等业务。xDSL 作为由窄带接入网到宽带接入网过渡的主流技术，在我国电信发展史上有重要的地位。但是其在应用方面也存在诸多问题。

① 经济性不好。造价较高，与新建无源光纤点对多点复用技术相比已无优势可言。

② 实用线路质量难以适应 xDSL 的高技术标准。线路传输带宽不足，不能满足高速视频传输的需要。

③ xDSL 的驱动功率较大，线间串扰较大，对其他低频通信设备会造成干扰。

1.4.2　以太网接入技术

从 20 世纪 80 年代开始，以太网就成为普遍采用的网络技术。据统计，以太网的端口数约为所有网络端口数的 85%。传统以太网技术不属于接入网范畴，而属于用户驻地网领域。然而其应用领域却正在向包括接入网在内的其他公用网领域扩展。利用以太网作为接入手段的主要原因是：

① 以太网已有巨大的网络基础和长期的实际应用；
② 目前几乎所有流行的操作系统和应用都与以太网兼容；
③ 性价比好、可扩展性强、容易安装/开通以及可靠性高；
④ 以太网接入方式与 IP 网非常匹配。

以太网接入是指将以太网技术与计算机网络的综合布线相结合，直接为终端用户提供基于 IP 的多种业务的传送通道。在宽带小区的以太网接入系统中，用户侧设备主要指楼道交换机，通过虚拟局域网（Virtual Local Area Network，VLAN）划分进行用户隔离，通过光纤与局侧设备连接。局侧设备主要指三层交换机，它与管理网、IP 核心网、管理服务器连接，提供 AAA 服务。典型以太网接入的网络结构如图 1-13 所示。

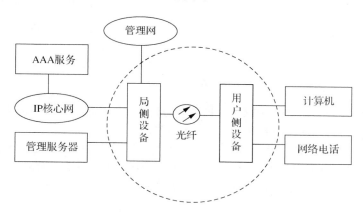

图 1-13　典型以太网接入的网络结构

以太网的传输介质早期采用的是同轴电缆，现已经被淘汰，现在主要是五类或五类以上的双绞线，也可以是光纤或电磁波等。IP 已经一统网络层，同时以太网技术已有重大突破，容量分为 10Mbit/s、100Mbit/s、1000Mbit/s 这 3 级，可按需升级，10Gbit/s 以太网系统也已经问世。

以太网接入技术很好地匹配了 IP 技术。它采用变长帧、无连接、域内广播等技术，正在一统数据链路层。新兴的宽带运营商已经大力发展了以太网接入技术，专门针对电信运营商开发了以太网接入技术，如 IEEE 802.3ah-2004、EFM 等。同时，以太网接入技术正在进一步完善，其系统结构、接入控制、用户隔离安全性都将得到提高。

1.4.3　HFC 技术

HFC 系统从有线电视（Cable Television，CATV）发展而来，可以提供有线电视、宽带数据、电话等多种业务的接入。HFC 是一种以模拟方式提供全业务的接入网过渡解决方案。

HFC 系统的干线部分以光纤为传输介质，配线网部分保留原有的树形-分支型模拟同轴电缆网。典型 HFC 系统结构如图 1-14 所示。其前端信号通过光发射机转换为光信号，干线使用光纤传输，网络分配系统使用同轴电缆传输。数据业务引入同轴电缆调制解调器（Cable Modem，CM）技术，实现语音、数据等多种业务的接入。CM 的通信和普通调制解调器的一样，是数据信号在模拟信道上交互传输的过程，其前端设备为电缆调制解调器终端系统（Cable Modem Terminal System，CMTS），用于管理和控制用户侧设备 CM。HFC 系统在下行方向有线电视业务由有线电视前端设备提供，数据或语音业务通过 CMTS 调制，不同的业务通过混合器进行频分复用，再通过光发射机将信号沿光缆线路传输至光节点，通过正向光接收机将信号进行光电转换和射频放大，再经同轴电缆分配系统到达用户终端，电视信号传输到电视机，数据信号通过 CM 解调，传输到 PC。上行传输是下行传输的逆过程，但仅发送 PC 的数据信号，而电视信号不回传。

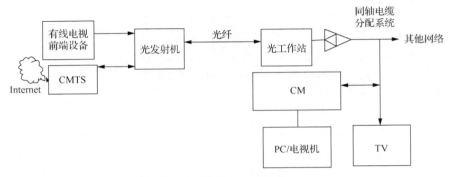

图 1-14　典型 HFC 系统结构

　　HFC 可以提供电话、数据和视频等多种业务，它的带宽较宽。但作为广电系统 IP 接入网技术它还存在不少问题。由于 HFC 采用的是模拟传输方式，其可靠性不是很高，特别是系统的噪声问题较为严重，反向回传会产生类似漏斗的噪声累积。其上行信道比较受限，电话供电问题也不易解决。在频谱分配方案中其没有国际标准，市场上的设备不易互通。因此，HFC 作为广电系统接入技术在新建网络已基本不再采用，取代它的是 EPON+EOC 技术。

1.4.4　光纤接入技术

　　近年来，随着光纤技术的快速发展，接入网已由铜线接入发展为光纤接入，即所谓的"光进铜退"。前面介绍的 xDSL 技术、HFC 技术大多用到了铜线，在一定时期内可以满足一部分宽带接入的需求，但都是一种过渡技术。以光纤为传输介质的光纤接入技术具有容量大、衰减小、传输距离远、抗干扰能力强、保密性好等诸多优点，且其建设成本相对较低，因此，光纤接入已成为当前宽带接入的主流技术。

　　光纤接入技术可分为两大主流技术，即 AON 和 PON 技术。AON 是指信号在传输过程中，从局端设备到用户分配单元之间采用光电转换设备、有源光电器件以及光纤等有源光纤传输设备进行传输的网络。PON 是指信号在传输过程中，从 OLT 一直到 ONU 之间的 ODN 没有任何有源电子设备，所用的器件包括光纤、光分路器等，都是无源器件。AON 与 PON 的区别主要是网络中是否包含有源电子设备。PON 技术具有成本低、对业务透明、易于升级和易于维护管理的强大优势，近年来发展十分迅猛。PON 技术包括基于 ATM 传输的 BPON、APON，基于 Ethernet（以太网）传输的 EPON 以及兼顾 ATM/Ethernet/TDM（Time Division Multiplexing，时分多路复用）的吉比特无源光网络。

如图 1-15 所示，PON 系统结构由线路终端 OLT、光分配网络 ODN 和光网络单元 ONU 等组成。

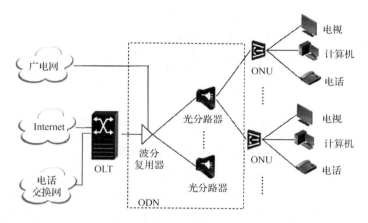

图 1-15　PON 系统结构

OLT 提供了网络侧与本地交换机之间的通信接口，可以上连各种业务，下接不同 ONU 并提供管理和监控、维护功能；ODN 通过光纤和分光器（又称光分路器）提供光传输的手段，组成无源的光配线网；ONU 为光接入网提供直接或远端的用户侧接口。ONU 具有电/光和光/电转换功能，不仅要完成业务信号的连接功能，还要完成信令处理、维护管理等功能。

基于 PON 技术的宽带接入网根据 ONU 的位置可分为多种应用类型，如光纤到路边（Fiber To The Curb，FTTC）、光纤到楼（Fiber To The Building，FTTB）和光纤到户（Fiber To The Home，FTTH）等。

1.4.5　无线接入技术

无线接入网在交换节点到用户的传输线路上，部分或全部采用了无线传输方式。由于此技术无须敷设有线传输介质，因此具有较大的灵活性，随着新技术的发展，无线接入技术在接入网中的地位和作用越来越重要，成为有线接入技术不可或缺的补充。常见的无线接入技术包括无线广域网（Wireless Wide Area Network，WWAN）接入技术、无线局域网接入技术和无线个域网（Wireless Personal Area Network，WPAN）接入技术等。

1. 无线广域网接入技术

典型的无线广域网接入技术为蜂窝移动通信接入技术，它将移动通信的服务区分为一个个正六边形的小区，每个小区设一个基站，不同的小区可以重复使用同一频率。蜂窝移动通信网络如图 1-16 所示。蜂窝移动通信的主要特征是终端的移动性，并具有越区切换和跨本地网自动漫游功能。蜂窝移动通信系统按覆盖区域的不同可分为宏蜂窝、微蜂窝和微微蜂窝等。宏蜂窝小区的基站的天线会尽可能地安装得很高，基站的间距也很大，覆盖半径大为 1～25km；微蜂窝技术具有覆盖范围小、传输功率低以及安装方便、灵活等特点，其小区的覆盖半径为 30～300m。微蜂窝主要应用于一些宏蜂窝很难覆盖到的盲点地区，如地铁站、地下室。在高话务量地区，如繁华的商业街、购物中心、体育场等，微蜂窝与宏蜂窝可构成多层网。宏蜂窝进行大面积的覆盖，作为多层网的底层，微蜂窝则小面积连续覆盖叠加在宏蜂窝上，构成多层网的上层，微蜂窝和宏蜂窝在系统配置上设置不同的小区，有独立的广播信道。微微蜂窝半径更小，通常只有 10～30m，其传输功率只有几十 mW 左右。

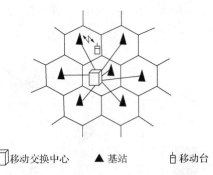

☐ 移动交换中心 ▲ 基站 ☐ 移动台

图 1-16 蜂窝移动通信网络

从蜂窝移动通信的发展来看，移动通信技术经历了从 1G 的模拟通信到 2G 的数字通信，然后到 3G、4G、5G 等不同通信技术。目前，模拟通信已经淘汰，2G、3G 也将慢慢淡出历史舞台，较为流行的为 4G 和 5G。4G 也就是第四代移动通信技术，该技术包括 TDD-LTE 和 FDD-LTE 两种制式。频分双工（Frequency Division Duplex，FDD）是在分离的 2 个对称频率信道上进行接收信道和发送，用保护频段分离接收信道和发送信道。FDD 必须采用成对的频率，依靠频率区分上、下行链路，其单方向的资源在时间上是连续的。FDD 在支持对称业务时，能充分利用上、下行的频谱，但在支持非对称业务时，频谱利用率将大大降低。时分双工（Time Division Duplex，TDD）用时间来分离接收信道和发送信道。在 TDD 制式的移动通信系统中，接收和发送使用同一频率载波的不同时隙作为通信承载，其单方向的资源在时间上是不连续的，时间资源在 2 个方向进行分配。某些时间由基站发送信号给移动台，另外的时间由移动台发送信号给基站。移动通信是指移动用户之间，或移动用户与固定用户之间的通信。目前广为宣传的 LTE 技术从严格意义上讲，属于 3.9G 网络，具备 100Mbit/s 数据下行、20Mbit/s 数据上行的速率。升级版的 LTE-Advanced 技术能够具有下行 1Gbit/s、上行 500Mbit/s 的速率。4G 网络引入正交频分复用（Orthogonal Frequency Division Multiplexing，OFDM）技术、多输入多输出（Multiple-In Multiple-Out，MIMO）、64QAM 高阶调制等新概念，可提供给用户更加充裕的网络带宽、更低的网络时延，单向网络时延可低于 5ms，比 3G 网络更适合大规模开展无线宽带业务。

LTE 接入网技术采用 OFDM 空中接口技术，对原 3G 网络架构进行了优化，即接入网演进的通用陆基无线接入网（Evolved Universal Terrestrial Radio Access Network，EUTRAN）不再包含基站控制器（Radio Network Controller，RNC），仅包含 eNodeB。eNodeB 之间通过 X2 接口互连。每个 eNodeB 与分组核心网（Evolved Packet Core，EPC）通过 S1 接口相连。S1 接口的用户平面终止于服务网关（Serving GateWay，S-GW）或分组数据网关（Packet data network GateWay，P-GW）上，控制平面终止于移动性管理实体（Mobility Management Entity，MME）上。控制面和用户面的另一端终止于 eNodeB 上。LTE 网络结构如图 1-17 所示。

5G 即第五代移动通信技术，是新一代商用蜂窝移动通信技术。5G 的三大特性是高速率、低时延、广连接。5G 核心网分布式架构完美适配应用延伸到边缘的需求，这就使万物互联的一大瓶颈——边缘计算的算力得到了解放。人工智能的核心要素为数据、算力、算法，5G 为算力提供保障的同时，解决了数据问题。5G 理论上可以为用户提供比 4G 快几十倍的网速，还能与物联网终端实现大规模互连，实现任何物品之间的信息交换和通信，并满足高速移动条件下的通信需求。5G 关键技术包括：大规模天线阵列、超密集网络部署、全频谱接入方式、新型的网络架构和多址技术。5G 的推进在很大程度上弥补了 4G 的不足。

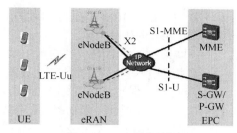

图 1-17　LTE 网络结构

2. 无线局域网接入技术

无线局域网是利用无线技术实现快速连接以太网的技术。WLAN 传输技术根据采用的传输介质、选择的频段以及调制方式的不同分为很多种。WLAN 的传输介质主要是微波和红外线。即使采用同类介质，不同的 WLAN 标准采用的频段也有差异。对采用微波的 WLAN 而言，其调制方式分为扩展频谱方式和窄带调制方式。WLAN 具有安装便捷、使用灵活、经济节约、易于扩展等有线网络无法比拟的优点。WLAN 技术所具有的移动性、便捷性、较高的带宽等特点，以及大规模的产业化和低成本等诸多优势，使 WLAN 市场在短短数年内得到大规模发展。WLAN 产业蓬勃发展和 WLAN 技术标准不断完善形成了良好的互动。WLAN 技术标准主要由 IEEE 802.11 工作组负责制定。第一个 802.11 协议标准诞生于 1997 年并于 1999 年完成修订。随着 WLAN 早期协议标准暴露的安全缺陷，用户应用不断地呼唤着更高的吞吐量，以及企业应用对可管理性的需求，IEEE 802.11 工作组陆续地推出了 802.11a、802.11b、802.11g、802.11n、802.11ac 等协议标准。

根据不同的应用环境和业务需求，WLAN 可通过不同的网络结构实现互联。典型 WLAN 结构由无线控制器（Access Controller，AC）、无线接入点（Access Point，AP）、交换机、用户终端等组成。AC 作为接入设备控制不同的 AP。汇聚交换机上连 AC，下连楼宇交换机，为方便给 AP 供电，楼宇交换机可采用有源以太网（Power on Ethernet，PoE）交换机。在 AP 覆盖范围内，不同的无线用户终端如手机、个人数字助理（Personal Digital Assistant，PDA）、笔记本电脑可以上网或互相通信。典型 WLAN 结构如图 1-18 所示。

图 1-18　典型 WLAN 结构

3. 无线个域网接入技术

与无线广域网、无线城域网（Wireless Metropolitan Area Network，WMAN）、WLAN 并列，WPAN 是一种覆盖范围相对较小的无线网络。在网络构成上，WPAN 位于整个网络链的末端，用于实现同一地点的终端与终端间的连接，如连接手机和蓝牙耳机等。WPAN 所覆盖的范围一般在半径 10m 的区域以内，使用许可的无线频段。WPAN 设备具有价格便宜、体积小、易操作和功耗低等优点。典型的 WPAN 接入技术主要有蓝牙、超宽带（Ultra-Wide Band，UWB）、ZigBee、射频识别（Radio Frequency Identification，RFID）等。

蓝牙标准是在 1998 年由爱立信、诺基亚、IBM 等公司共同推出的，即 IEEE 802.15.1 标准，可以提供 720kbit/s 的数据传输速率和 10m 的传输距离。

UWB 即 802.15.3a 技术，是一种超高速的短距离无线接入技术。它在较宽的频谱上传送功率极低的信号，能在 10m 左右的范围内实现每秒数百兆比特的数据传输速率，具有抗干扰性能强、传输速率高、带宽极宽、消耗电能小、保密性好、发送功率小等诸多优势。

ZigBee 基于 IEEE 802.15.4 标准，是一种短距离、低功率、低速率无线接入技术。它由 ZigBee 联盟与 IEEE 802.15.4 工作组共同制定。ZigBee 工作在 2.4GHz 频段，共有 27 个无线信道，数据传输速率为 20k～250kbit/s，传输距离为 10～75m。

RFID 俗称电子标签，是一种非接触式的自动识别技术，通过射频信号自动识别目标对象并获取相关数据。RFID 由标签、解读器和天线 3 部分组成。RFID 广泛应用于物流、交通运输、医药、食品等各个领域。由于成本、标准等问题的局限，RFID 技术和应用环境还很不成熟，其设备制造技术较复杂，生产成本高，标准尚未统一，安全性也待考验。

【思考与练习】

一、单选题

1. 无线个域网的英文缩写是（　　　）。
    A. WWAN   B. WMAN   C. WPAN   D. WLAN

2. （　　　）是 AN 与 SN 之间的接口。
    A. SNI   B. UNI   C. IPAN   D. ISDN

3. （　　　）是基于 Ethernet 传输的 PON 技术。
    A. BPON   B. APON   C. EPON   D. GPON

4. HFC 技术起源于（　　　）。
    A. 电信电话网   B. 移动通信网   C. 广电有线电视网   D. 联通数据网

二、多选题

1. G.902 标准定义的电信接入网的主要功能有（　　　）。
    A. 用户功能   B. 业务口功能   C. 核心功能
    D. 传送功能   E. 接入网管理功能

2. IP 接入网主要的三大功能是（　　　）。
    A. 传送功能   B. 接入功能   C. 系统管理功能   D. 业务功能

3. 接入网的拓扑结构有（　　　）。
    A. 星形结构   B. 环形结构   C. 树形结构   D. 总线型结构

4. xDSL 技术包括（　　　）技术。
    A. ADSL   B. HDSL   C. VDSL
    D. SDSL   E. BDSL

三、判断题

1. 接入网的"最后一公里"就是说接入网距离用户终端有一千米距离。（　　　）

2. G.902 标准定义的接入网是由 3 个接口界定的，即用户通过 SNI 连接到接入网；接入网通过 UNI 连接到业务节点；接入网和业务节点通过 Q3 接口连接到电信管理网。（　　　）

3. 根据 Y.1231 标准，IP 接入网是由网络实体组成的提供所需接入能力的一个实施系统，用于在 IP 用户和 ISP 之间提供具有接入 IP 业务能力的网络。（　　　）

4. xDSL 通过不对称传输，利用频分复用技术，使上、下行信道分开。（　　　）

四、简答题

1. 简述 xDSL 的技术原理。
2. 简述 HFC 的技术原理。
3. 简述以太网的技术原理。
4. 光接入网有哪些技术？绘制出 PON 系统组成图。
5. 无线宽带接入技术有哪些？各有什么主要特点？

五、技术综述

以接入网技术发展为脉络，查阅相关资料，完成一篇 2000 字以上的通信接入网技术综述。要求参考文献在 10 篇以上。

02 模块 2　LAN 接入技术

【学习目标】

- 理解并掌握数据通信基础，包括 OSI 参考模型、TCP/IP 协议栈、IP 编址等；
- 理解并掌握以太网基本工作原理；
- 理解并掌握 VLAN 技术原理与应用；
- 理解以太网 LAN 接入典型控制管理协议，如 PPPoE、DHCP 等；
- 能对数据通信网络进行分析，完成 IP 子网划分、方案设计等；
- 能针对不同应用场景完成 LAN 接入组网方案设计；
- 能根据需求完成 LAN 接入设备安装、数据配置等工作；
- 培养认真、严谨的工作态度；
- 培养举一反三的工程应变能力和精益求精的工匠精神。

【重点/难点】

- TCP/IP 协议栈及 IP 编址；
- VLAN 技术原理与应用；
- LAN 接入组网方案设计与数据配置。

【情境描述】

LAN 接入通常是指使用以太网技术把某一区域内的通信终端与远方的局域网、数据库或 Internet 相连接，构成一个较大范围的网络系统。LAN 接入主要是针对小区或集团用户而提供的一种宽带接入方式，其传输介质以网线为主。接入网是公用网络的一部分，与一般局域网的私有网络环境有联系也有不同：它们都借用了以太网帧结构和接口，但在用户管理、安全认证等方面有很大差别。本模块从数据通信的基础知识开始介绍，这些内容是各种网络接入技术的基础。内容主要涉及 TCP/IP 协议栈、IP 编址、子网划分、以太网基本原理、VLAN 的基本原理以及典型 LAN 接入的组网方法。本模块的"技能演练"部分以不同规模的 LAN 接入网组建为背景，按照工程建设的步骤，先通过仿真进行方案设计，然后对设备认知、设备安装、数据配置、系统调试等不同岗位所需技能进行技能演练。

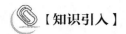

【知识引入】

2.1　数据通信基础

数据通信基础包括 TCP/IP 协议栈、IP 编址、子网划分等，是组建各种通信网络的理论基础，对各种接入网应用具有重要的技术支撑作用。

2.1.1　TCP/IP 协议栈

TCP/IP 协议栈是 OSI 参考模型的简化。首先介绍 OSI 参考模型相关技术原理。

微课 2-1　TCP/IP
基本原理

1. OSI 参考模型

数据通信网络问世以来，得到了飞速发展。国际上各大厂商为了在数据通信网络领域占据主导地位，纷纷推出了各自的网络架构体系和标准，例如 IBM 公司的 SNA、Novell IPX/SPX 协议，Apple 公司的 AppleTalk 协议，DEC 公司的 DECnet 协议以及广泛流行的 TCP/IP。同时，各大厂商针对自己的协议生产出了不同的硬件和软件。但厂商之间的网络设备大部分不能兼容，很难进行通信。为了解决网络设备之间的兼容性问题，国际标准化组织（International Organization for Standardization，ISO）于 1984 年提出开放系统互连参考模型（Open System Interconnection Reference Model，OSI RM）。OSI 参考模型很快成为数据通信网络的基础模型。

OSI 参考模型在设计时，各个层之间有清晰的边界，便于理解；每个层实现特定的功能；层次的划分有利于国际标准协议的制定；层的数目足够多，以避免各个层功能重复。

OSI 参考模型自下而上分为 7 层，分别是第 1 层物理层（Physical Layer）、第 2 层数据链路层（Data Link Layer）、第 3 层网络层（Network Layer）、第 4 层传输层（Transport Layer）、第 5 层会话层（Session Layer）、第 6 层表示层（Presentation Layer）、第 7 层应用层（Application Layer），如图 2-1 所示。

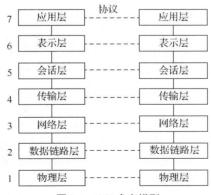

图 2-1　OSI 参考模型

OSI 参考模型第 1 层到第 3 层称为底层（Lower Layer），又叫介质层（Media Layer），底层负责数据在网络中的传送，以硬件和软件相结合的方式实现，网络互连设备往往位于底层。OSI 参考模型的第 5 层到第 7 层称为高层（Upper Layer），又叫主机层（Host Layer），高层用于保障数据的正确传输，以软件方式实现。

OSI 参考模型简化了相关的网络操作，提供了即插即用的兼容性和不同厂商的网络设备之间的标准接口，使各个厂商能够设计出互操作的网络设备，促进了标准化工作。同时，为防止一个区域网络的变化影响另一个区域的网络，在结构上进行分隔，因此每个区域的网络能够单独、快速升级，从而将复杂的网络问题分解为小的简单问题，易于学习和操作。

2. TCP/IP 协议栈

TCP/IP 最早发源于 20 世纪 60 年代美国国防高级研究计划局（Defense Advanced Research Projects Agency，DARPA）的 Internet 项目。它包含一系列构成 Internet 基础的网络协议。具有代表性的协议有两个：传输控制协议（Transfer Control Protocol，TCP）和网际协议（Internet Protocol，IP）。常用 TCP/IP 协议栈表示系列协议。TCP/IP 协议栈与 OSI 参考模型十分相似，其对应关系如图 2-2 所示。

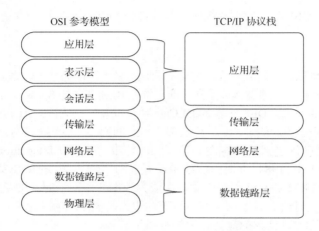

图 2-2　TCP/IP 协议栈与 OSI 参考模型对应关系

与 OSI 参考模型一样，TCP/IP 协议栈也分为不同的层，每一层负责实现不同的通信功能。但是，TCP/IP 协议栈简化了层次设计，只有 4 层：应用层、传输层、网络层、数据链路层。从图 2-2 可以看出，TCP/IP 协议栈与 OSI 参考模型有清晰的对应关系，覆盖了 OSI 参考模型的所有层。

（1）数据链路层

数据链路层涉及在通信信道上传输的原始比特流，它实现传输数据所需的机械、电气、功能性及过程等功能，提供检错、纠错、同步等措施，使之对网络层显现一条无错线路，并且进行流量调控。

（2）网络层

网络层检查网络拓扑，以决定传输报文的最佳路由，执行数据转发。其关键问题是确定数据包从源端到目的端如何选择路由。网络层的主要协议有 IP、互联网控制报文协议（Internet Control Message Protocol，ICMP）、地址解析协议（Address Resolution Protocol，ARP）和反向地址解析协议（Reverse Address Resolution Protocol，RARP）等。

（3）传输层

传输层的基本功能是为两台主机的应用程序提供端到端的通信。传输层从应用层接收数据，并且在必要的时候把它分成较小的单元，传递给网络层，并确保到达对方的各段信息正确无误。传输层的主要协议有 TCP、用户数据报协议（User Datagram Protocol，UDP）。

（4）应用层

应用层负责处理特定的应用程序细节。应用层显示接收到的信息，将用户的数据发送到底层，为应用程序提供网络接口。应用层的主要协议有：Telnet（远程登录）、文件传送协议（File

Transfer Protocol，FTP）、简单邮件传送协议（Simple Mail Transfer Protocol，SMTP）、域名系统（Domain Name System，DNS）、简单文件传送协议（Trivial File Transfer Protocol，TFTP）等。

TCP/IP 各层协议对应关系如图 2-3 所示。

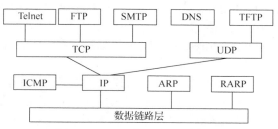

图 2-3　TCP/IP 各层协议对应关系

3. 典型协议的数据封装格式

（1）IP

IP 是 TCP/IP 协议栈中核心的协议，处于网络层。IP 是尽力传输的网络协议，其提供的数据传输服务是不可靠的、无连接的。IP 不关心数据包的内容，不能保证数据包是否成功到达目的地，也不关心任何关于前后数据包的状态信息。面向连接的可靠服务由上层的 TCP 实现。所有的 TCP、UDP、ICMP 及互联网组管理协议（Internet Group Management Protocol，IGMP）等数据最终都封装在 IP 报文中传输。

IP 报文的格式如图 2-4 所示。普通的 IP 报文头部长度为 20 字节，不包含 IP 选项字段。

图 2-4　IP 报文的格式

IP 报文中各字段含义如下。

版本号（Version）：IP 的版本号，目前 IP 的常用版本号为 4，下一代 IP 的版本号为 6。

报文长度：IP 报文头部长度，占 4 位。

服务类型（Type Of Service，TOS）：包括 3 位优先权字段（Class Of Service，COS），4 位 TOS 和 1 位未用位。4 位 TOS 分别代表最小时延、最大吞吐量、最高可靠性和最小费用。

总长度（Total Length）：整个 IP 报文长度。该字段占 16 位，报文最长可达 65535 字节。

标识符（Identification）：唯一地标识主机发送的每一份报文，通常每发送一份报文它的值就会加 1。

标志：占 3 位，是多种控制位的组合。

片偏移：指的是这个分片属于这个数据流的哪里。

生存时间（Time To Live，TTL）：设置 IP 报文可以经过的路由器数目。一旦经过一个路由器，TTL 值就会减 1，当该字段值为 0 时，报文将被丢弃。

协议：确定在 IP 报文内传送的上层协议，和端口号类似，IP 用协议号区分上层协议。TCP 的协议号为 6，UDP 的协议号为 17。

报头校验和（**Head Checksum**）：计算 IP 报文头部的校验和，检查报文头部的完整性。

源 **IP** 地址（**Source address**）：报文的起源 IP 地址。

目的 **IP** 地址（**Destination address**）：想要发送到的那个终端的 IP 地址。

（2）UDP

UDP 是一个简单的面向数据报文的传输层协议。UDP 不具有可靠性，只将应用程序传给网络层的数据发送出去，但是并不保证它们能到达目的地。UDP 报文格式较简单，只有源端口号、目的端口号、UDP 长度、UDP 校验和及数据字段，如图 2-5 所示。

图 2-5　UDP 报文格式

源端口号（**Source Port**）和目的端口号（**Destination Port**）：用于标识和区分源端设备和目的端设备的应用进程。TCP 端口号与 UDP 端口号是相互独立的。但如果 TCP 和 UDP 同时提供某种服务，则两个协议通常选择相同的端口号。

UDP 长度：整个 UDP 报文的长度，即 UDP 头部和 UDP 数据的字节长度。该字段的最小值为 8 字节（发送一份 0 字节的 UDP 数据报是可以的）。UDP 长度是有冗余的。IP 数据报长度指的是数据报全长，因此 UDP 数据报长度是全长减去 IP 头部的长度。

UDP 校验和（**Checksum**）：用于校验 UDP 报头部分和数据部分的正确性，如果有差错就直接丢弃该 UDP 报文。

TCP 和 UDP 使用 16 位端口号（或者套接字）来表示和区别网络中的不同应用程序，网络层协议 IP 使用特定的协议号（TCP 6、UDP 17）来表示和区别传输层协议。

任何 TCP/IP 实现所提供的服务都使用 1～1023 的端口号，这些端口号由 IANA（Internet Assigned Numbers Authority，因特网编号分配机构）分配、管理。其中，低于 255 的端口号保留，用于公共应用；255～1023 的端口号分配给各个公司，用于特殊应用；高于 1023 的端口号，称为临时端口号，IANA 未做规定。

常用的 TCP 端口号有 HTTP 80、FTP 20/21、Telnet 23、SMTP 25、DNS 53 等；常用的保留 UDP 端口号有 DNS 53、BootP 67（server）/68（client）、TFTP 69、SNMP 161 等。

（3）TCP

TCP 是一种基于连接、面向字节流的协议，可以保证端到端数据通信的可靠性。TCP 报文封装如图 2-6（a）所示，TCP 报文格式如图 2-6（b）所示。

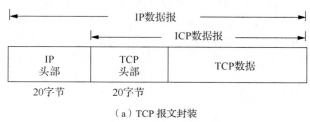

（a）TCP 报文封装

图 2-6　TCP 报文

```
0          8           16          24          31
┌─────────────────────┬─────────────────────┐
│   16位源端口号       │   16位目的端口号     │
├─────────────────────┴─────────────────────┤
│               32位序列号                    │
├────────────────────────────────────────────┤
│               32位确认号                    │
├──────┬───────┬─┬─┬─┬─┬─┬──────────────────┤
│头长度│保留(6位)│U│A│P│R│S│F│  16位窗口大小   │
├──────┴───────┴─┴─┴─┴─┴─┴──────────────────┤
│   16位TCP校验和     │   16位紧急指针       │
├─────────────────────┴─────────────────────┤
│                选项                         │
├────────────────────────────────────────────┤
│                数据                         │
└────────────────────────────────────────────┘
```

（b）TCP 报文格式

图 2-6　TCP 报文（续）

源端口号和目的端口号：用于标识和区分源端设备和目的端设备的应用进程。在 TCP/IP 协议栈中，源端口号和目的端口号分别与源 IP 地址和目的 IP 地址组成套接字（Socket），唯一地确定一个 TCP 连接。

序列号（Sequence Number）：用来标识 TCP 源端设备向目的端设备发送的字节流，它表示在这个报文段中的第一个数据字节。如果将字节流看作在两个应用程序间单向流动，则 TCP 用序列号对每个字节进行计数。序列号是一个 32 位的数字。

确认号（Acknowledgement Number）：由于每个传输的字节都被计数，确认号长度为 32 位，包含发送确认信息的一端所期望接收到的下一个序号，因此，确认号应该是上次已成功收到的数据字节序列号加 1。

头长度：4 位 TCP 头长，单位为 4 字节。注意 TCP 头包括选项。该字段仅 4 位，由此可知 TCP 头最大长度为 15×4=60 字节。

U 字段：URG 紧急指针有效。

A 字段：ACK 确认号有效。

P 字段：PSH 接收方应该尽快将这个报文段交给应用层。

R 字段：RST 重建连接。

S 字段：SYN 同步序号用来发起一个连接，一般在建立连接时使用。

F 字段：FIN 发送端完成发送任务，断开连接时使用。

窗口大小（Windows Size）：TCP 的流量控制由连接的每一端通过声明的窗口大小来提供。窗口大小用数据包来表示，例如窗口大小为 3 表示一次可以发送 3 个数据包。窗口大小起始于确认号字段指明的值，是一个 16 位字段。窗口大小可以调节。

紧急指针（Urgent Pointer）：只有当 URG 标志置 1 时才有效。紧急指针是一个正的偏移量，和序列号字段中的值相加表示紧急数据最后一个字节的序号。TCP 的紧急方式在发送端向另一端发送紧急数据时采用，通知接收方紧急数据已放置在普通的数据流中。

TCP 校验和：用于校验 TCP 报头部分和数据部分的正确性。

选项（可变长度）：常见的选项字段是最大分段大小（Maximum Segment Size，MSS）。MSS 指明本端所能够接收的最大长度的报文段。常见的 MSS 有 1024 字节（以太网可达 1460 字节）。

（4）ARP/RARP

ARP 主要用于实现 IP 地址到介质访问控制（Medium Access Control，MAC）地址之间的动态映射。在局域网中，当主机或其他网络设备有数据要发送给另一个设备时，先要知道对方的 IP 地址，但仅仅有 IP 地址还不够，IP 数据报文必须封装成帧才能通过物理网络发送，因此需要一个从 IP 地址到物理地址的映射。

RARP 用于实现 MAC 地址到 IP 地址的映射。RARP 常用于 X 终端和无盘工作站等，这些设备知道自己的 MAC 地址，需要获得 IP 地址。为了使 RARP 能工作，在局域网上至少要有一个主机充当 RARP 服务器。

（5）ICMP

ICMP 是 IP 的一个组成部分，它传递差错报文以及其他需要注意的信息。ICMP 报文通常被 IP 或更高层协议（TCP/UDP）使用。一些 ICMP 报文将差错报文返回给用户进程。

ICMP 报文使用基本的 IP 报头（即 20 字节）。ICMP 报文封装在 IP 报文中，其数据报的前 64bit 数据表示是 ICMP 报文。因此 ICMP 报文实际是 IP 报文加上该数据报的前 64bit 数据。ICMP 报文的基本格式由类型（Type）、编码（Code）、校验（Checksum）和未使用（unused）字段组成。

4. TCP/IP 层间通信与数据封装

TCP/IP 层间通信与数据封装如图 2-7 所示。

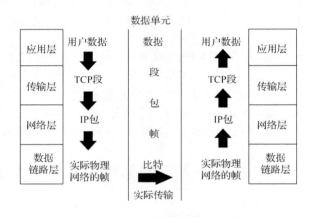

图 2-7　TCP/IP 层间通信与数据封装

TCP/IP 工作过程如下。

① 在源主机上，应用层将应用数据流传送给传输层。

② 传输层将应用层的数据流截成分组，并加上 TCP 报头形成 TCP 段，送交网络层。

③ 网络层给 TCP 段加上包括源、目的主机 IP 地址的 IP 报头，生成一个 IP 数据包，并将 IP 数据包送交数据链路层。

④ 数据链路层在其 MAC 帧的数据部分装上 IP 数据包，再加上源、目的主机 MAC 地址和帧头，并根据其目的 MAC 地址，将 MAC 帧发往目的主机或 IP 路由器。

⑤ 在目的主机，数据链路层将 MAC 帧的帧头去掉，并将 IP 数据包送交网络层。

⑥ 网络层检查 IP 报头，如果报头中校验和与计算结果不一致，则丢弃该 IP 数据包；若校验和与计算结果一致，则去掉 IP 报头，将 TCP 段送交传输层。

⑦ 传输层检查序列号，判断是否是正确的 TCP 分组，然后检查 TCP 报头数据。若正确，则向源主机发送确认信息；若不正确或丢包，则向源主机要求重发信息。

⑧ 在目的主机，传输层去掉 TCP 报头，将排好顺序的分组组成应用数据流送给应用程序。这样目的主机接收到的来自源主机的字节流，就像是直接接收到的来自源主机的字节流。

2.1.2　IP 编址

1. IP 地址的格式及表示方法

网络连接要求设备必须有一个全球唯一的 IP 地址（IP Address）。IP 地址为逻辑地址，它与链路类型、设备硬件无关，是由管理员人为分配、指定的。而数据链路层的物理地址——MAC

地址则是全球唯一的。当有数据发送时，源网络设备查询对端设备的 MAC 地址，然后将数据发送过去。然而，MAC 地址通常没有清晰的地址层次，只适用于本网段主机的通信。另外，MAC 地址固化在硬件中，灵活性较差。对于不同网络之间的互连通信，通常使用基于软件实现的网络层地址——IP 地址，以提供更大的灵活性。

IP 地址长度为 32 位，在计算机内部，IP 地址是用二进制表示的，例如 11000000 10101000 00000101 01111011。

然而，使用二进制表示法不方便记忆，因此通常采用点分十进制方式表示，即把 32 位的 IP 地址分成 4 段，每 8 个二进制位为一段，每段二进制位分别转换为人们习惯的十进制数，并用小数点隔开。这样，IP 地址就表示为以小数点隔开的 4 个十进制整数，如 192.168.2.1。

2. IP 地址的分类

如何区分 IP 地址的网络地址和主机地址呢？最初 Internet 设计者根据网络规模大小规定了地址类，把 IP 地址分为 A、B、C、D、E 这 5 类，如图 2-8 所示。

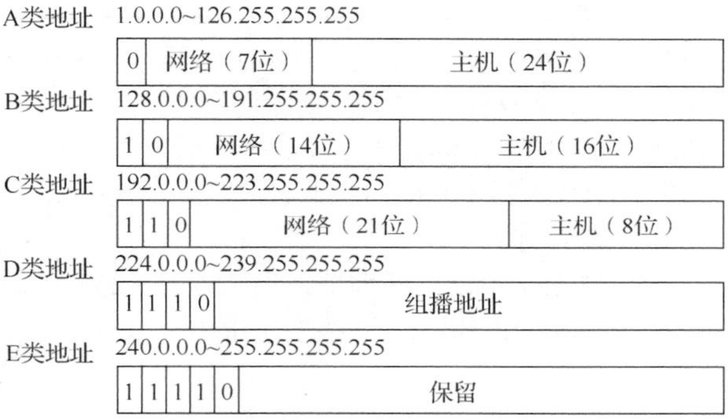

图 2-8 IP 地址分类

A 类 IP 地址（以下简称 A 类地址）的网络地址为第一个 8 位数组（octet），第一个字节以"0"开始。因此，A 类网络地址的有效位数为 8-1=7 位，A 类地址的第一个字节为 1～126（127 留作他用）。例如 10.1.1.1、126.2.4.78 等为 A 类地址。A 类地址的主机地址位数为后面的 3 个字节（24 位）。A 类地址的范围为 1.0.0.0～126.255.255.255，每一个 A 类网络共有 2^{24} 个 A 类 IP 地址。

B 类 IP 地址（以下简称 B 类地址）的网络地址为前两个 8 位数组，第一个字节以"10"开始。因此，B 类网络地址的有效位数为 16-2=14 位，B 类地址的第一个字节为 128～191。例如 128.1.1.1、168.2.4.78 等为 B 类地址。B 类地址的主机地址位数为后面的两个字节（16 位）。B 类地址的范围为 128.0.0.0～191.255.255.255，每一个 B 类网络共有 2^{16} 个 B 类 IP 地址。

C 类 IP 地址（以下简称 C 类地址）的网络地址为前 3 个 8 位数组，第一个字节以"110"开始。因此，C 类网络地址的有效位数为 24-3=21 位，C 类地址的第一个字节为 192～223。例如 192.1.1.1、220.2.4.78 等为 C 类地址。C 类地址的主机地址位数为后面的一个字节（8 位）。C 类地址的范围为 192.0.0.0～223.255.255.255，每一个 C 类网络共有 2^8 个 C 类 IP 地址。

D 类 IP 地址（以下简称 D 类地址）第一个 8 位数组以"1110"开始，因此，D 类地址的第一个字节为 224～239。D 类地址通常作为组播地址。

E 类 IP 地址第一个字节为 240～255，保留用于科学研究。

经常用到的是 A、B、C 这 3 类地址。IP 地址由国际互联网络信息中心（Internet Network Information Center，InterNIC）根据公司规模大小进行分配。过去通常把 A 类地址保留给政府机构，B 类地址分配给中等规模的公司，C 类地址分配给小规模公司。然而，随着 Internet 飞速发展，再加上 IP 地址的浪费，IP 地址的数量已经非常紧张。解决的方法除下面介绍的子网编址技术的应用外，还有 IPv6 技术的应用，其地址长度为 128 位，是 IPv4 地址长度的 4 倍。

IP 地址用于唯一地标识一台网络设备，但并不是每一个 IP 地址都是可用的，一些特殊的 IP 地址有各种各样的用途，但不能用于标识网络设备，如表 2-1 所示。

表 2-1　　　　　　　　　　　　　　　特殊用途的 IP 地址

网络部分	主机部分	地址类型	用途
任意	全 0	网络地址	代表一个网段
任意	全 1	广播地址	特定网段的所有节点
127	任意	环回地址	环回测试
全 0		所有网络	路由器用于指定默认路由
全 1		广播地址	本网段所有节点

主机部分全为 1 的 IP 地址称为广播地址，广播地址用于标识一个网络的所有主机。例如，对于广播地址 10.255.255.255、192.168.1.255 等，路由器可以在 10.0.0.0 或者 192.168.1.0 等网段转发广播包。广播地址用于向本网段的所有节点发送数据包。

网络部分为 127 的 IP 地址，例如 127.0.0.1，其往往用于环回测试。

全 0 的 IP 地址 0.0.0.0 代表所有的主机。

全 1 的 IP 地址 255.255.255.255 也是广播地址，但 255.255.255.255 代表所有主机，用于向网络的所有节点发送数据包，这样的广播包不能被路由器转发。

2.1.3　子网划分

1. 子网划分的原因

早期的 Internet 是一个简单的二级网络结构。接入 Internet 的机构由一个物理网络构成，该物理网络包括机构中需要接入 Internet 的全部主机。自然分类法将 IP 地址划分为 A、B、C、D、E 类。每个 32 位的 IP 地址都被划分为由网络号和主机号构成的二级结构。为每个机构分配一个 Internet 地址，能够很好地适应当时的网络结构。但随着时间的推移，网络计算逐渐成熟，网络的优势被许多大型组织认识，Internet 中出现了很多大型的接入机构。这些机构中需要接入的主机数量众多，单一物理网络容纳主机的数量有限，因此在同一机构内部需要划分多个物理网络。早期解决这类大型机构接入 Internet 的方法是为机构内的每一个物理网络划分一个逻辑网络，即为每一个物理网络都分配一个按照自然分类法得到的 Internet 地址。但这种"物理网络-自然分类 IP 网段"的对应分配方法存在以下严重问题。

① IP 地址资源浪费严重。例如，一个公司只有 1 个物理网络，其中需要 300 个 IP 地址。一个 C 类地址能提供 254 个 IP 地址，不满足需求，因此需要使用一个 B 类地址。一个 B 类地址能提供 65534 个 IP 地址，网络中的地址得不到充分利用，大量的 IP 地址被浪费。

② IP 地址数量不够使用。例如，一个公司拥有 100 个物理网络，每个网络只需要 10 个 IP 地址。虽然需要的 IP 地址仅有 1000 个，但该公司仍然需要 100 个 C 类地址。很多机构都面临类似问题，其结果是，在 IP 地址被大量浪费的同时，IP 网络数量却不能满足 Internet 的发展需求。

③ 业务扩展缺乏灵活性。例如，一个公司拥有 1 个 C 类网络，其中只有 10 个 IP 地址被使用。如需要增加一个物理网络，就需要向 IANA 申请一个新的 C 类地址，在得到这个合

法的物理网络前，他们无法部署这个网络接入 Internet。这显然无法满足企业发展的灵活性需求。

综上所述，仅依靠自然分类的 IP 地址分配方案，对 IP 地址进行简单的两层划分，无法应对 Internet 需求的"爆炸式"增长。

2. IP 子网及子网掩码

20 世纪 80 年代中期，因特网工程任务组（Internet Engineering Task Force，IETF）在 RFC 950 和 RFC 917 中针对简单的两层结构 IP 地址所带来的日趋严重的问题提出了解决方法。这个方法称为子网划分（Subnetting），即允许将一个自然分类的网络分解为多个子网（Subnet）。

如图 2-9 所示，子网划分的方法是从 IP 地址的主机号（Host-Number）部分借用若干位作为子网号（Subnet-Number），剩余的位作为主机号。于是两级的 IP 地址变为三级的 IP 地址，包括网络号（Network-Number）、子网号和主机号。这样，拥有多个物理网络的机构可以将所属的物理网络划分为若干个子网。

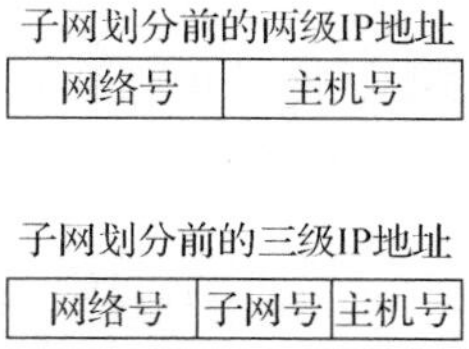

子网划分前的两级IP地址

网络号	主机号

子网划分前的三级IP地址

网络号	子网号	主机号

图 2-9　子网划分的方法

子网划分属于一个机构的内部事务。外部网络可以不必了解机构内由多少个子网组成，因为这个机构对外仍可以表现为一个没有划分子网的网络。从其他网络发送给本机构某个主机的数据，可以仍然根据原来的选路规则发送到本机构连接外部网络的路由器上。此路由器接收到 IP 数据包后再按网络号及子网号找到目的子网，将 IP 数据包发送给目的主机。这要求路由器具备识别子网的能力。子网划分使得 IP 网络和 IP 地址出现多层次结构，这种层次结构便于地址的有效利用、分配和管理。

只根据 IP 地址本身无法确定子网号的长度。为了将主机号和子网号区分开，必须使用子网掩码（Subnet Mask）。子网掩码和 IP 地址一样都是 32 位，由一串二进制 1 和一串二进制 0 组成。子网掩码可以用点分十进制表示。子网掩码中的 1 对应 IP 地址中的网络号和子网号，子网掩码中的 0 对应 IP 地址中的主机号。将子网掩码和 IP 地址进行逐位逻辑与运算，就能得出该 IP 地址的网络号和子网号。事实上，所有网络都必须有一个掩码（Mask）。如果一个网络没有划分子网，那么该网络使用以下默认掩码：

- A 类地址的默认掩码为 255.0.0.0；
- B 类地址的默认掩码为 255.255.0.0；
- C 类地址的默认掩码为 255.255.255.0。

将默认掩码和不划分子网的 IP 地址进行逐位逻辑与运算，就能得出该 IP 地址的网络号。需要注意的是，IP 子网划分并不改变自然分类地址的规定。例如，有一个 IP 地址为 2.1.1.1，其子网掩码为 255.255.255.0，这仍然是一个 A 类地址，而并非 C 类地址。习惯上使用以下两种方式来表示一个子网掩码。

- 点分十进制表示法：与 IP 地址类似，将二进制的子网掩码表示为点分十进制形式。例如 C 类地址的子网掩码 11111111 11111111 11111111 00000000 可以表示为 255.255.255.0；
- 位数表示法：也称为斜线表示法，即在 IP 地址后面加上一个斜线"/"，然后写上子网掩码中的二进制 1 的位数。例如，C 类地址的子网掩码 11111111 11111111 11111111 00000000 可以表示为/24。

例如，IP 地址 192.168.1.7 的子网掩码可表示为 255.255.255.240，也可表示为 192.168.1.7/28，如图 2-10 所示。

IP地址	192	168	1	7
	11000000	10101000	00000001	00000111

子网掩码	255	255	255	240
	11111111	11111111	11111111	1110000

子网掩码位数　8+8+8+4=28

子网掩码表示　192.168.1.7/28

图 2-10　子网掩码表示方法

3. 子网划分的方法

子网划分的出现，使得原本简单的 IP 地址规划和分配工作变得复杂起来。现有几类典型问题。

（1）计算子网内的可用主机数

这是子网划分计算中比较简单的一类问题，与计算 A、B、C 这 3 类网络可用主机数的方法相同。如果子网的主机号位数为 N，那么该子网中可用的主机数为 2^N-2。减 2 是因为有两个主机号不可用，即主机号为全 0 和全 1。当主机号为全 0 时，表示该子网的网络地址；当主机号为全 1 时，表示该子网的广播地址。

例如，已知一个 C 类网络划分子网后为 192.168.1.224，子网掩码为 255.255.255.240，计算该子网内可供分配的主机数量。

要计算可供分配的主机数量，就必须知道主机号的位数。计算过程如下。

① 计算子网掩码的位数。将十进制掩码 255.255.255.240 换算成二进制掩码为 11111111.11111111.11111111.11110000，子网掩码的位数是 28。

② 计算主机号位数。主机号位数 $N=32-28=4$。

③ 计算主机数。该子网内可用的主机数为 $2^4-2=14$。

这 14 台主机的可用 IP 地址分别是 192.168.1.225、192.168.1.226、192.168.1.227……192.168.1.238。192.168.1.224 为整个子网的网络地址，而 192.168.1.239 为整个子网的广播地址，都不能分配给主机使用。

（2）根据主机数划分子网

在子网划分计算中，有时需要在已知每个子网内需要容纳的主机数量的前提下，来划分子网。要想知道如何划分子网，就必须知道划分子网后的子网掩码，那么该问题就变成了求子网掩码。此类问题的计算方法总结如下。

① 计算主机号的位数：假设每个子网内需要划分出 Y 个 IP 地址，那么当 Y 满足公式 $2^N \geqslant Y+2 \geqslant 2^{N-1}$ 时，N 就是主机号的位数。其中 $Y+2$ 代表需要考虑主机号为全 0 和全 1 的情况；在这个公式中也存在这样的含义：在主机数量符合要求的情况下，能够划分更多的子网。

② 计算子网掩码的位数：计算出主机号的位数 N 后，可得出子网掩码位数为 $32-N$。

③ 根据子网掩码的位数计算出子网号的位数 M，可划分出的子网个数为 2^M，也可以理解为根据子网掩码位数计算子网个数的公式为子网个数=2^M，其中 M 为子网掩码位数。

例如，要将一个 C 类网络 192.168.1.0 划分成若干个子网，要求每个子网的主机数为 62，计算过程如下。

根据子网划分要求，每个子网的主机数为 62。

a. 计算主机号的位数：根据公式 $2^N \geqslant Y+2 \geqslant 2^{N-1}$ 计算出 $N=6$。

b. 计算子网掩码的位数：子网掩码位数为 32-6=26，子网掩码为 255.255.255.192。

c. 根据子网掩码位数得知子网号位数为 2。那么该网络能划分出 4 个子网，每个子网的可用主机数为 62。

每个子网的具体信息如下。

- A 子网：网络地址为 192.168.1.0，开始 IP 地址为 192.168.1.1，结束 IP 地址为 192.168.1.62，广播地址为 192.168.1.63；

- B 子网：网络地址为 192.168.1.64，开始 IP 地址为 192.168.1.65，结束 IP 地址为 192.168.1.126，广播地址为 192.168.1.127；

- C 子网：网络地址为 192.168.1.128，开始 IP 地址为 192.168.1.129，结束 IP 地址为 192.168.1.190，广播地址为 192.168.1.191；

- D 子网：网络地址为 192.168.1.192，开始 IP 地址为 192.168.1.193，结束 IP 地址为 192.168.1.254，广播地址为 192.168.1.255。

（3）根据子网数划分子网

在子网划分计算中，有时要在已知需要子网数量的前提下，来划分子网。当然，这类划分子网问题的前提是每个子网需要包括尽可能多的主机，否则该类问题就没有意义了。因为如果不要求子网包括尽可能多的主机，那么子网号位数可以随意划分成很大，而不是最小的子网号位数，这样就浪费了大量的主机地址。

例如，将一个 B 类网络 172.16.0.0 划分成 10 个子网，那么子网号位数应该是 4，子网掩码为 255.255.240.0。如果不考虑子网包括尽可能多的主机，子网号位数可以随意划分成 5、6、7……14，这样的话，主机号位数就变成 11、10、9……2，可用主机地址就大大减少了。同样，划分子网必须得知道划分子网后的子网掩码，需要计算子网掩码。此类问题的计算方法总结如下。

① 计算子网号的位数。假设需要划分 X 个子网，每个子网包括尽可能多的主机。那么当 X 满足公式 $2^M \geqslant X \geqslant 2^{M-1}$ 时，M 就是子网号的位数。

② 由子网号位数计算出子网掩码并划分子网。

例如，需要将 B 类网络 172.16.0.0 划分成 30 个子网，要求每个子网包括尽可能多的主机，计算过程如下。

按照例子中的子网规划需求，需要划分的子网数 $X=30$。

a. 计算子网号的位数。根据公式 $2^M \geqslant X \geqslant 2^{M-1}$，计算出 $M=5$。

b. 计算子网掩码。子网掩码位数为 16+5=21，子网掩码为 255.255.248.0。

c. 由于子网号位数为 5，所以该 B 类网络 172.16.0.0 共能划分成 $2^5=32$ 个子网。这些子网分别是 172.16.0.0、172.16.8.0、172.16.16.0……172.16.248.0。任意取其中的 30 个即可满足需求。

2.2　以太网技术原理

2.2.1　以太网发展历史

以太网是世界上应用最广泛、最常见的网络技术之一。它包括标准以太网（10Mbit/s）、快速以太网（100Mbit/s）和 10G 以太网（10Gbit/s）等，采用的是带冲突检测的载波监听多路访问（Carrier Sense Multiple Access with Collision Detection，CSMA/CD）的访问控制法，符合 IEEE 802.3 标准。早期的以太网就是一种基带总线局域网，随着技术的不断发展，基于双绞线的以太网不断成熟，现在以太网技术在局域网领域的市场占有率已达 90％。由于以太网接入采用的是异步工作方式，特别适用于处理 IP 突发数据流，其技术已发生重要变化和突破，如 LAN 交换、星形布线、大容量 MAC 地址存储以及管理性等。现在的以太网与传统的以太网相比，除了名字，基本特征只有帧结构和简单性仍然保留，其余基本特征已发生根本性变化，技术标准也在不断演变。以太网的发展历史如下。

1973 年，美国施乐（Xerox）公司的 Palo Alto 研究中心（Palo Alto Research Center，PARC）开始开发以太网，并于 1975 年研制成功，当时的数据传输速率为 2.94Mbit/s。它以无源的电缆作为总线来传送数据帧，并以曾经在历史上表示传播电磁波的介质以太（Ether）来命名。

1979 年，Xerox、Intel 和 DEC 公司正式发布了世界上第一个局域网产品的规约 DIX（DIX 是这 3 个公司名的缩写），这个标准后来成为 IEEE 802.3 标准的基础。

1980 年，IEEE 成立了 802.3 工作组。

1983 年，IEEE 802.3 标准正式发布。初期的以太网是基于同轴电缆的，到 20 世纪 80 年代末期基于双绞线的以太网完成了标准化工作，即人们常说的 10Base-T。

1986 年，IEEE 802.3 工作组发布 10BASE-2 细缆以太网标准。

1990 年，基于双绞线介质的 10BASE-T 标准和 IEEE 802.1d 网桥标准发布。LAN 交换机出现，逐步淘汰共享式网。

1997 年，通过 100Base-T 标准 802.3u（快速以太网）标准，将以太网传输速率扩大到 100Mbit/s，可以支持三、四、五类双绞线和光纤，开启以太网大规模应用的新时代。

1997 年，全双工以太网（IEEE97）出现。

1998 年，1000Mbit/s 以太网标准（IEEE 802.3z）问世。千兆以太网开始迅速发展。

1999 年，铜缆吉比特标准（IEEE 802.3ab）发布。

2002 年，10bit/s 以太网标准（IEEE 802.3ae）发布。

2003 年，以太网线供电标准 802.3af 诞生。

2004 年，同轴电缆万兆标准 802.3ak 发布。

2006 年，非屏蔽双绞线万兆标准 802.3an 通过。

2010 年，40G/100Gbit/s 以太网标准 802.3ba 问世，同年节能以太网标准 802.3az 通过。

2011 年，40Gbit/s 以太网标准 802.3az 通过，同年 100G 以太网背板、铜缆标准 802.3bj 开始研究。

2013 年，802.3bk 标准诞生，这项标准定义了支持扩展功率预算等级 PX30、PX40、PRX40 和 PR40 PMD 的点对多点无源光网络上 EPON 运行的物理层规范和管理参数。

2015 年，对 802.3bx 系列标准修订或合并。其中 802.3bm 适用于 40G/100Gbit/s 光纤以太网；802.3bq 为 25G/40GBase-T，用于 4 线对平衡双绞线布线，带 2 个连接器，距离可达 30m；802.3bp 为 1000Base-T1-对双绞线，是汽车和工业环境中的千兆以太网；802.3by 目标速率为 25Gbit/s，用于印刷电路背板的单通道 25GBase-KR 物理层、5m 双轴电缆的单通道 25GBase-CR 物理层和多模光纤的单通道 25Gbit/s 物理层。

以太网的传输速度从最初的 10Mbit/s 逐步扩展到 100Mbit/s、1Gbit/s、10Gbit/s、100Gbit/s 甚至更高，以太网的造价也跟随摩尔定律以及规模经济而迅速下降。同时，随着用户迅速膨胀，网络的价值越发无可估量。如今，以太网已经成为局域网中的主导网络技术，随着吉比特以太网（Gigabit Ethernet，GE）的出现，以太网已经开始向城域网（Metropolitan Area Network，MAN）大步迈进。以太网技术的成长和成熟，标志着社会科学技术不断向前发展。让我们一起期待更加高速、更加成熟的以太网诞生。

2.2.2　以太网的分类与标准

1.　以太网分类

以太网的种类众多，大体上可以分为标准以太网、快速以太网、千兆以太网、万兆以太网和下一代以太网。

2.　标准以太网

以太网刚提出时，只有 10Mbit/s 的吞吐量，使用的是 CSMA/CD 的访问控制方法，这种早期的 10Mbit/s 以太网称为标准以太网。以太网可以使用粗同轴电缆、细同轴电缆、非屏蔽双绞线、屏蔽双绞线和光纤等多种传输介质进行连接，并且 IEEE 802.3 标准为不同的传输介质制定了不同的物理层标准，这些标准中前面的数字表示传输速度，单位是 "Mbit/s"，最后的一个数字表示单段网线长度（基准单位是 100m），Base 表示 "基带"，Broad 代表 "宽带"。

10Base-5 使用直径为 0.4in（英寸，1in=2.54cm）、阻抗为 50Ω 粗同轴电缆，也称粗缆以太网，最大网段长度为 500m，使用基带传输方法，拓扑结构为总线型；10Base-5 组网主要硬件设备有：粗同轴电缆、带有连接单元接口（Attachment Unit Interface，AUI）插口的以太网卡、中继器、收发器、收发器电缆、终结器等。

10Base-2 使用直径为 0.2in、阻抗为 50Ω 细同轴电缆，也称细缆以太网，最大网段长度为 185m，使用基带传输方法，拓扑结构为总线型；10Base-2 组网主要硬件设备有：细同轴电缆、带有卡扣配合型连接器（Bayonet Nut Connector，BNC）插口的以太网卡、中继器、T 型连接器、终结器等。

10Base-T 使用双绞线电缆，最大网段长度为 100m，拓扑结构为星形结构；10Base-T 组网主要硬件设备有：三类或五类非屏蔽双绞线、带有 RJ45 插口的以太网卡、集线器、交换机、RJ45 插头等。

3.　快速以太网

随着网络的发展，传统标准的以太网技术已难以满足日益增长的网络数据流量速度需求。快速以太网技术开始出现，IEEE 802 工作组规范了 100Mbit/s 以太网的各种标准，如 100BASE-TX、100BASE-FX、100BASE-T4 等。快速以太网技术可以支持三、四、五类双绞线以及光纤的连接，能有效地利用现有的设施。其不足是仍然基于 CSMA/CD 技术，当网络负载较重时，会造成效率的降低。

100BASE-TX 是一种使用五类无屏蔽双绞线或屏蔽双绞线的快速以太网技术。在传输中使用 4B/5B 编码方式，信号频率为 125MHz。符合 EIA-586 的 5 类布线标准和 IBM 公司的 SPT 1 类布线标准，使用与 10BASE-T 相同的 RJ45 连接器。它的最大网段长度为 100m，支持全双工的数据传输。

100BASE-FX 是一种使用光缆的快速以太网技术，可使用单模和多模光纤（62.5μm 和 125μm）。多模光纤连接的最大距离为 550m。单模光纤连接的最大距离为 3000m。在传输中使用 4B/5B 编码方式，信号频率为 125MHz。它使用媒体接口连接器（Medium Interface Connector，MIC）、光纤分布式数据接口（Fiber Distributed Data Interface，FDDI）连接器、ST 连接器或 SC 连接器。它的最大网段长度为 150m、412m、2000m 或更长至 10km，这与所使用的光纤类型和工作模式有关，它支持全双工的数据传输。100BASE-FX 特别适合有电气干扰的环境、较大距离连接或高保密环境等。

100BASE-T4 是一种可使用三、四、五类无屏蔽双绞线或屏蔽双绞线的快速以太网技术。100Base-T4 使用 4 对双绞线，其中的 3 对用于在 33MHz 的频率上传输数据，每一对均工作于半双工模式。第 4 对用于 CSMA/CD 冲突检测。在传输中使用 8B/6T 编码方式，信号频率为

25MHz，符合 EIA-586 结构化布线标准。它使用与 10BASE-T 相同的 RJ45 连接器，最大网段长度为 100m。

4. 千兆以太网

千兆以太网技术继承了传统以太网技术价格便宜的优点。千兆以太网采用与 10Mbit/s 以太网相同的帧格式、帧结构、网络协议、全/半双工工作方式、流控模式以及布线系统，可与 10Mbit/s 或 100Mbit/s 的以太网很好地配合工作。升级到千兆以太网不必改变网络应用程序、网管部件和网络操作系统，能够更大程度地保护投资。此外，IEEE 标准将支持最大距离为 550m 的多模光纤、最大距离为 70km 的单模光纤和最大距离为 100m 的同轴电缆。千兆以太网技术有两个标准：IEEE 802.3z 和 IEEE 802.3ab。

IEEE 802.3z 定义了基于光纤和短距离铜缆的 1000Base-X，采用 8B/10B 编码技术，信道传输速度为 1.25Gbit/s，去耦合后可实现 1000Mbit/s 传输速度。IEEE 802.3z 具有下列千兆以太网标准。

- 1000Base-SX 只支持多模光纤，可以采用直径为 62.5μm 或 50μm 的多模光纤，工作波长为 770～860nm，传输距离为 220～550m；
- 1000Base-LX：可以支持直径为 9μm 或 10μm 的单模光纤，工作波长范围为 1270～1355nm，传输距离为 5km 左右；
- 1000Base-CX 采用 150Ω屏蔽双绞线（Shielded Twisted Pair，STP），传输距离为 25m；
- IEEE 802.3ab 定义基于五类非屏蔽双绞线（Unshielded Twisted Pair，UTP）的 1000Base-T 标准，其目的是在五类 UTP 上以 1000Mbit/s 速率传输 100m。1000Base-T 是 100Base-T 的自然扩展，与 10Base-T、100Base-T 完全兼容。可保护用户在五类 UTP 布线系统上的投资。

5. 万兆以太网

万兆以太网规范包含在 IEEE 802.3 标准的补充标准 IEEE 802.3ae 中，它扩展了 IEEE 802.3 和 MAC 规范，使其支持 10Gbit/s 的传输速率。除此之外，通过 WAN 界面子层（WAN Interface Sublayer，WIS），万兆以太网也能被调整为较低的传输速率，如 9.584640 Gbit/s（OC-192），这就允许万兆以太网设备与同步光纤网（Synchronous Optical Network，SONET）设备的 STS-192c 传输格式兼容。具体标准有：

- 10GBASE-LR 和 10GBASE-LW 主要支持长波（1310nm）单模光纤（Single-Mode Optical Fiber，SMF），光纤距离为 2m～10km；
- 10GBASE-ER 和 10GBASE-EW 主要支持超长波（1550nm）单模光纤，光纤距离为 2m～40km；
- 10GBASE-SR 和 10GBASE-SW 主要支持短波（850nm）多模光纤（Multi-Mode Optical Fiber，MMF），光纤距离为 2～300m；
- 10GBASE-LX4 采用波分复用技术，在单对光缆上以 4 倍光波长发送信号，该系统运行在 1310nm 的多模或单模暗光纤（Dark Fiber）方式下，其设计针对 2～300m 的多模光纤模式或 2m～10km 的单模光纤模式；
- 10GBASE-LR、10GBASE-ER 和 10GBASE-SR 主要支持暗光纤，暗光纤是指没有光传播并且不与任何设备连接的光纤；
- 10GBASE-LW、10GBASE-EW 和 10GBASE-SW 主要用于连接 SONET 设备，应用于远程数据通信。

6. 下一代以太网

不断提升的用户访问速度和服务导致网络带宽的需求"爆炸式"增长，这使得以太网在计算和网络应用方面面临着越来越大的带宽增长压力。下一代以太网应运而生，其主要是指具有

40Gbit/s 和 100Gbit/s 传输速率的以太网技术，其标准包括 802.3ba、802.3az、802.3bj 等。

2.2.3　以太网工作原理

1. 以太网常用传输介质

网络中各站点之间的数据传输必须依靠某种传输介质来实现。传输介质种类有很多，以太网的常用传输介质主要有 3 类：同轴电缆、双绞线和光纤。

（1）同轴电缆

同轴电缆由内、外两个导体组成，且这两个导体是同轴线的，所以被称为同轴电缆。在同轴电缆中，内导体是一根导线，外导体是一个圆管，两者之间有填充物。外导体能够屏蔽外界电磁场对内导体信号的干扰。同轴电缆既可以用于基带传输，又可以用于宽带传输。基带传输时只传送一路信号，而宽带传输时可以同时传送多路信号。用于局域网的同轴电缆都是基带同轴电缆。初期以太网一般都使用同轴电缆作为传输介质，其常见的类型如下。

① 10Base-5，俗称粗缆（见图 2-11），其最大传输距离为 500m。

图 2-11　粗缆

② 10Base-2，俗称细缆（见图 2-12），其最大传输距离为 185m。

图 2-12　细缆

（2）双绞线

双绞线（Twisted Pair）共 8 芯，由绞合在一起的 4 对导线组成，如图 2-13 所示。双绞线绞合可减少各导线之间相互的电磁干扰，并具有抗外界电磁干扰的能力。双绞线电缆可以分为两类：屏蔽双绞线和非屏蔽双绞线。屏蔽双绞线外面环绕着一圈保护层，能够有效减小影响信号传输的电磁干扰，但会相应增加成本。而非屏蔽双绞线没有保护层，易受电磁干扰，但成本较低。非屏蔽双绞线广泛用于星形拓扑结构的以太网。

图 2-13　双绞线

双绞线的优势在于它使用了电信工业中已经比较成熟的技术，因此，对系统的建立和维护都要容易得多。在不需要较强抗干扰能力的环境中，选择双绞线特别是非屏蔽双绞线，既利于安装，又节省成本，所以非屏蔽双绞线往往是办公环境下传输介质的首选。但双绞线也有缺点，其最大的问题在于抗干扰能力不强，特别是非屏蔽双绞线。

双绞线根据线径、缠绕率等指标，又可分为如下几种。

- CAT-1：曾用于早期语音传输，未被美国电信工业协会（Telecommunications Industry Association，TIA）和电子工业协会（Electronic Industries Association，EIA）承认；
- CAT-2：未被 TIA/EIA 承认，常用于 4 Mbit/s 的令牌环网络；
- CAT-3：TIA/EIA-568-B 认定标准，目前只应用于语音传输；
- CAT-4：未被 TIA/EIA 承认，常用于 16 Mbit/s 的令牌环网络；
- CAT-5：TIA/EIA-568-B 认定标准，常用于快速以太网中；
- CAT-5e：TIA/EIA-568-B 认定标准，常用于快速以太网及千兆以太网中；
- CAT-6：TIA/EIA-568-B 认定标准，可提供 250MHz 的带宽，是 CAT-5、CAT-5e 的两倍；
- CAT-6a：应用于万兆以太网中；
- CAT-7：其规定的最低的传输带宽为 600MHz。

（3）光纤

光纤的全称为光导纤维。对计算机网络而言，光纤具有无可比拟的优势。光纤由纤芯、包层及护套组成，纤芯由玻璃或塑料制成；包层则是玻璃的，使光信号可以反射回去，沿着光纤传输；护套则由塑料制成，用于防止外界的伤害和干扰，如图 2-14 所示。

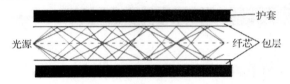

图 2-14　光纤

根据光在光纤中的传输模式，光纤可分为单模光纤和多模光纤。

- 单模光纤：纤芯较细（芯径一般为 9μm 或 10μm），只能传输一种模式的光。其色散很小，适用于远程通信。
- 多模光纤：纤芯较粗（芯径一般为 50μm 或 62.5μm），可传输多种模式的光。但其色散较大，因此，多模光纤一般用于短距离传输。

在这里需要补充说明的是，以上内容主要针对有线网络的有形传输介质。事实上，随着无线网络被广泛应用，电磁波、微波、红外线等无形传输介质在特定环境下，已经使得有形传输介质有些"英雄无用武之地"。

2. 数据通信的传输模式

数据通信的基本模式包括单播、广播和组播。

（1）单播

单播（Unicast）为"一对一"的通信模式，即从源端发出的数据，仅传递给某一具体接收者。采用单播方式时，系统为每个需要该信息的用户单独建立一条数据传送通路，并为该用户发送一份独立的拷贝信息。由于网络中传输的信息量和需要该信息的用户量成正比，因此当需要该信息的用户量庞大时，网络中将出现多份相同数据流。此时，带宽将成为重要瓶颈，单播方式较适合用户稀少的网络，不利于信息规模化发送。

（2）广播

广播（Broadcast）为"一对所有"的通信模式。采用广播方式时，系统把信息传送给网络中的所有用户，不管他们是否需要，任何用户都会接收到广播的信息，信息安全性和有偿服务得不到保障。另外，当同一网络中需要该信息的用户量很小时，网络资源利用率将非常低，带宽浪费严重。广播方式适合用户稠密的网络，当网络中需要某信息的用户量不确定时，单播和广播方式效率很低。

（3）组播

组播（Multicast）为"一对多"的通信模式。源端将数据发送至一个组地址，只有加入该组的成员可以接收该数据。相比单播来说，使用组播方式传递信息，用户的增加不会显著增加网络的负载；不论接收者有多少，相同的组播数据流在每一条链路上最多仅有一份，这样就解决了网络中用户数量不确定的问题。另外，相比广播来说，组播数据流仅会流到有接收者的地方，不会造成网络资源的浪费。

3. 冲突域与广播域

如果一个区域中的任意一个节点可以收到该区域中其他节点发出的任何帧，那么该区域为一个冲突域。如果一个区域中的任意一个节点都可以收到该区域中其他节点发出的广播帧，那么该区域为一个广播域。例如一个由集线器构成的网络就是一个冲突域和一个广播域；一个交换机的每一个端口都是一个冲突域，而其本身是一个广播域；一个路由器的每一个端口都是一个冲突域和一个广播域，如图 2-15 所示。对于集线器、交换机、路由器等设备，将会在后续内容中陆续介绍。

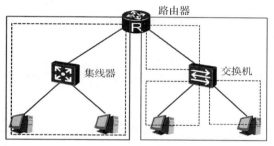

图 2-15　广播域与冲突域

4. 以太网数据链路层的分层结构

在以太网中，针对物理层不同的标准、规范、工作模式，数据链路层需要提供不同的介质访问方法，这给设计和应用带来了不便。为此，一些组织和厂商提出把数据链路层再进行分层，分为媒体访问控制子层和逻辑链路控制（Logical Link Control，LLC）子层。这样不同的物理层对应不同的 MAC 子层，LLC 子层则可以完全独立，如图 2-16 所示。

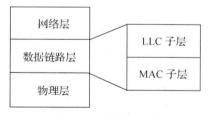

图 2-16　数据链路层

（1）MAC 地址

为了进行站点标识，MAC 子层用 MAC 地址来唯一标识一个站点。MAC 地址由 IEEE 管理，以块为单位进行分配。一个组织（一般是制造商）从 IEEE 获得唯一的地址块，称为一个组织的组织唯一标识符（Organizationally Unique Identifier，OUI）。获得 OUI 的组织可用该地址块为 16 777 216 个设备分配地址。

MAC 地址有 48 位，但通常被表示为 12 位的点分十六进制。例如，48 位的 MAC 地址 000000001110000011111100001110011000000000110100，表示为 12 位点分十六进制就是

00e0.fc39.8034。每个 MAC 地址（点分十六进制）的前 6 位代表 OUI，后 6 位由厂商自己分配。例如，地址 00e0.fc39.8034，前面的 00e0.fc 是 IEEE 分配给华为技术有限公司的 OUI，后面的 39.8034 是由华为技术有限公司自己分配的地址编号。MAC 地址中的第 2 位指示该地址是全局唯一还是局部唯一。以太网一直使用全局唯一地址。

MAC 地址可分为物理 MAC 地址、广播 MAC 地址和组播 MAC 地址。物理 MAC 地址能够唯一地标识以太网上的一个终端，这样的地址是固化在硬件（如网卡）里面的。广播 MAC 地址是一个通用的 MAC 地址，用来表示网络上的所有终端设备。广播 MAC 地址的 48 位全是 1，如 ffff.ffff.ffff。组播 MAC 地址是一个逻辑的 MAC 地址，用于代表网络上的一组终端。组播 MAC 地址的第 8 位是 1，例如 000000011011101100111010101011101010111101010101000。

（2）MAC 子层的功能

MAC 子层负责从 LLC 子层接收数据，附加上 MAC 地址和控制信息后把数据发送到物理链路层上，并在这个过程中提供校验等功能。数据的收发过程如下。

① 当上层要发送数据的时候，将数据提交给 MAC 子层。

② MAC 子层把上层提交的数据放入缓存区。

③ 然后加上目的 MAC 地址和自己的 MAC 地址（源 MAC 地址），计算出数据帧的长度，形成以太网帧。

④ 以太网帧根据目的 MAC 地址被发送到对端设备。

⑤ 对端设备用以太网帧的目的 MAC 地址，跟 MAC 地址表中的项目进行比较。

⑥ 只要有一项匹配，则接收该以太网帧。

⑦ 若无任何匹配的项目，则丢弃该以太网帧。

以上描述的是单播的情况。如果上层应用程序加入一个组播组，数据链路层根据应用程序加入的组播组形成一个组播 MAC 地址，并把该组播 MAC 地址加入 MAC 地址表。这样当有发送到该组的数据帧的时候，MAC 子层就接收该数据帧并向上层发送。

（3）LLC 子层功能

LLC 子层除了提供传统的数据链路层服务，还增加了一些其他有用的特性。这些特性都由 DSAP、SSAP 和 Control 字段提供。例如以下 3 种类型的点对点传输服务。

• 无连接的数据包传输服务。目前的以太网实现的就是这种服务。

• 面向连接的可靠的数据传输服务。预先建立连接再传输数据，数据在传输过程中的可靠性能够得到保证。

• 无连接的带确认的数据传输服务。该类型的数据传输服务不需要建立连接，但它在数据的传输中增加了确认机制，使可靠性大大增加。

5. 以太网的帧格式

在以太网的发展历程中，以太网的帧格式出现过多个版本。不过，目前正在应用中的帧格式为 DIX 的 Ethernet_Ⅱ帧格式和 IEEE 的 IEEE 802.3 帧格式（ETHERNET_SNAP）。

（1）Ethernet_Ⅱ帧格式

Ethernet_Ⅱ帧格式由 DEC、Intel 和 Xerox 公司在 1982 年公布，由 Ethernet_Ⅰ修订而来。事实上，Ethernet_Ⅱ与 Ethernet_Ⅰ在帧格式上并无差异，区别仅在于电气特性和物理接口。Ethernet_Ⅱ帧格式如图 2-17 所示。

6字节	6字节	2字节	46~1500字节	4字节
DMAC	SMAC	Type	Data	CRC

图 2-17　Ethernet_Ⅱ帧格式

目的 MAC 地址（Destination MAC，DMAC）字段用于确定帧的接收者。

源 MAC 地址（Source MAC，SMAC）字段用于标识发送帧的工作站。

Type 字段用于标识 Data 字段中包含的高层协议，即该字段告诉接收设备如何解释 Data 字段。该字段取值大于 1500。Type 字段用十六进制值表示多协议传输的机制。

- Type 字段取值为 0800 的帧代表 IP 帧；
- Type 字段取值为 0806 的帧代表 ARP 帧；
- Type 字段取值为 8035 的帧代表 RARP 帧；
- Type 字段取值为 8137 的帧代表互联网数据包交换协议（Internet Work Packet Exchange Protocol，IPX）和序列分组交换协议（Sequenced Packet Exchange Protocol，SPX）传输帧。

Data 字段表明帧中封装的具体数据。Data 字段的最小长度必须为 46 字节以保证帧长至少为 64 字节，这意味着传输 1 字节的信息也必须使用 46 字节的 Data 字段。如果填入该字段的信息少于 46 字节，则该字段的其余部分也必须进行填充。Data 字段的最大长度为 1500 字节。

循环冗余校验（Cyclic Redundancy Check，CRC）字段提供了一种错误检测机制。

（2）IEEE 802.3 帧格式

IEEE 802.3 帧格式由 Ethernet_Ⅱ 帧格式发展而来，目前应用很少。它将 Ethernet_Ⅱ 帧的 Type 字段用 Length 字段取代，并且占用了 Data 字段的 8 个字节作为 LLC 字段和 SNAP 字段，如图 2-18 所示。

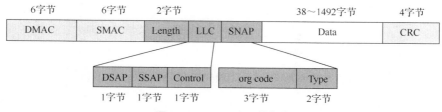

图 2-18　IEEE 802.3 帧格式

Length 字段定义了 Data 字段包含的字节数，该字段取值小于等于 1500（大于 1500 表示帧格式为 Ethernet_Ⅱ）。

LLC 字段由目的服务访问点（Destination Service Access Point，DSAP）、源服务访问点（Source Service Access Point，SSAP）和 Control 字段组成。

子网接入协议（Sub-network Access Protocol，SNAP）由 org code（机构代码）和 Type 字段组成。org code 字段的 3 个字节都为 0。Type 字段的含义与 Ethernet_Ⅱ 帧中的 Type 字段的相同。

其他字段的说明请参见 Ethernet_Ⅱ 帧的字段说明。

IEEE 802.3 帧根据 DSAP 和 SSAP 字段的取值的不同又可以分成不同的类型，这里不赘述。

6. 共享式以太网工作原理

在传统的共享式以太网中，所有的节点共享传输介质。根据以太网的最初设计目标，连接的计算机和数字设备必须采用一种半双工的方式来访问该物理线路，而且必须有一种冲突检测和避免的机制，以避免多个设备在同一时刻抢占线路的情况，这种机制就是所谓的 CSMA/CD，其是传统以太网采用的重要工作机制。

微课 2-2　共享式以太网工作原理

CSMA/CD 的工作过程可归纳为如下 4 个阶段。

① 发前先听：发送数据前先检测信道是否空闲。如果空闲，则立即发送；如果繁忙，则等待。

②　边发边听：在发送数据过程中，不断检测是否发生冲突（通过检测线路上的信号是否稳定来判断是否发生冲突）。

③　遇冲退避：如果检测到冲突，立即停止发送，等待一个随机时间（退避）。

④　重新尝试：当随机时间结束后，重新开始发送。共享式以太网是利用 CSMA/CD 机制来检测及避免冲突的。

典型 CSMA/CD 的工作过程如图 2-19 所示。

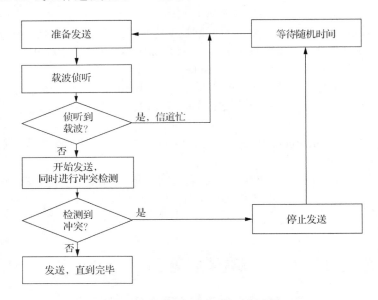

图 2-19　典型 CSMA/CD 的工作过程

7. 交换式以太网工作原理

微课 2-3　交换式以太网工作原理

交换式以太网的出现有效地解决了共享式以太网的缺陷，它大大减小了冲突域的范围，显著提升了网络的性能，并加强了网络的安全性。目前在交换式以太网中经常使用的网络设备是交换机。交换机与 Hub（集线器）同为具有多个端口的转发设备，在各个终端主机之间进行数据转发。但相对于 Hub 的单一冲突域，交换机通过隔离冲突域，使得终端主机可以独占端口的带宽，并实现全双工通信，所以交换式以太网的交换效率大大高于共享式以太网的。

尽管外观相似，但是交换机对数据的转发还是与 Hub 的有很大的不同。交换机的端口在检测到网络中的比特流后，它会首先把比特流还原成数据链路层的数据帧，再对数据帧进行相应的操作。同样，交换机端口在发送数据时，会把数据帧转换成比特流，再从端口发送出去。因此，交换机是数据链路层的设备，可通过帧中的信息控制数据转发。

（1）交换机原理

交换机是一种工作在数据链路层的、基于 MAC 地址识别并完成封装、转发数据帧功能的网络设备。它对信息进行重新生成，并经过内部处理后转发至指定端口，具备自动寻址能力和交换作用。交换机可以"学习"MAC 地址，并把其存放在内部的 MAC 地址表中，通过在数据帧的始发者和目标接收者之间建立临时的交换路径，使数据帧直接由源地址到达目的地址。交换机相对 Hub 而言，多维护了一张表，该表为 MAC 地址表。MAC 地址表中包含交换机端口与该端口下设备 MAC 地址的对应关系，如图 2-20 所示。交换机就根据 MAC 地址表来进行数据帧的交换、转发。下面对 MAC 地址表的建立和更新，以及 MAC 地址表的应用进行探讨。

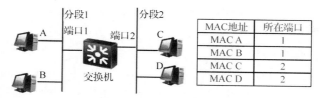

图 2-20　MAC 地址表

（2）MAC 地址表的建立和更新

透明网桥需要根据转发表进行转发，网桥的转发表记录数据链路层地址与对应该数据链路层地址的转发出接口的映射关系，即 MAC 地址与出接口的映射关系，可以通过命令 display mac-address 查看。其具体过程为：对于检测到合法的以太网帧，提取出该帧的源 MAC 地址；将源 MAC 地址与接收该帧的接口之间的关系加入 MAC 地址表中，从而生成一条表项；对于同一个 MAC 地址，如果透明网桥先后学习到不同的接口，则后学到的接口信息覆盖先学到的接口信息，因此，不存在同一个 MAC 地址对应两个或更多出接口的情况；对于动态学习到的转发表项，透明网桥会在一段时间后对表项进行"老化"，即将超过一定生存时间的表项删除；当然，如果在老化之前，重新收到该表项对应信息，则重置老化时间。系统支持默认的老化时间（300s），用户可以自行设置老化时间。

（3）利用 MAC 地址表判断转发

透明网桥对于收到数据帧的处理可以划分为以下 3 种情况。

① 直接转发。收到数据帧的目的 MAC 地址能够在转发表中查到，并且对应的出接口与收到报文的接口不是同一个接口，则该数据帧从表项对应的出接口被转发出去。

② 丢弃。收到数据帧的目的 MAC 地址能够在转发表中查到，并且对应的出接口与收到报文的接口是同一个接口，则该数据帧被丢弃。

③ 扩散。收到数据帧的目的 MAC 地址是单播 MAC 地址，但是在转发表中查找不到，或者收到数据帧的目的 MAC 地址是组播或广播 MAC 地址，则该数据帧向对应网桥组除入接口外的其他接口被复制并发送。

（4）交换机的交换模式

交换机有快速转发（Cut Through）、存储转发（Store and Forward）、分段过滤（Fragment Free）这 3 种交换模式，各个模式的特点如下。

① 快速转发：交换机接收到目的地址即开始转发过程，特点是延迟小，交换机不检测错误，直接转发数据帧。

② 存储转发：交换机接收完整的数据帧后才开始转发过程，这种模式延迟大，延迟取决于数据帧的长度。交换机检测错误，一旦发现错误则数据包会被丢弃。

③ 分段过滤：交换机接收完数据包的前 64 字节（一个最短帧长度），然后根据帧头信息查表转发。此交换模式结合了快速转发模式和存储转发模式的优点，和快速转发模式一样不用等待接收完完整的数据帧才转发，只要接收了 64 字节后，即可转发，并且和存储转发模式一样，可以提供错误检测功能，能够检测前 64 字节的帧错误，并丢弃错误帧。

2.3　虚拟局域网技术

VLAN 的产生为传统的局域网注入了新的活力，引起了局域网应用的一场变革。本节将介绍在交换机中怎样实现 VLAN，详细描述 VLAN 数据帧在交换机与交换机之间传递过程中的变化情况以及如何进行 VLAN 的配置。

2.3.1 VLAN 概述

1. VLAN 的产生原因

VLAN 的产生原因是防止广播风暴。传统的局域网使用的是 Hub，Hub 只有一根总线，一根总线就是一个冲突域。所以传统的局域网是一个扁平的网络，一个局域网属于同一个冲突域。任何一台主机发出的报文都会被同一冲突域中的所有其他设备接收到。后来，组网时使用网桥（二层交换机）代替 Hub，每个端口可以看成一根单独的总线，冲突域缩小到每个端口，使得网络发送单播报文的效率大大提高，并极大地提高二层网络的性能。假如一台主机发出广播报文，其他设备仍然可以接收到该广播报文，通常将广播报文所能传输的范围称为广播域，网桥在传递广播报文的时候依然要将广播报文复制多份，发送到网络的各个角落。随着网络规模的扩大，网络中的广播报文越来越多，广播报文占用的网络资源越来越多，严重影响网络性能，这就是所谓的广播风暴。

过去往往通过路由器对局域网进行分段。用路由器替换节点交换机，可使广播报文的发送范围大大减小。这种方案解决了广播风暴的问题，但是路由器是在网络层上分段将网络隔离，网络规划复杂，组网方式不灵活，并且大大增加了管理、维护的难度。作为替代的局域网分段方法，虚拟局域网被引入网络解决方案中，用于解决大型的二层网络环境面临的问题。

2. VLAN 的定义

由于网桥二层网络工作原理的限制，网桥对广播风暴的问题无能为力。为了提高网络的效率，一般需要将网络进行分段：把一个大的广播域划分成几个小的广播域。

VLAN 是将一个物理的局域网在逻辑上划分成多个广播域（多个 VLAN）的通信技术，它将一组逻辑上的设备和用户（这些设备和用户并不受物理位置的限制）根据功能、部门及应用等因素组织起来，它们之间的通信就好像在同一个网段中，由此得名"虚拟局域网"。VLAN 内的主机间可以直接通信，而 VLAN 间不能直接互通，从而将广播报文限制在一个 VLAN 内。由于 VLAN 间不能直接互访，因此提高了网络安全性。

图 2-21 是一个典型的 VLAN 应用组网。两台交换机放置在不同的地点，它们分别属于两个不同的 VLAN，例如不同的部门，可以互相隔离。

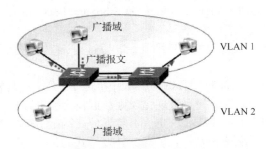

图 2-21　典型的 VLAN 应用组网

2.3.2　VLAN 的划分方法

VLAN 的划分方法主要有以下几种。

1. 基于端口划分 VLAN

根据交换设备的端口编号来划分 VLAN。网络管理员给交换机的每个端口配置不同的端口的虚拟局域网 ID 号（Port-base VLAN ID，PVID），即一个端口默认属于的 VLAN。当一个数据帧进入交换机端口时，如果没有带 VLAN 标签，且该端口上配置了 PVID，那么，该数据帧就会被打上端口的 PVID。如果进入的帧已经带有 VLAN 标签，那么交换机不会再增加 VLAN 标签，即使端口已经配置了 PVID。对 VLAN 的数据帧的处理由端口类型决定。

2. 基于 MAC 地址划分 VLAN

此方式是根据交换机端口所连接设备的 MAC 地址来划分 VLAN。网络管理员成功配置 MAC 地址和 VLAN ID 映射关系表，如果交换机收到的是 untagged（不带 VLAN 标签）帧，则依据该表添加 VLAN ID。采用这种划分方法，当终端用户的物理位置发生改变时，不需要重新配置 VLAN，提高了终端用户的安全性和接入的灵活性。但只适用于网卡不经常更换、网络环境较简单的场景。另外，还需要预先定义网络中所有成员。

3. 基于子网划分 VLAN

如果交换机收到的是 untagged 帧，交换机根据报文中的 IP 地址信息，确定添加的 VLAN ID。这种划分方法的优点是将指定网段或 IP 地址发出的报文在指定的 VLAN 中传输，减轻了网络管理者的任务量，且有利于管理；缺点是网络中的用户分布需要有规律，且多个用户在同一个网段。

4. 基于协议划分 VLAN

根据接口接收到的报文所属的协议（族）类型及封装格式来给报文分配不同的 VLAN ID。网络管理员需要配置以太网帧中的协议域和 VLAN ID 的映射关系表，如果收到的是 untagged 帧，则依据该表添加 VLAN ID。目前，支持划分 VLAN 的协议有 IPv4、IPv6、IPX、AppleTalk（AT），封装格式有 Ethernet_Ⅱ、802.3 raw、802.2 LLC、802.2 SNAP。基于协议划分 VLAN 可将网络中提供的服务类型与 VLAN 绑定，方便管理和维护。但需要对网络中所有的协议类型和 VLAN ID 的映射关系表进行初始配置。

5. 基于组合策略划分 VLAN

基于 MAC 地址、IP 地址组合策略划分 VLAN 是指在交换机上配置终端的 MAC 地址和 IP 地址，并与 VLAN 关联，只有符合条件的终端才能加入指定 VLAN。符合条件的终端加入指定 VLAN 后，严禁修改 IP 地址或 MAC 地址，否则会导致终端从指定 VLAN 中退出。基于组合策略划分 VLAN 的安全性非常高，基于 MAC 地址和 IP 地址成功划分 VLAN 后，禁止用户改变 IP 地址或 MAC 地址。相较于其他 VLAN 划分方式，基于 MAC 地址和 IP 地址组合策略划分 VLAN 是优先级最高的 VLAN 划分方式。其缺点是每一条策略都需要手动配置。

当设备同时支持多种方式时，一般情况下，优先使用顺序为：基于组合策略（优先级别最高）、基于子网、基于协议、基于 MAC 地址、基于端口（优先级别最低）。目前常用的是基于端口的方式。

2.3.3　VLAN 技术原理

1. VLAN 通信原理

VLAN 技术为了实现转发控制，在待转发的以太网帧中添加 VLAN 标签，然后设定交换机端口对该标签和帧的处理方式。处理方式包括丢弃帧、转发帧、添加标签、移除标签。

微课 2-4　虚拟局域网技术原理

转发帧时，通过检查以太网帧中携带的 VLAN 标签是否为端口允许通过的标签，可判断出该以太网帧是否能够从该端口转发。图 2-22 中，假设有一种方法，将 A 发出的所有以太网帧都加上标签 5，然后查询二层转发表，根据目的 MAC 地址将该帧转发到 B 的端口。由于在该端口配置了"仅允许 VLAN 1 通过"，所以 A 发出的帧将被丢弃。上述情况意味着支持 VLAN 技术的交换机，转发以太网帧时不再仅仅依据目的 MAC 地址，还要考虑该端口的 VLAN 配置情况，从而实现对二层转发的控制。

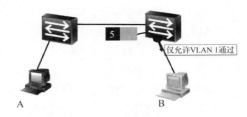

图 2-22　VLAN 通信基本原理

2. VLAN 的数据帧格式

IEEE 802.1Q 标准对 Ethernet 帧格式进行了修改，在源 MAC 地址字段和协议类型字段之间加入 4 字节的 802.1Q Tag，如图 2-23 所示。

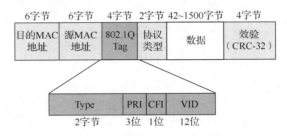

图 2-23　基于 802.1Q 的 VLAN 的数据帧格式

802.1Q Tag 包含 4 个字段，其含义如下。

Type： 长度为 2 字节，表示帧类型。取值为 0x8100 时表示 802.1Q Tag 帧。如果不支持 802.1Q 的设备收到这样的帧，会将其丢弃。

PRI（Priority）： 长度为 3 位，表示帧的优先级，取值范围为 0～7，值越大优先级越高，用于当交换机阻塞时，优先发送优先级高的数据帧。

CFI（Canonical Format Indicator，标准格式指示位）： 长度为 1 位，表示 MAC 地址是否为经典格式。CFI 为 0 表示标准格式，CFI 为 1 表示非标准格式。用于区分以太网帧、FDDI 帧和令牌环网帧。在以太网中，CFI 的值为 0。

VID（VLAN ID）： 长度为 12 位，表示该帧所属的 VLAN。可配置的 VLAN ID 取值范围为 0～4095，但是 0 和 4095 为协议中规定保留的 VLAN ID，不能给用户使用。

使用 VLAN 标签后，在交换网络环境中，以太网的帧有两种格式：一种是没有加上这 4 个字节标签的，称为标准以太网帧（Untagged Frame）；另一种是有 4 字节标签的以太网帧，称为带有 VLAN 标签的以太网帧（Tagged Frame）。另外，本书仅仅讨论 VLAN 标签中的 VLAN ID，对于其他 VLAN 标签暂不做讨论。

3. VLAN 的转发流程

VLAN 技术通过以太网帧中的标签，结合交换机端口的 VLAN 配置，实现对报文转发的控制。假设交换机有两个端口 A 与 B，从 A 端口收到以太网帧，如果转发表显示目的 MAC 地址存在于 B 端口下。引入 VLAN 后，该帧是否能从 B 端口转发出去，有以下 2 个关键点。一是该帧所属的 VLAN 是否被交换机创建？创建 VLAN 的方法有 2 种，管理员逐个添加或通过 VLAN 通用属性注册协议（GARP VLAN Registration Protocol，GVRP）自动生成。二是目的端口是否允许携带该 VLAN ID 的帧通过？某端口允许通过的 VLAN 列表，可以由管理员添加或使用 GVRP 动态注册。WLAN 转发流程如图 2-24 所示。

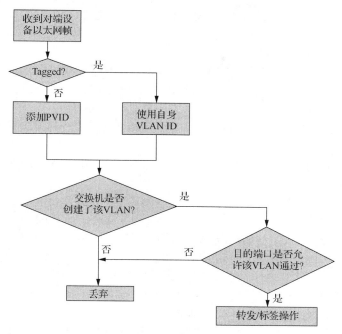

图 2-24　VLAN 转发流程

转发流程中，标签操作类型有 2 种。

- 添加标签：对于 Untagged Frame，添加 PVID，在端口收到对端设备的帧后进行。
- 移除标签：删除帧中的 VLAN ID，以 Untagged Frame 的形式发送给对端设备。

注意正常情况下，交换机不会更改 Tagged Frame 中的 VLAN ID 的值。某些设备支持的特殊业务，可能提供更改 VLAN ID 的功能，此内容不在本书讨论范围之内。

4. VLAN 接口类型

为了提高处理效率，交换机内部的数据帧都带有 VLAN Tag，以统一方式处理。当一个数据帧进入交换机端口时，如果没有带 VLAN Tag，且该端口上配置了 PVID，那么该数据帧就会被标记上端口的 PVID。如果数据帧已经带有 VLAN Tag，那么，即使端口已经配置了 PVID，交换机也不会再给数据帧标记 VLAN Tag。由于端口类型不同，交换机对帧的处理过程也不同。下面根据不同的端口类型分别介绍。

（1）Access 端口

一般用于连接主机，只能属于 1 个 VLAN，对帧的处理如下。

① 对接收不带 Tag 的报文处理：接收该报文，并打上默认 VLAN Tag。

② 对接收带 Tag 的报文处理：当 VLAN ID 与默认 VLAN ID 相同时，接收该报文；当 VLAN ID 与默认 VLAN ID 不同时，丢弃该报文。

发送帧处理过程：先剥离帧的 PVID，再发送。

（2）Trunk 端口

Trunk 端口用于连接交换机，可以接收和发送多个 VLAN 的报文，可以在交换机之间传递 Tagged Frame，可以自由设定允许通过的多个 VLAN ID，这些 VLAN ID 可以与 PVID 相同，也可以不同。Trunk 端口可以属于多个 VLAN，其对帧的处理过程如下。

① 对接收不带 Tag 的报文处理如下。

a. 打上默认 VLAN ID，当默认 VLAN ID 在允许通过的 VLAN ID 列表里时，接收该报文。

b. 打上默认 VLAN ID，当默认 VLAN ID 不在允许通过的 VLAN ID 列表里时，丢弃该报文。

② 对接收带 Tag 的报文处理如下。

a. 当 VLAN ID 在端口允许通过的 VLAN ID 列表里时，接收该报文。

b. 当 VLAN ID 不在端口允许通过的 VLAN ID 列表里时，丢弃该报文。

③ 发送帧处理过程如下。

a. 当 VLAN ID 与默认 VLAN ID 相同，且是该端口允许通过的 VLAN ID 时，去掉 Tag，发送该报文。

b. 当 VLAN ID 与默认 VLAN ID 不同，且是该端口允许通过的 VLAN ID 时，保持原有 Tag，发送该报文。

（3）Hybrid 端口

Access 端口发往其他设备的报文，都是 Untagged Frame，而 trunk 端口仅在一种特定情况下才能发出 Untagged Frame，其他情况下发出的都是 Tagged Frame。某些应用中，可能希望能够灵活地控制 VLAN ID 的移除。Hybrid 端口可以用于交换机之间连接，也可以用于连接用户的计算机，可以属于多个 VLAN，可以接收和发送多个 VLAN 的报文。

• 对接收不带 Tag 的报文处理：同 Trunk 端口；

• 对接收带 Tag 的报文处理：同 Trunk 端口。

发送帧处理过程：当 VLAN ID 是该端口允许通过的 VLAN ID 时，发送该报文。可以通过命令设置发送时是否携带 Tag。

2.4 以太网接入的控制与管理

2.4.1 接入网控制与管理的概念

由于接入网是一个公用的网络环境，因此其技术和功能要求与局域网这样一个私有网络环境的会有很大不同，主要反映在用户管理、业务管理和计费管理上。

所谓用户管理指的是用户需要到接入网运营商那里进行开户登记，并且在用户进行通信时运营商要对用户进行认证、授权。对所有运营商而言，掌握用户信息是十分重要的，便于对用户进行管理，因此需要对每个用户进行开户登记。而在用户进行通信时，要杜绝非法用户接入网络，占用网络资源，影响合法用户的使用，因此需要对用户进行合法性认证，并根据用户属性使用户享有其相应的权利。

所谓安全管理指的是接入网需要保障用户数据（单播地址的帧）的安全性，隔离携带用户个人信息的广播信息[如 ARP、动态主机配置协议（Dynamic Host Configuration Protocol，DHCP）消息等]，防止关键设备受到攻击。对每个用户而言，当然不希望别人能够接收到他的信息，因此要从物理上隔离用户数据，保证用户的单播地址的帧只有该用户可以接收到，不像在局域网中因为共享总线方式所有用户都可以接收到总线上的单播地址的帧。另外，由于用户终端是以普通的以太网卡与接入网连接，在通信中会发送一些广播地址的帧（如 ARP、DHCP 消息等），而这些消息会携带用户的个人信息（如用户 MAC 地址等），如果不隔离这些广播消息而让其他用户接收到，容易发生 MAC/IP 地址仿冒，影响设备的正常运行，中断合法用户的通信过程。在接入网这样一个公用的网络环境，保证其中设备的安全性是十分重要的，需要采取一定的措施防止非法进入其管理系统造成设备无法正常工作，以及某些消息影响用户的通信。

所谓业务管理指的是接入网需要支持组播业务，需要为保护服务质量（Quality of Servise，

QoS）提供一定手段。由于组播业务是未来 Internet 上的重要业务，因此接入网应能够以组播方式支持这项业务，而不以点对点方式来传送组播业务。另外为了保证 QoS，接入网需要提供一定的带宽控制能力，例如，保证用户最低接入速率，限制用户最高接入速率，从而保证业务的 QoS。

所谓计费管理指的是接入网需要提供有关计费的信息，包括用户的类别（是账号用户还是固定用户）、用户使用时长、用户流量等这些数据，支持计费系统对用户的计费管理。

目前，用户的接入控制与管理采用的方案主要有 802.1x、PPPoE 等。

2.4.2　DHCP

1. DHCP 的功能

在 TCP/IP 网络上，每台工作站在访问网络及其资源之前，都必须进行基本的网络配置，一些主要参数诸如 IP 地址、子网掩码、默认网关、DNS 等必不可少，还可能需要一些附加的信息如 IP 管理策略。在大型网络中，要确保所有主机都拥有正确的配置是一个相当困难的管理任务，对于含有漫游用户和笔记本电脑的动态网络更是如此。经常有计算机从一个子网移到另一个子网以及从网络中移出。手动配置或重新配置数量巨大的计算机可能要花很长时间，而主机 IP 地址配置过程中的错误可能导致该主机无法与网络中的其他主机通信。因此，需要有一种机制来简化 IP 地址的配置，实现 IP 地址的集中式管理。IETF 设计的 DHCP 正是这样一种机制。使用 DHCP 可以将手动配置 IP 地址所导致的错误减少到最低，例如将已分配的 IP 地址再次分配给另一设备所造成的地址冲突等问题将大大减少。在大型通信网络中，TCP/IP 的配置通常是集中化和自动完成的，不需要网络管理员手动配置。网络管理员主要关注全局和特定子网的 TCP/IP 配置信息。使用 DHCP 选项可以自动给客户端分配全部范围的附加 TCP/IP 配置值。客户端配置的地址变化必须经常更新，例如，远程访问客户端经常到处移动，这样便于它在新的地点重新启动时，高效而又自动地进行配置。同时大部分路由器能转发 DHCP 配置请求，这就减少了在每个子网设置 DHCP 服务器的必要，除非有其他原因要这样做。

DHCP 基本协议架构中，主要包括以下 3 种角色：DHCP Server、DHCP Client、DHCP Relay（非必需角色）。DHCP Server 即 DHCP 服务器，负责处理来自客户端或中继的地址分配、地址续租、地址释放等请求，为客户端分配 IP 地址和其他网络配置信息；DHCP Client 即 DHCP 客户端，它通过与 DHCP 服务器进行报文交互，动态获取 IP 地址和其他网络配置信息，完成自身的地址配置，也便于集中管理；DHCP Relay 即 DHCP 中继，它用于实现不同网段的 DHCP 服务器和客户端之间的报文交互。

2. DHCP 的工作流程

DHCP 的地址申请流程如图 2-25 所示，包括发现阶段、选择阶段、提供阶段、确认阶段、非确认阶段等，每个阶段使用不同的报文进行交互。

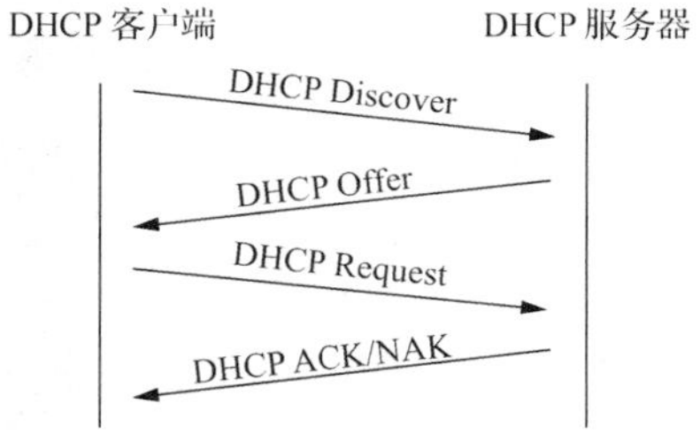

发现阶段，即 DHCP 客户端寻找 DHCP 服务器的阶段。DHCP 客户端通过发送 DHCP Discover 报文来寻找 DHCP 服务器。由于 DHCP 服务器的 IP 地址对 DHCP 客户端来说是未

图 2-25　DHCP 的地址申请流程

知的，所以 DHCP 客户端以广播方式发送 DHCP Discover 报文。所有收到 DHCP Discover 报文的 DHCP 服务器都会发送回应报文，DHCP 客户端据此可以知道网络中存在的 DHCP 服务器的位置。

选择阶段，即 DHCP 客户端选择 IP 地址的阶段。如果有多台 DHCP 服务器向 DHCP 客户端回应 DHCP Offer 报文，则 DHCP 客户端只接收第一个收到的 DHCP Offer 报文。然后以广播方式发送 DHCP Request 报文，该报文中包含服务器标识选项（Option54），即它选择的 DHCP 服务器的 IP 地址信息。

　　提供阶段，即 DHCP 服务器提供 IP 地址的阶段。网络中接收到 DHCP Discover 报文的 DHCP 服务器，会从地址池选择一个合适的 IP 地址，连同 IP 地址租约期限和其他配置信息（如网关地址、域名服务器地址等），通过 DHCP Offer 报文发送给 DHCP 客户端。

　　确认阶段，即 DHCP 服务器确认所提供 IP 地址的阶段。当 DHCP 服务器收到 DHCP 客户端回答的 DHCP Request 报文后，DHCP 服务器会根据 DHCP Request 报文中携带的 MAC 地址来查找有没有相应的租约记录。如果有，则向 DHCP 客户端发送包含它所提供的 IP 地址和其他设置的 DHCP ACK 报文。DHCP 客户端收到该报文后，会以广播的方式发送 ARP 报文，探测是否有主机使用 DHCP 服务器分配的该 IP 地址，如果在规定的时间内没有收到回应，DHCP 客户端才使用此地址。

　　非确认阶段，如果 DHCP 服务器收到 DHCP Request 报文后，没有找到相应的租约记录，或者由于某些原因无法正常分配 IP 地址，则发送 DHCP NAK 报文作为应答，通知 DHCP 客户端无法分配合适 IP 的地址。DHCP 客户端需要重新发送 DHCP Discover 报文来申请新的 IP 地址。

　　地址续租是指当 DHCP 客户端的 IP 地址到达 50%租用期（T1）时，使用 DHCP Request 单播报文续约；当客户端的地址到达 87.5%租用期（T2）时，使用 DHCP Request 广播报文续约。IP 地址租约期限达到 50%时，DHCP 客户端会自动以单播的方式，向 DHCP 服务器发送 DHCP Request 报文，请求更新 IP 地址租约。如果收到 DHCP ACK 报文，则租约更新成功；如果收到 DHCP NAK 报文，则重新发起申请过程。IP 地址租约期限达到 87.5%时，如果仍未收到 DHCP 服务器的应答，DHCP 客户端会自动向 DHCP 服务器发送更新其 IP 租约的广播报文。如果收到 DHCP ACK 报文，则租约更新成功；如果收到 DHCP NAK 报文，则重新发起申请过程。

　　DHCP 使用 UDP 报文传送，主要有两个用途：一是给内部网络或网络服务供应商自动分配 IP 地址，二是给用户或者内部网络管理员提供对所有计算机进行中央管理的手段。如图 2-26 所示，当用户在家中使用计算机上网时，IP 地址配置通常设置为自动获得 IP 地址，实际上启用的就是 DHCP。第 1 步向接入设备发出请求，第 2 步接入设备通过管理 VLAN 通道向 DHCP 服务器发出请求，第 3 步 DHCP 服务器从地址池里临时分配一个 IP 地址，第 4 步将 IP 地址分配给用户。每次上网被分配的 IP 地址可能会不一样，这跟当时 IP 地址资源有关。当下线的时候，DHCP 服务器可能会把这个地址分配给之后上线的其他计算机。这样就可以有效节约 IP 地址，既保证网络通信，又提高 IP 地址的使用率。

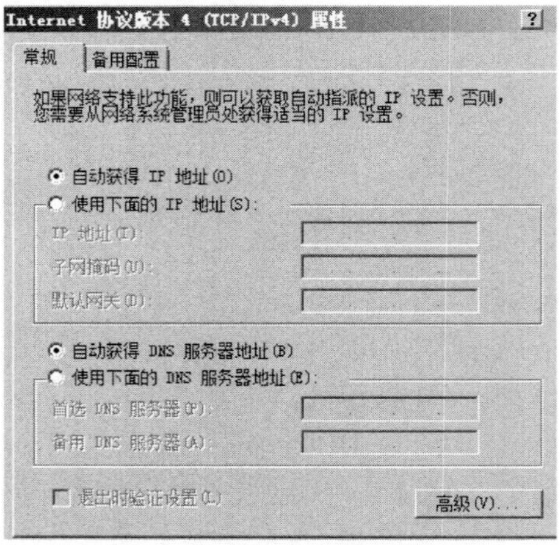

图 2-26　DHCP 客户端配置界面

3. DHCP 中继

DHCP 中继实现了不同网段的 DHCP 服务器和客户端之间的报文交互。DHCP 中继提供处于不同网段的 DHCP 客户端和服务器之间的中继服务，将 DHCP 报文跨网段透传到目的 DHCP 服务器，最终使网络上的 DHCP 客户端可以共同使用一个 DHCP 服务器。DHCP 中继技术未实现前，DHCP 只适用于 DHCP 客户端和服务器处于同一个子网内的情况，不可以跨网段工作，这样就需要为每一个子网设置一个 DHCP 服务器，浪费了资源。DHCP 中继的引入解决了这一问题。DHCP 中继在处于不同子网的 DHCP 客户端和服务器之间承担中继服务，可以将 DHCP 报文中继到跨网段的目的 DHCP 服务器或客户端。于是，许多网络上的 DHCP 客户端可以使用同一个 DHCP 服务器，这样既节省开销又便于集中管理。DHCP 中继原理如图 2-27 所示。

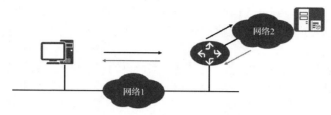

图 2-27　DHCP 中继原理

DHCP 中继工作流程如图 2-28 所示，其说明如下。

① DHCP 客户端启动并进行 DHCP 初始化时，会在本地网络广播 DHCP Discover 报文寻找 DHCP 服务器。若本地网络存在 DHCP 服务器，则 DHCP 客户端可以直接从该服务器获取 IP 地址，不需要 DHCP 中继设备。若本地网络中没有 DHCP 服务器，则与本地网络相连的 DHCP 中继设备收到 DHCP Discover 报文后，将广播报文转换成单播报文转发给其他网络上的 DHCP 服务器。

② DHCP 服务器向 DHCP 中继设备返回单播 DHCP Offer 报文，确认 DHCP 客户端可以申请 IP 地址。DHCP 中继设备收到 DHCP Offer 报文后，将单播报文转换成广播报文返回给 DHCP 客户端。

③ DHCP 客户端发出 DHCP Request 报文，请求 IP 地址。DHCP 中继设备收到 DHCP Request 报文后，将广播报文转换成单播报文转发给 DHCP 服务器。

④ DHCP 服务器根据收到的 DHCP Request 报文中的信息进行相应配置，通过 DHCP 中继设备将配置信息发给 DHCP 客户端，完成对 DHCP 客户端的动态配置。

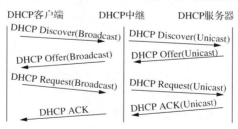

图 2-28　DHCP 中继工作流程

DHCP 中继的典型组网应用如图 2-29 所示。

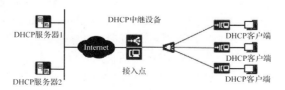

图 2-29　DHCP 中继的典型组网应用

2.4.3　PPP 与 PPPoE

1．PPP

PPP 是一种点对点的数据链路层协议，主要用于在全双工的同、异步链路上进行点对点的数据传输。它包括链路控制协议（Link Control Protocol，LCP）、网络控制协议（Network Control Protocol，NCP）、密码验证协议（Password Authentication Protocol，PAP）和挑战握手身份认证协议（Challenge Handshake Authentication Protocol，CHAP）。

LCP 用于建立、配置及测试数据链路，它允许通信双方进行协商，以确定不同的选项；NCP 针对不同网络层协商可选用的配置参数；PAP 和 CHAP 通常被用于在 PPP 封装的串行线路上提供安全性认证。

PPP 的报文封装格式与许多常用的数据链路层协议的封装格式一样，都是基于高级数据链路控制（High Level Data Link Control，HDLC）封装格式的，它也采用了 HDLC 的定界帧格式。PPP 默认数据帧格式如图 2-30 所示。它是以一个标志字节起始和结束的，该字节为 0x7E。紧接在起始标志字节后的一个字节是地址域，该字节为 0xFF。我们熟知网络是分层的，且对等层之间进行相互通信，而下层为上层提供服务。当对等层进行通信时首先需获知对方的地址，而对不同的网络，在数据链路层则表现为需要知道对方的 MAC 地址、X.121 地址、ATM 地址等；在网络层则表现为需要知道对方的 IP 地址、IPX 地址等；而在传输层则表现为需要知道对方的协议端口号。例如两个以太网上的主机希望能够通信，首先发送端需获知对端的 MAC 地址。但由于 PPP 是被运用在点对点的链路上的特殊协议，它不像广播或多点访问的网络，需要标识通信的对方，点对点的链路可以唯一标识对方，因此使用 PPP 互连的通信设备无须知道对方的数据链路层地址，所以该字节已无任何意义，按照协议的规定将该字节填充为全 1 的广播地址。

标志	地址	控制	协议域	信息域	校验	标志
7E	FF	03				7E
1字节	1字节	1字节	2字节	默认1500字节	2字节	1字节

图 2-30　PPP 默认数据帧格式

和地址域一样，PPP 数据帧的控制域也没有实际意义，按照协议的规定通信双方将该字节的内容填充为 0x03。协议域长度为 2 个字节，主要用来指明信息域中使用的协议类型。该域的结构与 ISO3309 地址域扩展机制一致。为了能适应复杂多变的网络环境，PPP 提供了一种链路控制协议来配置和测试数据通信链路，它能用来协商 PPP 的一些配置参数选项，处理不同大小的数据帧，检测链路环路、一些链路的错误，终止一条链路。

PPP 的网络控制协议根据不同的网络层协议可提供一族 NCP，常用的有提供给 TCP/IP 网络使用的 IPCP 和提供给 SPX/IPX 网络使用的 IPXCP 等，但最常用的是 IPCP，当点对点的两端进行 NCP 参数配置协商时，主要是通信双方的网络层地址。

2．PPPoE

PPP 要求进行通信的双方是点对点的关系，不适用于广播型的以太网和另外一些多点访问型的网络，于是产生了基于以太网的点对点协议（Point-to-Point Protocol over Ethernet，PPPoE）。它不仅能为使用桥接以太网接入的用户提供一种宽带接入手段，还能提供方便的接入控制和计费。每个接入用户均建立一个独一无二的 PPP 会话，因此会话建立之前必须知道远端访问集中器的 MAC 地址，PPPoE 可通过发现协议来获取该 MAC 地址。PPPoE 报文的格式如图 2-31 所示。

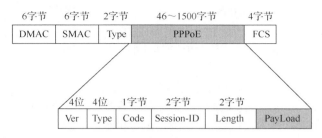

图 2-31　PPPoE 报文的格式

　　PPPoE 的初始化过程是至关重要的，它不仅要在广播式的网络上确定一对一的逻辑关系，而且要为 PPPoE 的会话阶段准备一些必要条件，如访问集中器唯一分配的会话 ID（SESSION-ID）。在介绍 PPPoE 的发现阶段之前，首先重温一下以太网帧的封装格式。

　　以太网的帧格式对大多数人来说并不陌生，而且目前大多数的网络中都在使用以太网 2.0 版，因此 Ethernet II 被作为一种事实上的工业标准而广泛使用。

　　以太网目的地址（目的 MAC 地址）和以太网源地址（源 MAC 地址），是大家非常熟悉的数据链路层地址。它包括单播地址、组播地址和广播地址，而 PPPoE 中要使用到单播地址和广播地址。对 PPP 这样的数据链路层协议而言，二层地址通信双方之间已失去了原有的意义。

　　以太网的类型域也是我们关注的一个字段，它在 1997 年以前还一直由 Xerox 公司维护，但后来交由 IEEE 802 工作组维护了。通过这个字段的内容，数据包的接收方可以识别以太网的数据域中承载的是什么协议的数据报文。PPPoE 的两大阶段也正是通过以太网的类型域进行区分的。在 PPPoE 的发现阶段，以太网的类型域填充为 0x8863；而在 PPPoE 的会话阶段，以太网的类型域填充为 0x8864。数据域主要用来承载类型域中所指示的数据报文，在 PPPoE 中所有的 PPPoE 数据报文就是被封装在这个域中传送。校验域主要用来保证数据链路层数据帧传送的正确性。

　　PPPoE 会话过程可分为 3 个阶段，即发现阶段、会话阶段和会话终结阶段，如表 2-2 所示。

表 2–2　　　　　　　　　　　　PPPoE 会话过程及描述

阶段	描述
发现阶段	获取对方以太网地址，以及确定唯一的 PPPoE 会话
会话阶段	包含两部分：PPP 协商阶段和 PPP 报文传输阶段
会话终结阶段	会话建立以后的任意时刻，发送报文结束 PPPoE 会话

　　PPPoE 协议的发现阶段是无状态的，目的是获得 PPPoE 终结端的以太网 MAC 地址，并建立一个唯一的 PPPoE SESSION-ID。当主机希望开始一个 PPPoE 会话时，它首先要经历一个发现阶段来识别对方的 MAC 地址，然后建立一个唯一的 PPPoE SESSION-ID。PPPoE 使用一个发现协议来解决这个问题，它是基于客户端/服务器模型的。由于以太网的广播特性，在这个过程中主机（客户端）能发现所有的访问集中器（服务器），并选择其中一个，根据所获信息在两者之间建立点对点的连接。当一个 PPP 会话被建立起来之后，就完成了 PPPoE 的整个发现阶段。

　　PPPoE 的会话阶段开始后，主机和访问集中器之间就依据 PPP 协议传送 PPP 数据，进行 PPP 的各项协商和数据传输。在这一阶段传输的数据包中必须包含在发现阶段确定的 SESSION-ID 并保持不变。PPPoE 会话阶段上的 PPP 协商和普通的 PPP 协商方式一致，分为 LCP、认证、NCP 这 3 个阶段。会话建立起来之后，所有的以太网帧都是单一地址的。此时，ETHER_TYPE

值为 0x8864，码值为 0x00，SESSION-ID 在整个会话过程中保持不变。

正常情况下会话阶段的结束是由 PPP 控制完成的，但在 PPPoE 中定义了一个 PADT 包来结束会话，主机或者访问集中器可以在 PPP 会话开始后的任何时候通过发送这个数据包来结束会话。

在以太网接入时，用户通过以太网交换机连接到城域网中。它首先需要用户在客户端采用 PPPoE 拨号软件向 PPPoE 服务器[或宽带远程接入服务器（Broadband Remote Access Server，BRAS）]注册，根据 ISP 提供的用户账号和密码，通过位于核心网中的 AAA 服务器（或 RADIUS 服务器）进行合法接入的认证，如果为合法用户就可以获得接入授权。通过合法性检查后，就在 PPP 中封装 IP 数据帧，为接入的用户提供 Internet 上网服务。由于有很高的性价比，PPPoE 在包括小区接入网建设等一系列应用中被广泛采用。典型 PPPoE 应用网络如图 2-32 所示。

图 2-32　典型 PPPoE 应用网络

2.5　LAN 接入典型组网

2.5.1　LAN 接入的技术方案设计

以太网是在 20 世纪 80 年代兴起的一种局域网技术，通过几十年的发展，先后推出了快速以太网（100Mbit/s）和千兆以太网（1000Mbit/s）。由于以太网具有使用方便、价格低、速度高等优点，因此很快成了局域网的主流。以太网的帧格式与 IP 的是一致的，特别适合传输 IP 数据。随着 Internet 的快速发展，以太网被大量使用。随着千兆以太网的成熟和万兆以太网的出现，以太网开始进入城域网和广域网领域。如果接入网也采用以太网，将形成从局域网、接入网、城域网到广域网全部是以太网的结构。采用与 IP 一致的、统一的以太网帧结构，各网之间无缝连接，中间不需要任何格式转换。这可以提高运行效率、方便管理、降低成本。这种结构可以提供端到端的连接，保证了 QoS。

微课 2-5　以太网技术方案设计

目前，以太网 LAN 接入解决方案主要用到 VLAN 技术和 PPPoE 认证技术等。总体技术方案的典型网络结构如图 2-33 所示。将三层交换机每个端口配置成独立的 VLAN，享有独立的 VID（VLAN ID）。将每个用户配置成独立的 VLAN，利用支持 VLAN 的楼内交换机进行信息的隔离，用户的 IP 地址被绑定在端口的 VID 上，以保证正确路由选择。在 VLAN 方式中，利用 VLAN 可以隔离 ARP、DHCP 等携带用户信息的广播信息，从而使用户数据的安全性得到进一步提高。在这种方案中，虽然解决了用户数据的安全性问题，但是缺少对用户进行管理的手段，即无法对用户进行认证、授权。为了识别用户的合法性，可以将用户的 IP 地址与该用户所连接的端口 VID 进行绑定。另外，因为每个用户处在逻辑上的独立的网内，所以对每一个用户至少要配置 4 个 IP 地址，即子网地址、网关地址、子网广播地址和用户主机地址，这样会造成地址利用率极低。PPPoE 认证技术解决了用户数据的安全性问题，同时 PPP 提供了用户认证、授权以及分配用户 IP 地址的功能。

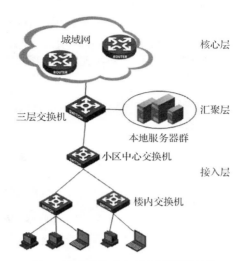

图 2-33　总体技术方案的典型网络结构

2.5.2　LAN 接入的网络结构设计

LAN 接入要根据不同的应用场合采取不同的网络结构。

下面以小区 LAN 接入系统为例说明其系统组成。一般小区 LAN 接入网络采用结构化布线，在楼宇之间采用光纤形成网络骨干线路，在单个建筑物内一般采用 5 类双绞线到住户内的方案，即利用"光纤+UTP，xDSL"方式实现小区的高速信息接入，中心接入设备一般放在小区内，称为小区交换机，每个小区交换机可容纳 500 到 1000 个用户，上行可采用 1Gbit/s 光接口或 100Mbit/s 电接口经光电收发器与光纤连接，下行可采用 100Mbit/s 电接口或 100Mbit/s、1Gbit/s 光接口。用户连接到以太网交换机的距离小于 100m 采用 5 类双绞线，大于 100m 采用光纤。

边缘接入设备一般位于居民楼内，称为楼道交换机。楼道交换机采用带 VLAN 功能的二层以太网交换机，不需要路由功能，每个楼道交换机可接 1~2 个用户单元，上行采用 100Mbit/s、1Gbit/s 光接口或 100Mbit/s 电接口，下行采用 10Mbit/s 电接口。楼道交换机接入用户主要是通过楼内综合布线系统和相关的配线模块提供 5 类双绞线端口入户，入户端口能够提供 10Mbit/s 的接入带宽。系统采用配置 VLAN 的方式保证最终用户具有一定的隔离和安全性。VLAN 在楼道交换机上配置，终结在小区中心交换机上。每个小区中心交换机管辖区域内的 VLAN 要统一管理、分配，IP 地址要统一规划。

在网络管理上，为保证系统的安全，整个系统可采用"带内监视、带外控制"的方式进行管理，也可采用"带内控制"的方式进行管理。

实际上，可根据小区规模的大小，或接入用户数量的多少可将小区接入网络分为小规模、中规模和大规模三大类。

（1）小规模接入网络

对小规模居民小区来说，用户数少。用户连接到以太网交换机的双绞线距离不超过 100m。小区上联采用光纤收发器，采用 1 级交换：交换机采用 100Mbit/s 上联，下联多个 10Mbit/s、100Mbit/s 电接口，直接接入用户；若用户数超过交换机的端口数，可采用交换机级联方式。小规模接入网络如图 2-34 所示。

（2）中规模接入网络

对中规模居民小区来说，居民楼较多，用户相对分散。小区内采用 2 级交换：小区中心交换机采用三层交换机，具备一个 1Gbit/s 光接口或多个 100Mbit/s 电接口上联，其中光接口直联，电接口经光电收发器连接；小区中心交换机下联口既可以提供 100Mbit/s 电接口（100m 以内），也可以提供 100Mbit/s 光接口；楼道交换机的连接与小规模接入网络的相同，用户数量多时可采用交换机级联方式，在 100m 内接入用户。中规模接入网络如图 2-35 所示。

图 2-34　小规模接入网络　　　　　　　　图 2-35　中规模接入网络

（3）大规模接入网络

大规模居民小区一般居民楼非常多，楼间距离较大，且相对分散。小区内采用 2 级交换：小区中心交换机（三层交换机）具备多个 1Gbit/s 光接口直联宽带 IP 城域网，且大多配有备份设备；小区中心交换机的下联口既可以提供 100Mbit/s 光接口，也可以提供 1Gbit/s 光接口；楼道交换机的连接基本与小规模接入网络的相同，必要时楼道交换机上联用 1Gbit/s 光接口。大规模接入网络如图 2-36 所示。

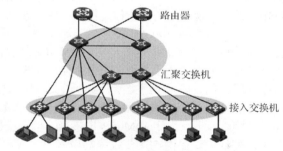

图 2-36　大规模接入网络

2.5.3　LAN 接入设备的选用

选用以太网接入设备应注意的问题是设备价格、设备功能、设备性能、设备技术要求及网络整体方案的集成性等。以太网中心接入设备为接入网核心，应具备高性能、可扩展性、高可靠性、强有力的网络控制能力和良好的可管理特性。边缘接入设备是建筑物内用户接入网络的桥梁，应具备灵活性、价格便宜、使用方便的特点，以及一定的网络服务质量和控制能力。

（1）以太网中心接入设备的技术要求

中心接入设备主要用来实现汇聚下级设备流量、用户安全管理、流量控制、路由管理、终结 VLAN 和服务器级别管理等，协助完成业务控制（计费信息采集）、用户管理（如认证、授权和计费等）、网络地址转换、网络管理和过滤等功能，一般要求如下。

① 中心接入设备至少具有 1 个 1000BASE-LX 单模光接口、多个 100BASE-FX 多模光接口和多个 100Mbit/s 电接口。单模口传输距离不小于 15km，多模口传输距离不小于 2km。根据实际情况可以配置 100km 以上传输距离的 GE 接口板（如 ZX、LH）。

② 应具有基于端口、MAC 地址、子网或 IP 地址划分 VLAN 的功能。支持基于 802.1Q 标

准的 VLAN 划分，并支持跨不同交换机划分 VLAN。

③ 为了满足安全性的基本要求，小区中心交换机应当可以与楼道、汇聚交换机配合实现用户端口的隔离，为此可能需要同时支持 200 个以上的 VLAN。采用特别技术的设备应说明在这方面与其他设备的兼容性。

④ 支持 IGMP 组播协议。

⑤ 支持线速交换。

⑥ 可实现对每个用户的流量和时长的统计，并能形成原始话单，按通用的接口提交给计费系统。

⑦ 在 1000Mbit/s 和 100Mbit/s 以太网端口上必须支持端口聚集功能，并能在聚集后的端口上实现负荷均分。

⑧ 支持 802.1p 协议：支持基于设备端口的优先级流量控制，可具有基于 MAC 地址、IP 地址、IP 子网、VLAN 和应用的优先级分类；可具有区分服务（Differentiated Service，DiffServ）功能。

⑨ 支持多种方式的以太网包过滤功能，支持标准的 IP 包过滤功能，支持基本的绑定功能，支持多种削减的策略。

⑩ 提供远程登录支持及图形化网管，支持简单网络管理协议（Simple Network Management Protocol，SNMP）。

（2）边缘接入设备的技术要求

边缘接入设备主要用来实现接入用户、汇聚用户流量、实现用户 2 层隔离、数据帧过滤和组播支持等功能，一般要求如下。

① 边缘接入设备向上必须提供网内设备的中继接口，如 100BASE-TX 接口、100BASE-FX 接口和 100Mbit/s 电接口；向下应直接向用户提供 10BASE-T 用户-网络接口，该接口应支持全双工方式和半双工方式。接口协议应符合 IEEE 802.3u 的相关规定。

② 具有基于端口划分 VLAN 的功能，也可支持基于 MAC 地址划分 VLAN，支持 802.1q 协议。每个端口均可划分在不同的 VLAN 中，每个端口均可划分为一个 VLAN，可跨不同交换机划分 VLAN。设备 VLAN 的配置和管理必须灵活、方便。

③ 为了满足安全性的基本要求，楼道交换机应当可以与小区中心、汇聚交换机配合实现用户端口的隔离。

④ 支持 IGMP 组播协议。

⑤ 在其 100Mbit/s 以太网端口上具有端口聚集功能，并能在聚合的 $N×100$Mbit/s 端口上实现负荷均分。支持 IEEE 802.1ad 标准。

⑥ 支持 802.1p 协议。

⑦ 支持多种方式的 2 层包过滤功能，如基于源 MAC 地址、设备端口、VLAN、广播、组播、单播和非法帧的过滤。支持基本的绑定功能，如用户 MAC 地址和端口的绑定。支持多种削减的策略，如广播削减、组播削减或单播削减等。

⑧ 支持标准的生成树协议（IEEE 802.1d）。支持每个 VLAN 的生成树，能通过生成树针对不同的 VLAN 设置不同的优先级或路径代价，将并行的链路分担给不同的 VLAN，实现负载分担。

⑨ 提供远程登录支持及图形化网管。

（3）设备电源要求

支持直流和交流两种供电方式，直流额定电压为-48V，电压波动的范围为-57～-40V；交流电压为 220V±25%，频率为 50Hz±5%。

（4）工作环境要求

应能在以下环境中正常工作。室内机：温度 5～40℃，相对湿度 10%～90%（非凝结）。室外机：温度-30～40℃，相对湿度10%～90%（非凝结）。

（5）设备性能要求

边缘接入设备在吞吐量、交换时延、丢包率和MAC地址深度等方面，应根据用户具体规模大小和流量大小在规划设计时具体确定。

2.5.4　以太网LAN接入设备的供电

以太网接入设备的环境，通常不具备正规机房的条件，电源供电可能不良。可借鉴PSTN的运行经验，由机房的设备通过以太网线远端馈电。IEEE 802.3af为以太网馈电标准。

一个完整的PoE系统包括供电端设备（Power Sourcing Equipment，PSE）和受电端设备（Power Device，PD）两部分。PSE是为以太网客户端设备供电的设备，也是整个PoE供电过程的管理者。而PD是接受供电的PSE负载，即PoE系统的客户端设备，如IP电话、网络安全摄像机、AP、PDA或移动电话充电器等许多以太网设备。（实际上，任何功率不超过13W的设备都可以从RJ45插座获取相应的电力。）两者基于IEEE 802.3af标准建立有关PD的连接情况、设备类型、功耗级别等方面的信息联系，并以此为根据由PSE通过以太网向PD供电。电源输出：48V。功率级别：15/7/4W。

当在一个网络中布置PSE时，PoE供电工作过程如下。

① 检测：一开始，PSE在端口输出很小的电压，直到其检测到线缆终端连接的为一个支持IEEE 802.3af标准的PD。

② PD分类：当检测到PD之后，PSE可能会对PD进行分类，并且评估此PD所需的功率损耗。

③ 开始供电：在一个可配置时间（一般小于15μs）的启动期内，PSE从低电压开始向PD供电，直至提供48V的直流电源。

④ 供电：为PD提供稳定、可靠的48V直流电，满足PD不超过15.4W的功率损耗。

⑤ 断电：若PD从网络上断开，PSE就会快速（一般在300～400ms之内）地停止为PD供电，并重复检测过程以检测线缆的终端是否连接PD。

标准的5类网线有4对双绞线，但是在10BASE-T和100BASE-T中只用到其中的两对。IEEE 802.3af允许两种用法，应用空闲脚供电时，4、5脚连接为正极，7、8脚连接为负极。PoE网线连接如图2-37所示。

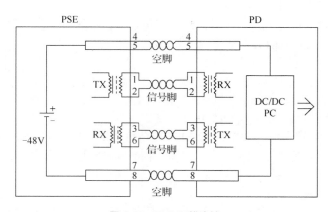

图2-37　PoE网线连接

PoE标准为使用以太网的传输电缆输送直流电到PoE兼容的设备定义了两种方法。一种方法是"中间跨接法"（Mid-Span），使用独立的PoE供电设备，跨接在交换机和具有PoE功能的终端设备之间，一般是利用以太网电缆中没有被使用的空闲线对来传输直流电。Mid-Span PSE 是一个专门的电源管理设备，通常和交换机放在一起。它的每个端口有两个 RJ45 插孔，一个用短线连接至交换机（此处指传统的不具有 PoE 功能的交换机），另一个连接远端设备。另一种方法是"末端跨接法"（End-Span），是将 PSE 集成在交换机中信号的出口端，这类集成连接一般都提供空闲线对和数据线对"双"供电功能。其中数据线对采用信号隔离变压器，并利用中心抽头来实现直流供电。可以预见，End-Span 会迅速得到推广，这是由于以太网传输数据与输电采用公用线对，因此可以省去设置独立输电的专用线，这对于仅有 8 芯的电缆和相配套的标准 RJ45 插座意义特别重大。

【技能演练】

2.6　网络仿真环境搭建

微课 2-6　网络仿真环境搭建

本节中，将采用华为 eNSP 模拟器搭建一个网络仿真环境。操作步骤如下。

（1）启动 eNSP

在计算机上安装华为 eNSP 模拟器，双击桌面快捷方式或应用程序，启动 eNSP，界面如图 2-38 所示。

图 2-38　eNSP 界面

（2）建立拓扑

在左侧面板顶部，单击"终端"图标。在显示的终端设备中，选中"PC"图标，将该图标拖动到空白界面上。

使用相同步骤，再拖动一个"PC"图标到空白界面上，建立一个端到端网络拓扑。PC 设备模拟的是终端主机，可以再现真实的操作场景。

（3）建立物理连接

在左侧面板顶部，单击"设备连线"图标。在显示的传输介质中，选择"Copper（Ethernet）"图标。单击该图标后，鼠标指针代表一个连接器。单击客户端设备，会显示该模拟设备包含的所有端口。单击"Ethernet 0/0/1"选项，连接此端口。

单击另外一台设备并选择"Ethernet 0/0/1"端口作为该连接的终点，此时，两台设备的连接完成。可以观察到，在已建立的端到端网络中，连线的两端显示的是两个红点，表示该连线连接的两个端口都处于 Down 状态。

（4）进入终端系统配置界面

用鼠标右键单击（以下简称"右击"）一台终端设备，在弹出的菜单中选择"设置"命令，查看该设备的系统配置信息。弹出的设置属性窗口包含"基础配置""命令行""组播""UDP 发包工具"4 个选项卡，分别用于不同需求的配置。

（5）配置终端系统

切换到"基础配置"选项卡，在"主机名"文本框中输入主机名称。在"IPv4 配置"区域，单击"静态"按钮。在"IP 地址"文本框中输入 IP 地址。建议按照实训需求配置 IP 地址及子网掩码。配置完成后，单击"CLIENT1"窗口右下角的"应用"按钮。再单击"CLIENT1"窗口右上角的"关闭"按钮关闭该窗口。使用相同步骤配置 CLIENT2。建议将 CLIENT2 的 IP 地址配置为 192.168.1.2，子网掩码配置为 255.255.255.0。完成基础配置后，两台终端设备可以成功建立端到端通信。

（6）启动终端系统设备

右击一台设备，在弹出的快捷菜单中选择"启动"命令，启动该设备。拖动鼠标指针选中多台设备，通过右击显示菜单，选择"启动"命令，启动所有设备。设备启动后，连线上的红点将变为绿色，表示该连接的两个端口都为 Up 状态。当网络拓扑中的设备变为可操作状态后，可以监控物理连接中的接口状态与传输介质中的数据流。

2.7 以太网接入设备安装

微课 2-7 双绞线
的制作

2.7.1 网线的制作

1. 百兆网线

双绞线在制作过程中需要按照一定的标准排列线序，目前常用的线序标准为 EIA/TIA 568A 和 568B，这两种标准规定了线序与水晶头管脚的对应关系，如果定义管脚编号为 1 至 8，则标准 568A 的线序对应为白绿、绿、白橙、蓝、白蓝、橙、白棕、棕，而标准 568B 的线序对应为白橙、橙、白绿、蓝、白蓝、绿、白棕、棕，如图 2-39 所示。

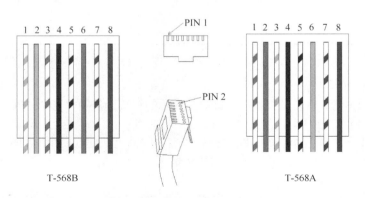

图 2-39 双绞线线序标准

根据双绞线两端的线序标准是否一致，双绞线可分为直连网线（两端线序标准一致）和交叉网线（两端线序标准不一致）。网络设备接口分媒体相关接口（Medium Dependent Interface，MDI）和 MDI_X 两种。一般路由器的以太网接口、主机的网络接口卡（Network Interface Card，NIC）

的接口类型为 MDI。交换机的接口类型可以为 MDI 或 MDI_X。Hub 的接口类型为 MDI_X。直连网线用于连接 MDI 和 MDI_X，交叉网线用于连接 MDI 和 MDI，或者 MDI_X 和 MDI_X。设备连接方法如表 2-3 所示。

表 2–3　　　　　　　　　　　　　　　　设备连接方法

设备	主机	路由器	交换机 MDI_X	交换机 MDI	Hub
主机	交叉	交叉	直连	N/A	直连
路由器	交叉	交叉	直连	N/A	直连
交换机 MDI_X	直连	直连	交叉	直连	交叉
交换机 MDI	N/A	N/A	直连	交叉	直连
Hub	直连	直连	交叉	直连	交叉

2. 千兆网线

千兆 5 类或超 5 类双绞线的形式与百兆网线的形式相同，也分为直连网线和交叉网线两种。直连网线与我们平时所使用的没有什么差别，都是一一对应的。但是传统的百兆网络只用 4 根线来传输，而千兆网络要用 8 根线来传输，所以千兆交叉网线的制作与百兆交叉网线不同，制作方法如下：1 对 3，2 对 6，3 对 1，4 对 7，5 对 8，6 对 2，7 对 4，8 对 5。线序排列如图 2-40 所示。

一端：橙白、橙、绿白、蓝、蓝白、绿、棕白、棕。

另一端：绿白、绿、橙白、棕白、棕、橙、蓝、蓝白。

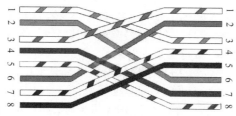

图 2-40　千兆交叉网线线序排列

2.7.2　LAN 接入设备的认知与安装

在实际以太网宽带接入技术中，以太网交换机应用非常普及，本书主要讲解交换机设备的使用。

1. 设备的认知

本节以华为交换机为例，各种型号的华为交换机如图 2-41 所示。安装前先要确定好设备的型号，不同型号设备有不同的功能。每一家产品的型号命名方法各不相同，例如华为交换机的设备型号命名方法如图 2-42 所示。

S2309TP-SI/EI

S2318TP-SI/EI

S2326TP-SI/EI

S2352P-EI

图 2-41　各种型号的华为交换机

S	2	3	26	TP	SI
A	B	C	D	E	F

图 2-42　华为交换机的设备型号命名方法

其中 A 代表产品类别，例如 S 表示交换机，如 S2326TP-SI、S2700-26TP-SI；AR 表示低端路由器，如 AR 28-09；NE 表示高端路由器，如 NE20E。

B 代表子产品系列，表示其相应的功能。例如 9 代表核心机箱式交换机，如 S9303、S9306；5 代表全千兆盒式三层交换机，如 S5328C-SI；3 代表千兆上行百兆下行的盒式三层交换机，如 S3328TP-SI；2 代表千兆上行百兆下行的盒式二层交换机，如 S2326TP-SI。

C 代表产品型号更替，例如华为旧产品为 S2300 系列、S3300 系列、S5300 系列、S9300 系列；新产品为 S2700 系列、S3700 系列、S5700 系列、S7700 系列。

D 代表可用端口数，例如 09 表示下行端口为 8 个，上行端口为 1 个，如 S2309TP-SI-AC；26 表示下行端口为 24 个，上行端口为 2 个，例如 S2326TP-SI-AC 等；28 表示下行端口为 24 个，上行端口为 4 个，例如 S5328C-SI；48 表示下行端口为 48 个，上行端口为 0 个，例如 S5348TP-SI-AC。

E 代表上行接口类型，主要有 C/P/TP。C 代表扩展插槽上行，如 S5328C-SI；P 代表千兆 SFP（Small Form Pluggable，小型可插拔）光模式光接口上行，如 S3352P-SI；TP 代表上行接口，有光接口和电接口同时存在。

F 代表交换机特性，其中 EI 表示增强型，如 S5328C-EI；SI 表示标准型，如 S5328C-SI；PWR-EI 表示支持 PoE 的增强型；PWR-SI 表示支持 PoE 的标准型。

2. LAN 接入设备的安装

（1）机房设备安装

机房设备必须安装在室内，原则上安装在机架内。具体要求如下。

① 在安装机架和挂墙式机箱时，其位置及其面向都应该符合设计要求；机架和设备必须安装牢固、可靠，在有抗震要求时应符合设计要求。

② 机架和挂墙式机箱安装完工后其水平和垂直度都必须符合设计要求，机架和挂墙式机箱与地面垂直，其前后左右的垂直度偏差均不应大于 3mm。

③ 为了便于施工和维护人员操作，安装 19in 机架时，机架前面应预留 1.5m 的空间，机架背面距离墙面应大于 0.8m。

④ 设备要求使用交流 220V 电源或直流-48V 电源供电，根据具体情况安装后备电源。

⑤ 机房要安装保护接地，接地电阻不大于 4Ω。采用直流供电的设备，其工作地线可与保护地线共用一组，接地电阻不大于 1Ω。设备外壳和电缆屏蔽层均应按有关规范接地。

（2）楼层设备安装

楼道交换机安装在楼内配线间或楼梯间内，严禁挂装在外墙或其他雨水易飘沾、阳光可照射的场所，也可加设备箱后安装在墙上或吊装在顶板下，但要注意选择设备箱安装位置时，应考虑设备通风、散热及环境温度、湿度、防尘、防盗、防干扰和楼道的整体美观等方面，一般选在楼房的公共部位，且不妨碍人行通道和搬运通道。设备箱底距离地面一般要求为 1.6m。

设备箱内应提供 220V/10A 单相带接地极的电源插座，并固定在机箱内。交换机前端的光终端盒或光纤接收器必须放在机箱内，以提供网络的安全性和可靠性；交换机电源线、光纤及 5 类线必须分孔进出，严禁信号线与电源线同孔；光纤及 5 类线余线在机箱内不宜过长，且要用尼龙扎带将 5 类线绑扎、固定好；机箱内线缆和光缆都应贴有规定的标志（标签和编号），说明线缆、光缆的路由和终结点位置。

每组楼道交换机应就近安装一组保护接地，接地电阻应不大于 4Ω。采用直流供电的设备，其工作地线可与保护地线共用一组，接地电阻不大于 1Ω。设备外壳和电缆屏蔽层均应按有关规范接地。

（3）楼道宽带配线箱的安装

楼道宽带配线箱可分为两种规格，一种为一般楼房的宽带配线箱，可容纳 18 个用户连接的模块（排列成 3 排，每排可接 6 个用户的网线）；另一种为集中用户楼房宽带配线箱，可根据用户数的情况排列用户连接的模块（从 24 个到 96 个用户的网线连接）。楼道宽带配线箱内的模块按照模块标识色谱进行连接。楼道宽带配线箱内线缆的编号规定：要标明区箱号、单元号、楼层号、房间号、模块排列号，从集线箱到楼道交换机设备箱的连接网线要标明楼栋号、单元号和线缆的排列编号。

2.8　LAN 接入设备数据配置

微课 2-8　交换机
的登录配置

2.8.1　设备数据配置环境的搭建

设备数据配置主要有两种方法，一是通过串口配置，二是通过 Telnet 配置。

采用方法一时，要用交换机的 console 口搭建本地的配置环境，先用串口配置线连接交换机的 console 口和计算机的 232 串口或 USB 接口（如果是 USB 接口，需安装驱动），在计算机上打开超级终端或运行 CRT 软件，通过简单设置即可开始配置，配置界面如图 2-43 所示。

（a）超级终端配置

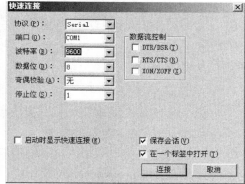

（b）CRT 软件配置

图 2-43　console 口本地配置界面

方法二是通过 Telnet 搭建远程的配置环境。

① Telnet 用户登录时，默认需要进行口令认证，如果没有配置口令而通过 Telnet 登录，则系统会提示 "Password required, but none set."。

② 通过 Telnet 配置交换机时，不要删除或修改对应本 Telnet 连接的交换机上的 VLAN 接口的 IP 地址，否则会导致 Telnet 连接断开。

③ Telnet 用户登录时，默认可以访问命令级别为 0 级的命令。

④ 如果通过 PC 直接接在交换机上进行 Telnet 配置，注意 PC 的以太网端口要属于交换机的管理 VLAN。

⑤ 如果出现 "Too many users!" 的提示，表示当前连接到以太网交换机的 Telnet 用户过多，则请稍后再连。（例如华为 Quidway 系列以太网交换机最多允许 5 个 Telnet 用户同时登录。）

2.8.2　交换机数据配置基本操作

典型交换机数据配置的视图如表 2-4 所示。

表 2-4   典型交换机数据配置的视图

视图	功能	提示符	进入命令	退出命令
用户视图	查看交换机的简单运行状态和统计信息	<Quidway>	与交换机建立连接即进入	quit 断开与交换机连接
系统视图	配置系统参数	[Quidway]	在用户视图下输入：system view	quit 或 return 返回用户视图
以太网端口视图	配置以太网端口参数	[Quidway-Ethernet0/1]	在系统视图下输入：interface ethernet0/1	quit 返回系统视图
VLAN 视图	配置 VLAN 参数	[Quidway-Vlan1]	在系统视图下输入：vlan 1	quit 返回系统视图
VLAN 接口视图	配置 VLAN 和 VLAN 汇聚对应的 IP 接口参数	[Quidway-Vlan-interface1]	在系统视图下输入：interface vlan- interface1	quit 返回系统视图
本地用户视图	配置本地用户参数	[Quidway-luser- user1]	在系统视图下输入：local-user user1	quit 返回系统视图

1. 登录界面及等级切换

进入配置页面后，等级切换的命令如下。

```
Please press ENTER.
<Quidway>
%Apr  2 05:38:46 2000 Quidway SHELL/5/LOGIN: Console login from Aux0/0
<Quidway>super                          //进入特权模式
<Quidway>system view                    //进入系统视图模式
[Quidway] display current-configuration //显示当前配置
```

2. 保存配置

保存配置的命令如下。

```
[Quidway]sysname  Huawei                //指定设备名称
[Huawei]quit                            //退出当前模式
<Huawei>save                            //保存配置
<Quidway>
```

3. 常用命令

显示系统版本信息：display version。

显示系统当前配置：display current-configuration。

显示系统保存配置：display saved-configuration。

显示接口信息：display interface。

显示路由信息：display ip routing-table。

显示 VRRP（Virtual Router Redundancy Protocol，虚拟路由器冗余协议）信息：display vrrp。

显示 ARP 表信息：display arp。

显示系统 CPU 使用率：display cpu。

显示系统内存使用率：display memory。

显示系统日志：display info-center log。

显示系统时钟：display clock。

验证配置正确后，保存配置：save。

删除某条命令：undo。

设置以太网端口的全双工/半双工属性：[Quidway-Ethernet0/1] duplex auto /half/full。

设置端口的速率：[Quidway-Ethernet0/1] speed 10/100。

4. VLAN 创建及端口指定

创建 VLAN，进入 VLAN 视图：vlan /vlan_id/。

删除已创建的 VLAN：undo vlan /vlan_id/。

给指定 VLAN 增加以太网接口：port /interface_list/。

给指定 VLAN 删除以太网接口：undo port /interface_list/。

其中参数 interface_list 由端口类型和端口序号组成。

例 1：VLAN 创建及 Access 端口配置，命令如下。

```
[Quidway]vlan 10              //创建 VLAN 10
[Quidway-vlan2]quit        //退出 VLAN 视图
[Quidway]interface Ethernet 0/1            //进入端口 1 的端口视图
[Quidway-Ethernet1]port access vlan 10      //将端口 1 以 Access 模式加入 VLAN 10
[Quidway-Ethernet1]quit              //退出
```

例 2：VLAN 创建及 Trunk 端口配置，命令如下。

```
[Quidway]interface Ethernet 0/23
[Quidway-Ethernet23]description to_6506A_E6/0/47
[Quidway-Ethernet23]port link-type trunk    //设置端口类型为 Trunk
[Quidway-Ethernet23]port trunk permit vlan  10 20 to 25//允许 VLAN 10、VLAN 20 至
VLAN 25 的数据通过
[Quidway-Ethernet23]undo port trunk permit vlan  1  //将 Trunk 端口从指定的 VLAN 1
中删除
```

5.　管理 VLAN 及 IP 的配置

（1）创建管理 VLAN

创建管理 VLAN 的命令如下。

```
[Quidway]vlan 100
```

（2）配置设备的管理 IP 地址

配置设备的管理 IP 地址的命令如下。

```
[Quidway]interface  vlan-interface  100
[Quidway-Vlan-interface100]ip address 192.168.100.2 255.255.255.0
```

（3）配置设备的网关

配置设备的网关的命令如下。

```
[Quidway]ip route-static 0.0.0.0 0.0.0.0 192.168.100.1
```

2.8.3　LAN 接入组网应用

1.　校园网接入组网

（1）组网需求

如图 2-44 所示，PC 通过 5 类线与交换机相连接，以太网上联口接入校园网，通过校园网与 Internet 互连。

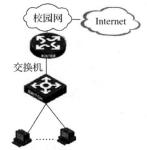

图 2-44　校园网接入组网

（2）IP 地址配置

校园网接入组网有动态 IP 地址和静态 IP 地址等不同的接入方式。动态 IP 地址接入是指在校园网内通过校园网接入服务器的 Web 页面，输入用户名和密码，即可接入互联网。静态 IP 地址接入需要管理员分配 IP 地址，包括 IP 地址、DNS 服务器等。静态 IP 地址主要用于专线接入，无须拨号，如再通过路由器接入局域网，局域网内的 PC 将以静态 IP 地址为网关，通过对局域网内 PC 的 IP 地址的设置，即可接入互联网。主机 IP 地址应与网关地址为同一网段。网络数据规划如表 2-5 所示。

表 2-5 网络数据规划

配置项	PC1	PC2	PC3	PC4	……
IP 地址	192.168.1.11	192.168.1.12	192.168.1.13	192.168.1.14	……
子网掩码	255.255.255.0	255.255.255.0	255.255.255.0	255.255.255.0	……
网关	192.168.1.1	192.168.1.1	192.168.1.1	192.168.1.1	……
DNS 服务器	221.131.143.69	221.131.143.69	221.131.143.69	221.131.143.69	……

2. VLAN 组网

（1）组网需求

如图 2-45 所示，SwitchA 与 SwitchB 通过 Trunk 端口互连；相同 VLAN 中的 PC 可以互访，不同 VLAN 中的 PC 禁止互访，PC1 与 PC2 在不同 VLAN 中；通过设置三层交换机 SwitchB 的 VLAN 10 的 IP 地址为 10.1.1.254/24，VLAN 20 的 IP 地址为 20.1.1.254/24 可以实现 VLAN 间的互访。

微课 2-9 VLAN 的配置

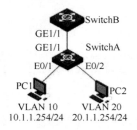

图 2-45 VLAN 组网

（2）配置步骤

① 实现 VLAN 内互访、VLAN 间禁访的配置过程。

SwitchA 相关配置的命令如下。

```
#创建（进入）VLAN 10，将 Ethernet 0/1 加入 VLAN 10
[SwitchA]vlan 10
[SwitchA-vlan10] port Ethernet 0/1
#创建（进入）VLAN 20，将 Ethernet 0/2 加入 VLAN 20
[SwitchA]vlan 20
[SwitchA-vlan20] port Ethernet 0/2
#将端口 GigabitEthernet 1/1 配置为 Trunk 端口，并允许 VLAN 10 和 VLAN 20 通过
[SwitchA]interface GigabitEthernet 1/1
[SwitchA-GigabitEthernet1/1]port link-type trunk
[SwitchA-GigabitEthernet1/1]port trunk permit vlan 10 20
```

SwitchB 相关配置的命令如下。

```
#创建（进入）VLAN 10，将 Ethernet 0/10 加入 VLAN 10
[SwitchB]vlan 10
```

```
[SwitchB-vlan10]port  Ethernet 0/10
```
#创建（进入）VLAN 20，将 Ethernet 0/20 加入 VLAN 20
```
[SwitchB]vlan 20
[SwitchB-vlan20]port Ethernet 0/20
```
#将端口 GigabitEthernet 1/1 配置为 Trunk 端口，并允许 VLAN 10 和 VLAN 20 通过
```
[SwitchB]interface GigabitEthernet 1/1
[SwitchB-GigabitEthernet1/1]port link-type trunk
[SwitchB-GigabitEthernet1/1]port trunk permit vlan 10 20
```

② 通过三层交换机实现 VLAN 间互访的配置。

SwitchA 相关配置的命令如下。

#创建（进入）VLAN 10，将 Ethernet 0/1 加入 VLAN 10
```
[SwitchA]vlan 10
[SwitchA-vlan10]port Ethernet 0/1
```
#创建（进入）VLAN 20，将 Ethernet 0/2 加入 VLAN 20
```
[SwitchA]vlan 20
[SwitchA-vlan20]port Ethernet 0/2
```
#将端口 GigabitEthernet 1/1 配置为 Trunk 端口，并允许 VLAN 10 和 VLAN 20 通过
```
[SwitchA]interface GigabitEthernet 1/1
[SwitchA-GigabitEthernet1/1]port link-type trunk
[SwitchA-GigabitEthernet1/1]port trunk permit vlan 10 20
```

SwitchB 相关配置的命令如下。

#创建（进入）VLAN 10，将 Ethernet 0/10 加入 VLAN 10
```
[SwitchB]vlan 10
```
#设置 VLAN 10 的虚接口地址
```
[SwitchB]interface vlan 10
[SwitchB-int-vlan10]ip address 10.1.1.254 255.255.255.0
```
#创建 VLAN 20
```
[SwitchB]vlan 20
```
#设置 VLAN 20 的虚接口地址
```
[SwitchB]interface vlan 20
[SwitchB-int-vlan20]ip address 20.1.1.254 255.255.255.0
```
#将端口 GigabitEthernet 1/1 配置为 Trunk 端口，并允许 VLAN 10 和 VLAN 20 通过
```
[SwitchA]interface GigabitEthernet 1/1
[SwitchA-GigabitEthernet1/1]port link-type trunk
[SwitchA-GigabitEthernet1/1]port trunk permit vlan 10 20
```

【思考与练习】

一、单选题

1. 基于 802.1Q 标准的 VLAN 标签中，Type 字段取某个固定值时表示该帧是 802.1Q Tag 帧，该固定值是（   ）。

    A. 0x8100   B. 0x8108   C. 0x9100   D. 0x8800

2. VLAN ID 的取值范围是（   ）。

    A. 1～1000   B. 1～4094   C. 0～4095   D. 1～4096

3. OSI 参考模型分为 7 层，其中数据链路层是第（   ）层。

    A. 2   B. 3   C. 4   D. 5

4. 交换机工作在 OSI 参考模型的（   ）。

    A. 物理层   B. 数据链路层   C. 网络层   D. 传输层

5. （　　　）用于发现设备的 MAC 地址。

    A. RARP   B. IP   C. ARP   D. ICMP

6. 192.168.1.0/28 的子网掩码是（　　　）。

    A. 255.255.255.0   B. 255.255.255.128

    C. 255.255.255.192   D. 255.255.255.240

7. 201.1.0.0/21 网段的广播地址是（　　　）。

    A. 201.1.7.255   B. 201.1.0.255   C. 201.1.1.255   D. 201.0.0.255

8. Hub 设备应用在 OSI 参考模型的（　　　）。

    A. 物理层   B. 数据链路层   C. 网络层   D. 传输层

9. 以下 IP 地址中，（　　　）属于私网主机地址。

    A. 10.10.10.0/24   B. 10.10.10.10/24

    C. 129.168.0.1/24   D. 192.168.100.255/24

10. 192.168.1.127/25 代表的是（　　　）地址。

    A. 主机   B. 网络   C. 组播   D. 广播

11. 交换机连接终端设备的端口一般配置为（　　　）模式。

    A. Access   B. Trunk   C. Hybrid   D. QinQ

12. Telnet 默认使用的控制协议端口是（　　　）。

    A. 20   B. 21   C. 22   D. 23

13. 以太网采用（　　　）避免信号的冲突。

    A. CSMA/CD   B. CDMA/CD   C. VLAN   D. STP

14. 在 OSI 参考模型中，可以完成加密功能的是（　　　）。

    A. 物理层   B. 传输层   C. 会话层   D. 表示层

二、多选题

1. 以下说法错误的是（　　　）。

    A. 中继器工作在物理层

    B. 集线器和以太网交换机都工作在数据链路层

    C. 路由器工作在网络层的设备

    D. 集线器能隔离广播域

2. 在一个子网掩码为 255.255.240.0 的网络中，（　　　）是合法的网络地址。

    A. 150.150.0.0   B. 150.150.0.8

    C. 150.150.8.0   D. 150.150.16.0

3. VLAN 的主要作用有（　　　）。

    A. 分割冲突域   B. 抑制广播风暴

    C. 简化网络管理   D. 隔离广播域

4. 某交换机收到一个带有 VLAN 标签的数据帧，但发现在其 MAC 地址表中查询不到该数据帧的 MAC 地址，则交换机对该数据帧的处理行为中，错误的是（　　　）。

    A. 交换机会向所有端口广播该数据帧

    B. 交换机会向属于该数据帧所在 VLAN 中的所有端口（除接收端口）广播此数据帧

    C. 交换机会向所有 Access 端口广播此数据帧

    D. 交换机会丢弃此数据帧

5. 以下 IP 地址中，InterNIC 规定保留用作私有地址的有（　　　）。

    A. 10.0.0.0～10.255.255.255   B. 172.16.0.0～172.31.255.255

    C. 192.168.0.0～192.168.255.255   D. 172.16.0.0～172.32.255.255

6. VLAN 划分的方法有（　　　　）。
   A. 基于端口划分　　B. 基于子网划分　　C. 基于 MAC 地址划分
   D. 基于协议划分　　E. 基于组合策略划分

7. 在基于 802.1Q 标准的 VLAN 标签中，有一个字段为 PRI，对此描述正确的有（　　　　）。
   A. 共 3 位，表示以太网帧的优先级
   B. 一共有 8 种优先级，取值范围为 0～7，用于提供有差别的转发服务
   C. 表示帧的优先级，值越小优先级越高
   D. 当交换机阻塞时，交换机会优先发送优先级高的数据帧

8. 下列关于华为交换设备中 Access 端口说法错误的是（　　　　）。
   A. Access 端口，用于连接主机，允许唯一的 VLAN ID 通过本端口
   B. Access 端口，也可以用于连接网络设备，允许不同的 VLAN ID 通过本端口
   C. Access 端口发往对端设备的以太网帧永远是 Untagged Frame
   D. 很多型号的华为交换机默认端口类型是 Access，PVID 默认是 1，VLAN 1 由系统创建，可以删除

9. 下列关于 VLAN 的划分方式描述正确的是（　　　　）。
   A. 基于端口划分 VLAN 时定义成员简单，成员移动无须重新配置 VLAN
   B. 基于 MAC 地址划分 VLAN 时当终端用户的物理位置发生改变，不需要重新配置 VLAN
   C. 基于组合策略划分 VLAN 的安全性非常高，基于 MAC 地址和 IP 地址成功划分 VLAN 后，禁止用户改变 IP 地址或 MAC 地址
   D. 基于组合策略划分 VLAN 时，每一条策略都需要手动配置

10. 关于 Access 端口上的 PVID，说法正确的是（　　　　）。
   A. 当 Access 端口接收到不带 VLAN 标签的报文时，将该报文加上 VLAN 标签，并将 Tag 中的 VID 字段的值设置为该端口所属的默认 VLAN 编号
   B. 当 Access 端口接收到带 VLAN 标签的报文时，如果该报文的 VLAN ID 与该端口默认的 VLAN ID 相同，则转发该报文；如果该报文的 VLAN ID 与该端口默认的 VLAN ID 不相同，则丢弃该报文
   C. 当 Access 端口发送带有 VLAN 标签的报文时，如果该报文的 VLAN ID 与该端口默认的 VLAN ID 相同，则系统将去掉报文的 VLAN 标签，再发送该报文
   D. Access 端口发往对端设备的以太网帧永远是 Untagged Frame

三、判断题

1. 数据封装正常的流程为数据→数据段→数据包→数据帧→数据流。（　　　　）
2. 802.1Q 以太网帧要比普通的以太网帧多 2 个字节。（　　　　）
3. IP 地址 101.11.100.100/22 的广播地址是 101.11.103.255。（　　　　）
4. 一台主机只能有唯一的 IP 地址。（　　　　）
5. Hub 和交换机一样，都是工作在数据链路层的设备。（　　　　）
6. VLAN 是将一个物理的 LAN 在逻辑上划分成多个冲突域的技术，可以隔离冲突域。（　　　　）

四、简答题

1. 简述 CSMA/CD 的工作原理。
2. VLAN 的接口有哪些类型？各接口对不同数据帧是如何进行处理的？
3. 二层交换机的工作原理是什么？

4. 共享式以太网的工作原理是什么？

5. 请画出 VLAN 的帧格式。

6. 请用语言描述 Trunk 端口收到数据帧的处理过程。

五、综合题

1. 某公司有 5 个部门，分别为市场部、技术部、客服部、运维部、财务部。其中市场部有 120 台主机、技术部有 60 台主机、客服部有 30 台主机、运维部有 10 台主机、财务部有 10 台主机，现该公司有一个 C 类网络 192.168.1.0/24，你是公司的网络管理员，请你给公司的各部门进行子网划分，要求每个部门处在不同的子网上。请计算并写出每个部门的网络地址、广播地址和有效的主机地址范围。

2. 网络拓扑如图 2-46 所示，某公司内部财务部、市场部的 PC 通过 2 台交换机实现通信，要求财务部的部门内部人员能够相互通信，市场部的部门内部人员能够相互通信，但为了保证数据安全，财务部和市场部需要相互隔离，现要求在交换机上进行配置来实现这一目标。

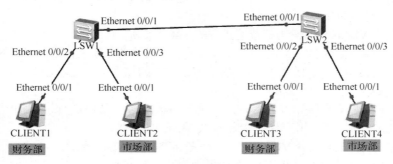

图 2-46　网络拓扑

模块 3　EPON 技术

03

【学习目标】

- 了解 PON 技术的发展历史和典型 PON 技术标准；
- 理解并掌握 EPON 的基本工作原理和关键技术；
- 掌握 OLT 基本操作；
- 能针对不同应用场景完成 EPON 系统组网方案设计；
- 能根据需求完成 EPON 设备安装、数据配置等工作；
- 培养学生认真、严谨的工作态度；
- 培养学生工程规划能力；
- 培养学生举一反三的工程应变能力和精益求精的工匠精神。

【重点/难点】

- EPON 协议栈；
- EPON 帧结构；
- EPON 工作原理；
- EPON 系统组网设计和数据配置。

【情境描述】

　　EPON 是基于以太网的 PON 技术。业内人士普遍认为 FTTH 是宽带接入的最终解决方式，而 EPON 将成为一种主流宽带接入技术。本模块主要介绍 EPON 技术原理与典型应用。从 PON 技术的产生与发展开始，介绍 PON 技术标准、EPON 的传输原理、EPON 的关键技术等，这些内容是 EPON 技术工程应用的理论基础。"技能演练"部分从 EPON 系统中 OLT 设备的基本操作开始介绍，以 EPON 技术实现基本的宽带网络业务为工程背景，从设备认知、设备安装、数据配置、功能验证等不同环节对岗位所需技能进行演练。

【知识引入】

3.1　PON 技术概述

微课 3-1　PON
技术概述

　　PON 是一种宽带接入技术，它通过一个单独的光纤接入系统，实现数据、语音及视频的综合业务接入，并具有良好的经济性。由于 PON 结构的特点、宽带入户的特殊优越性，以及 PON 与计算机网络天然的有机结合，业界普遍认为，PON 是实现"三网融合"和解决信息高速公路"最后一公里"的最佳解决方案之一。

3.1.1　PON 技术的产生和发展

1987 年，英国电信公司的研究人员最早提出了 PON 的概念。1995 年，全业务接入网全业务接入网（Full Service Access Networks，FSAN）联盟成立，该联盟的宗旨是希望能提出一种光接入解决方案并制定光接入网设备标准。1996 年，ITU-T 颁布了 PON 标准建议 G.982。1998 年，ITU-T 以 155Mbit/s 的 ATM 技术为基础，发布了 G.983 系列 APON 标准，这种标准在北美、日本和欧洲应用得较多。2000 年 12 月，IEEE 802.3ah 工作组成立，其以以太网技术为基础，制定了 EPON 标准建议。2003 年，ITU-T 颁布 GPON 标准建议 G.984。2004 年 6 月，EPON 标准 IEEE 802.3ah 正式颁布。2009 年 9 月，IEEE 发布了 10G EPON 的 802.3av 标准。差不多在 EPON 技术出现的同时，FSAN 组织于 2002 年 9 月提出 GPON 的概念，ITU-T 在此基础上于 2003 年 3 月完成了 G.984.1 和 G.984.2 的制定，2004 年 6 月完成了 G.984.3 的标准化，从而形成了 GPON 的标准族。2015 年 1 月，10G PON（XG-PON）标准通过，为高速 10G PON 技术产品的商用铺平了道路。2016 年 2 月，固定波长对称 10G GPON 标准 XGS-PON 发布。2018 年 2 月，在 ITU-T SG15 全会上，我国产业界立项的单通道 50G TDM-PON 获得通过，它标志着后 10G PON 网络的演进发展方向。从进入 21 世纪至今，FTTH 和宽带经历了 20 多年的发展，PON 技术发展还没有止境，更高速率的 PON 技术将不断推动信息技术的进步。

3.1.2　PON 的网络结构

PON 技术采用点对多点的网络拓扑结构，利用光纤实现数据、语音和视频的全业务接入。PON 的网络结构由 OLT、ODN、ONU 共 3 个部分构成，如图 3-1 所示。

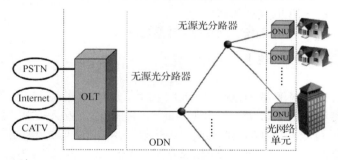

图 3-1　PON 的网络结构

OLT 作为整个 PON 的核心部分，实现城域网与用户间不同业务的传递功能，完成 ONU 注册和管理、全网的同步和管理以及协议的转换、与上联网络（即连接各种业务的交换机、路由器等组成的通信网络）的通信等功能；ONU 作为用户端设备在整个 PON 中属于从属部分，完成与 OLT 的正常通信并为终端用户提供不同的应用端口；ODN 在 PON 中的定义为从 OLT 至 ONU 的线路部分，包括光缆、配线部分以及光分路器（Optical Splitter），全部为无源器件，是整个 PON 信号传输的载体。

3.1.3　PON 的传输机制

PON 系统采用波分复用（Wavelength Division Multiplexing，WDM）技术，实现单纤双

向传输机制。为了分离同一根光纤上多个用户的上下行的信号，采用以下两种复用技术：下行采用广播技术；上行采用时分多址（Time Division Multiple Access，TDMA）技术。在下行方向，IP 数据、语音、视频等多种业务由位于中心局的 OLT，采用一对多的广播方式，通过 ODN 中的 1:N 无源光分路器分配到 PON 上的所有 ONU。在上行方向，来自各个 ONU 或光网络终端（Optical Network Terminal，ONT）的多种业务信息互不干扰地通过 ODN 中的 1:N 无源光分路器耦合到同一根光纤，最终送到局端 OLT 的接收端。PON 的传输机制如图 3-2 所示。

图 3-2　PON 的传输机制

3.2　EPON 的技术原理

微课 3-2　EPON 的技术原理

　　EPON 是一种基于以太网的无源光网络，采用点对多点的网络拓扑结构，利用光纤实现数据、语音和视频的全业务接入。在物理层采用 PON 技术，在数据链路层使用以太网协议，利用 PON 的拓扑结构实现以太网接入。因此，它综合了 PON 技术和以太网技术的优点，具有低成本、高带宽、扩展性强、与现有以太网兼容、方便管理、安全性高等特点。

3.2.1　EPON 系统组成

　　EPON 与其他 PON 在网络结构上是相同的，即点对多点的网络拓扑结构，也是由 OLT、ODN、ONU 这 3 个部分构成的。EPON 在一根光纤上使用不同波长（下行 1490nm，上行 1310nm）的数据信号传输语音、数据等不同业务。另外，还可以通过 WDM 合波器叠加 1550nm 波长用来下行传送 CATV 信号，从而实现 3 种业务的融合。典型 EPON 系统组成如图 3-3 所示。EPON 系统是如何正常工作的呢？本节首先从 EPON 的协议栈进行分析。

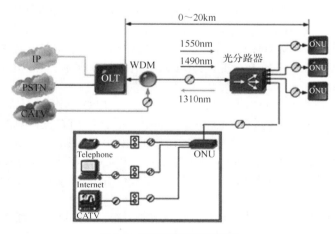

图 3-3　典型 EPON 系统组成

3.2.2 EPON 协议栈

1. EPON 协议栈模型

对以太网技术而言，PON 是一种新的介质。IEEE 802.3 EFM 工作组定义了新的物理层，而对以太网 MAC 层以及 MAC 层以上则尽量做最小的改动以支持新的应用和介质。EPON 的协议栈主要由数据链路层和物理层组成，其模型如图 3-4 所示。

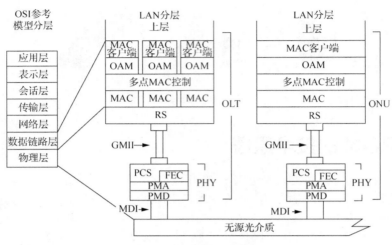

图 3-4　EPON 的协议栈模型

2. EPON 物理层

EPON 物理层通过千兆介质无关接口（Gigabit Media Independent Interface，GMII）与调和子层（Reconciliation Sublayer，RS）相连，肩负着为 MAC 层传送可靠数据的责任。物理层的主要功能是将数据编成合适的线路码，完成数据的前向纠错，通过光电、电光转换完成数据的收发。整个 EPON 物理层由物理编码子层（Physical Coding Sublayer，PCS）、前向纠错（Forward Error Correction，FEC）子层、物理媒体附属（Physical Media Attachment，PMA）子层、物理媒体依赖（Physical Media Dependent，PMD）子层组成。

① PCS 处于物理层的最上层。PCS 上接 GMII，下接 PMA 子层，其实现的主要技术为 8B/10B、10B/8B 编码变换。由于 10 位的数据能有效地减小直流分量，便于接收端的时钟提取，降低误码率，因此 PCS 需要将从 GMII 接收到的 8 位并行的数据转换成 10 位并行的数据输出。这个高速的 8B/10B 编码器的工作频率是 125MHz，它的编码原理基于 5B/6B 和 3B/4B 两种编码变换。

② FEC 子层的位置处在 PCS 和 PMA 子层之间，是 EPON 物理层中的可选部分。FEC 子层接收从 PCS 发过来的包，先进行 10B/8B 的变换，然后执行 FEC 编码算法，用校验字节取代一部分扩展的包的间隔，最后使整个包进行 8B/10B 编码并把数据发给 PMA 子层。

③ EPON 物理层的 PMA 子层技术同千兆以太网 PMA 子层技术相比没有什么变化，其主要功能是完成串并转换、并串转换，时钟恢复并提供环回测试功能，它和相邻子层的接口是十位接口（Ten Bit Interface，TBI）。

④ PMD 子层的功能是完成光电转换、电光转换，按 1.25Gbit/s 的速率发送或接收数据。802.3ah 要求传输链路全部采用无源光器件，光网络能支持单纤双向全双工传输。在 EPON 的 PMD 子层中规定了 1000BASE-PX10 和 1000BASE-PX20 两种光模块。1000BASE-PX10 的目标

距离是 10km，1000BASE-PX20 的目标距离是 20km。

3. EPON 数据链路层

EPON 的数据链路层由运行管理维护（Operation Administration and Maintenance，OAM）子层、多点 MAC 控制子层和 MAC 子层组成。

① OAM 子层给网络管理员提供了一套网络健壮性监测和链路错误定位，以及出错状况分析的方法，为 MAC Client（MAC 客户端）提供服务。

② 多点 MAC 控制子层主要负责 ONU 的接入控制，通过 MAC 控制帧完成对 ONU 的初始化、测距和动态带宽分配，采用申请/授权（Request/Grant）机制，执行一整套多点控制协议（Multi-Point Control Protocol，MPCP）。多点 MAC 控制子层定义了点对多点光网络的 MAC 控制操作。

③ MAC 子层用于在共享介质中解决冲突。MAC 子层将上层通信时发送的数据封装到以太网的帧结构中，并决定数据的发送和接收。

4. EPON 的 MAC 帧结构

EPON 是基于以太网的无源光网络。传统的以太网 MAC 帧结构由前导码、帧定界符、目的地址（Destination Address，DA）、源地址（Source Address，SA）、长度/类型、数据、填充、帧检验序列（Frame Check Sequence，FCS）组成。传统以太网与 EPON 的 MAC 帧结构类似，两者的主要区别在前导码，如图 3-5 所示。以太网 MAC 帧结构包含 7 个字节的前导码和 1 个字节的帧定界符；EPON 的 MAC 帧结构中前导码为 8 个字节，主要包含两个字节的逻辑链路标识（Logical Link Identifier，LLID）和 1 个字节的 LLID 的起始定界符（Start of LLID Delimiter，SLD）。LLID 用于在 OLT 上标识 ONU。在 ONU 注册成功后，由 OLT 分配一个网内独一无二的 LLID，其决定了哪个 ONU 有权接收广播的数据。SLD 用来指示 LLID 和 CRC 的位置。

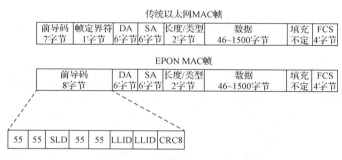

图 3-5　传统以太网与 EPON 的 MAC 帧结构比较

3.2.3　EPON 的传输原理

1. EPON 的工作过程

EPON 工作时，首先启动注册过程。当 OLT 启动后，它会周期性地在 PON 端口上广播允许接入的时隙、GATE 等信息；ONU 上电后，根据 OLT 广播的允许接入信息，主动发起注册请求；OLT 通过对 ONU 的认证（本过程可选），允许 ONU 接入，并给请求注册的 ONU 分配本 OLT 端口唯一的 LLID；其次 OLT 向新发现的 ONU 发送注册消息，ONU 发送注册确认消息；OLT 还可以要求 ONU 重新发现进程并重新注册，ONU 也可以通知 OLT 请求注销。

在整个工作过程中，OLT 主要完成的操作如下。

① 产生时间戳消息，用于同步系统参考时间。

② 通过 MPCP 帧指定带宽。

③ 进行测距操作。

④ 控制 ONU 注册。

ONU 的操作主要如下。

① 通过下行控制帧的时间戳与 OLT 同步。

② 等待授权帧（GATE）。

③ 进行发现处理，包括：测距、指定物理 ID 和带宽。

④ 等待授权，ONU 只能在授权时间发送数据。

2. EPON 的下行传输

下行方向，数据从 OLT 到多个 ONU 以广播方式传送，根据 IEEE 802.3ah 协议，每一个数据帧的帧头包含前面注册时分配的、特定 ONU 的 LLID，该标识表明本数据帧是给 ONU1、ONU2、ONU3、……、ONUn 中的唯一一个。另外，部分数据帧可以是给所有的 ONU（广播方式）或者特殊的一组 ONU（组播）的。在图 3-6 所示的传输原理中，在光分路器处，流量分成独立的 3 组信号，每一组信号均包含传输到所有 ONU 的数据帧。当数据信号到达 ONU 时，ONU 根据 LLID，在物理层上做判断，接收给它自己的数据帧，摒弃给其他 ONU 的数据帧。

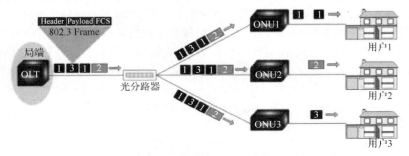

图 3-6　EPON 的下行传输原理

3. EPON 的上行传输

如图 3-7 所示，EPON 采用 TDMA 技术，分时隙给 ONU 传输上行流量。当 ONU 注册成功后，OLT 会根据系统的配置，给 ONU 分配特定的带宽（在采用动态带宽分配时，OLT 会根据指定的带宽分配策略和各个 ONU 的状态报告，动态地给每一个 ONU 分配带宽）。对 EPON 来说，带宽就是多少个可以传输数据的基本时隙，每一个基本时隙的单位时间长度为 16ns。在一个 OLT 的 PON 端口下面，所有的 ONU 与该 OLT 的 PON 端口的时钟是严格同步的，每一个 ONU 只能够在 OLT 给它分配的时刻和时隙长度传输数据。通过时隙分配和时延补偿，确保多个 ONU 的数据信号耦合到一根光纤时，各个 ONU 的上行数据帧不会互相干扰。

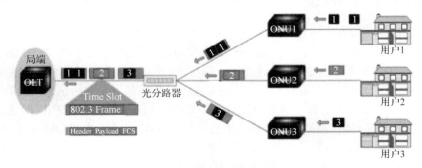

图 3-7　EPON 的上行传输原理

3.2.4 EPON 的安全性

传统的以太网对物理层和数据链路层安全性考虑甚少。因为在全双工的以太网中，采用点对点的传输，而在共享媒体的 CSMA/CD 以太网中，用户处于同一区域。在点对多点模式下，EPON 的下行信道以广播方式发送数据包，任何一个 ONU 可以接收到 OLT 发送给所有 ONU 的数据包。这对于许多应用，如付费电视、视频点播等业务是不安全的。MAC 层之上的加密只对净负荷加密，而保留帧头和 MAC 地址信息，因此非法 ONU 仍然可以获取任何其他 ONU 的 MAC 地址；MAC 层以下的加密可以使 OLT 对整个 MAC 帧各个部分加密，主要方案是给合法的 ONU 分配不同的密钥，利用密钥对 MAC 帧的地址字节、净负荷、校验字节甚至整个 MAC 帧加密。

IEEE 802.3ah 规定，EPON 系统物理层传输的是标准的以太网帧，对此，802.3ah 标准中为每个连接设定 LLID，每个 ONU 只能接收带有属于自己的 LLID 的数据报，将其余的数据报丢弃不再转发。不过 LLID 主要是为了区分不同连接而设定的，ONU 侧只是简单根据 LLID 进行过滤显然是不够的。在物理层，ONU 只接收属于自己逻辑链路标识的数据帧，并采用高级加密标准（Advanced Encryption Standard，AES）进行加解密，完成 ONU 认证。EPON 在上行传输时，所有 ONU 之间的通信都必须通过 OLT，在 OLT 可以设置允许和禁止 ONU 之间的通信，在默认状态下是禁止的，所以安全方面几乎不存在问题。对于下行方向，由于采用广播方式传输数据，为了保障信息的安全，可从以下几个方面进行。

① 所有的 ONU 接入的时候，系统可以对 ONU 进行认证，认证信息可以是 ONU 的唯一标识（如 MAC 地址或者是预先写入 ONU 的一个序列号），只有通过认证的 ONU，系统才允许其接入。

② 对于特定 ONU 的数据帧，其他的 ONU 在物理层上也会收到，但在收到该数据帧后，首先会比较 LLID（处于数据帧的头部）是不是自己的，如果不是，就直接丢弃，数据不会解析至二层，这些功能是在芯片中实现的，对于 ONU 的上层用户，如果想窃听到其他 ONU 的信息，除非自己去修改芯片的实现。

③ 对于每一对 ONU 与 OLT，可以启用 128 位的 AES 加密。各个 ONU 的密钥是不同的。

④ 通过 VLAN 方式，将不同的用户群或者不同的业务限制在不同的 VLAN，保证信息隔离。

3.3 EPON 的关键技术

EPON 作为一种点对多点和单纤双向传输的网络，采用了多项关键性技术确保其具有低成本、高效率、高可靠性和易维护的优势。其中比较有代表性的有多点控制协议、测距与同步技术、动态带宽分配技术和突发控制技术。

3.3.1 多点控制协议

1. MPCP 简介

MPCP 是 EPON 的多点 MAC 控制子层的协议，它定义了 OLT 和 ONU 之间的控制机制，用来协调数据的有效发送和接收。EPON 系统通过一条共享光纤将多个数据终端设备连接起来，其拓扑结构为不对称的基于无源光分路器的树形分支结构。

微课 3-3 多点控制协议

EPON 作为第一英里以太网（Ethernet in the First Mile，EFM）讨论标准的一部分，建立在 MPCP 基础上，该协议是多点 MAC 控制子层的一项功能。它使用消息、状态机、定时器来控制访问点对多点（Point to Multiple Point，P2MP）的拓扑结构。在 P2MP 拓扑结构中的每个 ONU 都包含一个 MPCP 的实体，用以和 OLT 中的 MPCP 的一个实体相互通信。

作为 EPON/MPCP 的基础，EPON 实现了一个点对点（Point to Point，P2P）仿真子层，该子层使得 P2MP 网络拓扑结构对高层来说就是多个点对点链路的集合。该子层是通过在每个数据报的前面加上一个 LLID 来实现的。该 LLID 将替换前导码中的两个字节。EPON 将拓扑结构中的根节点认为是主设备，即 OLT；将位于边缘部分的多个节点认为是从设备，即 ONU。MPCP 在点对多点的主从设备之间规定了一种控制机制以协调数据的有效发送和接收。系统运行过程中上行方向在一个时刻只允许一个 ONU 发送，OLT 高层负责处理发送的定时、不同 ONU 的拥塞报告，并优化 EPON 系统内部的带宽分配。EPON 系统通过 MPCP 数据单元帧来实现 OLT 与 ONU 之间的带宽请求、带宽授权、测距等。

MPCP 涉及的内容包括 ONU 发送时隙的分配，ONU 的自动发现和加入，向高层报告拥塞情况以便动态分配带宽。MPCP 位于多点 MAC 控制子层。多点 MAC 控制向 MAC 子层的操作提供实时的控制和处理。

2. MPCP 消息格式

MPCP 消息包含前导码的后 3 个字节和 MPCPDU，MPCPDU 共 64 字节，MPCP 消息格式如图 3-8 所示。

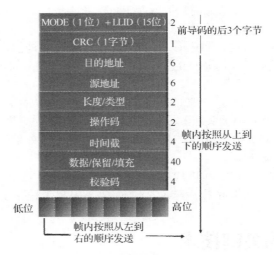

图 3-8 MPCP 消息格式

* 目的地址：MPCPDU 中的目的地址为 MAC 控制组播地址，或者是 MPCPDU 的目的端口关联的单独 MAC 地址；
* 源地址：MPCPDU 中的源地址是和发送 MPCPDU 的端口相关联的单独的 MAC 地址；
* 长度/类型：数据单元的长度和类型编码；
* 操作码：指示所封装的特定 MPCPDU，标识不同 MPCP 消息的类型；
* 时间戳：在 MPCPDU 发送时刻，时间戳域传递本地时间寄存器中的内容；
* 数据/保留/填充：这 40 个字节用于 MPCPDU 的有效载荷。当不使用这些字节时，在发送时填充为 0，并在接收时忽略；
* 校验码：该域为帧校验序列，一般由下层 MAC 产生，使用 CRC32。

3. MPCP 控制帧

在 MPCPDU 的操作码域定义了 6 种控制帧，分别是授权消息控制帧 GATE（0x0002）、报告消息控制帧 REPORT（0x0003）、注册请求消息控制帧 REGISTER_REQ（0x0004）、注册消息控制帧 REGISTER（0x0005）、注册确认消息控制帧 REGISTER_ACK（0x0006）、暂停消息控制帧 PAUSE（0x0001），用于 OLT 与 ONU 的信息交换。

（1）GATE

GATE 表示授权消息控制帧，由 OLT 发出，用于接收到 GATE 帧的 ONU 立即或者在指定的时间段发送数据。

（2）REPORT

REPORT 表示报告消息控制帧，由 ONU 发出，用于向 OLT 报告 ONU 的状态，包括该 ONU 同步于哪一个时间戳以及是否有数据需要发送。

（3）REGISTER_REQ

REGISTER_REQ 表示注册请求消息控制帧，由 ONU 发出，用于在注册规程处理过程中请求注册。

（4）REGISTER

REGISTER 表示注册消息控制帧，由 OLT 发出，用于在注册规程处理过程中通知 ONU 已经识别了注册请求。

（5）REGISTER_ACK

REGISTER_ACK 表示注册确认消息控制帧，由 ONU 发出，用于在注册规程处理过程中表示注册确认。

（6）PAUSE

PAUSE 表示暂停消息控制帧，用于接收方在功能参数表明的时间段停止发送非控制帧的请求。

4. ONU 自动发现与注册

在 EPON 系统中，首要的也是重要的是解决 ONU 的注册问题。在系统中新增 ONU 或更换 ONU 都需要其能自动加入而不影响其他正常工作的 ONU。ONU 的自动加入是 EPON 系统中的关键技术之一。其自动发现与注册过程如图 3-9 所示。

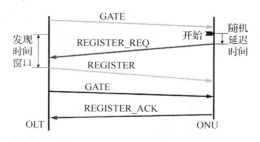

图 3-9　自动发现与注册过程

自动发现与注册过程步骤如下。

① OLT 通过广播一个 GATE 消息来通知 ONU 发现时间窗口的周期。

② ONU 发送含有 MAC 地址的 REGISTER_REQ 消息。为减少冲突，REGISTER_REQ 消息要有一段随机延迟时间，该时间段应小于发现时间窗口的周期。

③ OLT 接收到有效 REGISTER_REQ 消息后，注册 ONU，为其分配和指定 LLID，并将相应的 MAC 地址与 LLID 绑定。

④ OLT 向新发现的 ONU 发送标准的 GATE 消息通知注册。

⑤ ONU 发送注册确认消息 REGISTER_ACK。

至此，发现进程完成，ONU 可以正常发送消息流。OLT 可以要求 ONU 重新发现进程并重新注册。ONU 也可以通知 OLT 请求注销，然后通过发现进程重新注册。

3.3.2 测距与同步技术

1. 测距的必要性

EPON 的上行方向是一个多点对一点的网络，由于各 ONU 与 OLT 之间的物理距离不同，或环境变化、光器件老化等原因，如果让每个 ONU 自由发送信号，而不考虑 ONU 之间信号传输的时延差异，那么来自不同 ONU 的信号在到达 OLT 时就会发生冲突。采用测距技术可有效避免此种情况，有无测距及控制技术的对比如图 3-10 所示。

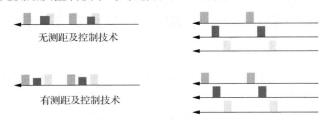

图 3-10　有无测距及控制技术的对比

2. 测距原理

EPON 的 MPCPDU 中定义了 4 个字节的时间戳域。EPON 的 OLT 与 ONU 之间通过 MPCPDU 携带的时间戳来完成测距。首先引入一变量——往返路程时间（Round Trip Time，RTT），它代表测得的每一个 ONU 到 OLT 的往返时间。对测得的 RTT 进行补偿，并通知每个 ONU 调整信号发送时间，以保证该 ONU 的上行信号在规定的时间到达 OLT，而不发生冲突。这种测量 ONU 的逻辑距离，然后将 ONU 都调整到与 OLT 的逻辑距离相同地方的过程就是测距。

微课 3-4　测距原理

测距原理如图 3-11 所示。在注册过程中，OLT 对新加入的 ONU 启动测距过程。OLT 有一本地时钟，它在 T_1 时刻发送 GATE 帧，该帧携带了时间戳；经过一段传输时延到达 ONU 后，ONU 将本地时钟计数器的值更新为 T_1，再通过一段时间的等待，在 T_2 时刻发出携带本地时钟信息的 REPORT 帧给 OLT，在 T_3 时刻到达 OLT，则 $RTT=(T_3-T_1)-(T_2-T_1)=T_3-T_2$。

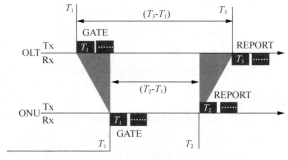

图 3-11　测距原理

从 RTT 的计算公式可以看出，OLT 收到 ONU 的 MPCP 帧时，本地时钟计数器的绝对时间减去 MPCP 帧时间戳域的值即该 ONU 的 RTT 值。根据 RTT 可调整 ONU 的发送时间，使不同 ONU 时隙到达 OLT 时，不仅可以一个接着一个，还可以使中间留有保护带。这样不仅能够避免各 ONU 之间的冲突，还能够充分利用上行带宽。

3．同步技术

EPON 系统是通过采用时间戳进行测距实现系统同步的。在 EPON 系统中，要保证信息的正确传输，必须使整个系统达到同步，即必须有一个共同的参考时钟。如图 3-12 所示，在 EPON 系统中以 OLT 时钟为参考时钟，各个 ONU 时钟和 OLT 时钟同步。OLT 周期性地以广播方式发送同步信息给各个 ONU，使其调整自己的时钟来保持同步。但由于各个 ONU 到 OLT 的距离不同，因此传输时延也各不相同，若要达到系统同步，则 ONU 的时钟必须比 OLT 的时钟有一个时间提前量，这个时间提前量就是上行传输时延。下行传输时延封装在 OLT 发给 ONU 的 MPCP 帧中，包含 ONU 发送开始时间和结束时间信息，并以此控制 OLT 和 ONU 的系统时钟同步。

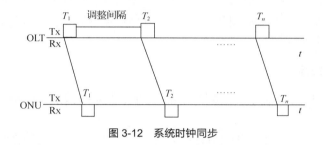

图 3-12　系统时钟同步

3.3.3　动态带宽分配技术

EPON 的上行信道采用 TDMA 方式，多个 ONU 共享带宽，OLT 需按照事实上的规则进行上行带宽的分配。带宽分配有静态带宽分配和动态带宽分配（Dynamically Bandwidth Assignment，DBA）两种方法。静态带宽分配是将上行带宽固定划分为若干份再分配给每一个 ONU，传统的 TDM 业务由于业务需求是恒定的，所以可以采用静态带宽分配的方法。而对于以 IP 业务为主的现代通信网而言，由于其业务具有突发性，流量不再恒定，静态带宽分配会导致网络带宽利用率下降。因此，EPON 系统通常采用动态带宽分配，或动态与静态相结合的带宽分配方案。

DBA 是一种能在微秒级或毫秒级的时间间隔内完成对上行带宽的动态分配的方法。它通常有两种机制，一种为报告机制，另一种为不需要报告的机制。报告机制根据 ONU 上报给 OLT 的带宽需求信息来分配带宽，其原理如图 3-13 所示。首先由 OLT 发起命令，要求 ONU 上报队列状态，接着 ONU 上报带宽需求，然后 OLT 根据 ONU 需求和 DBA 算法分配带宽，ONU 根据分配的带宽，在指定时隙内发送数据。

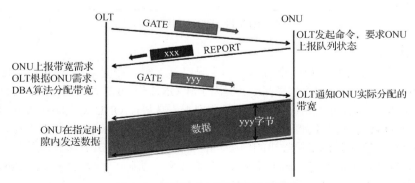

图 3-13　EPON 的 DBA 报告机制原理

在 DBA 不需要报告的机制中，OLT 不要求 ONU 上报队列状态，而是通过监测 ONU 在一定时间内上行数据的波动情况，根据特定算法预测出带宽需求，换算成时隙分配给 ONU。实际应用中，由于 DBA 不需要报告的机制需要复杂的流量统计和预测，因此较少采用。

通信网中的主要业务包括语音、数据和视频等。不同业务特点不同，可划分为不同的优先级，分配不同的带宽。一般语音业务的优先级最高，视频业务的优先级次之，数据业务的优先级最低。常见的带宽类型主要有：最大带宽、最小带宽、固定带宽、保证带宽和尽力而为带宽或它们的组合。最大带宽和最小带宽是对每个 ONU 的带宽进行极限限制，保证带宽根据业务的优先级不同而不同；固定带宽主要用于 TDM 业务或高优先级业务，通常采用静态带宽分配的方法以保证 QoS；保证带宽是在系统上行流量发生拥塞的情况下仍然可以保证满足 ONU 需求的带宽，它不是恒定不变地分配给某一 ONU，而是根据实际业务需求，把剩余带宽分配给其他有需求的 ONU；尽力而为带宽是 OLT 根据在线 ONU 报告信息将总的剩余带宽分配给 ONU，通常分配给优先级较低的业务。

3.3.4 突发控制技术

突发控制技术包括突发发射和突发接收两个方面，是 EPON 物理层的关键技术之一。

1. 突发发射

ONU 在什么时候发送数据，是由 OLT 来指示的，当 ONU 发送数据时，打开激光器；当 ONU 不发送数据时，为了避免对其他 ONU 的上行数据造成干扰，必须完全关闭激光器。ONU 上的激光器需要不断地快速（纳秒级）打开和关闭。传统的自动功率控制（Automatic Power Control，APC）电路是为连续模块传输设计的，其偏置电流不变，不能满足突发模块快速响应的需求。解决的方案是采用数字 APC 电路，在每个 ONU 突发发射期间特定时间点对激光器输出的光信号进行采样，并按一定算法对直流偏置进行调整。采样值在两段数据发送间隔内保存下来，这样即可解决突发模块下的自动功率控制问题。突发发射原理如图 3-14 所示。

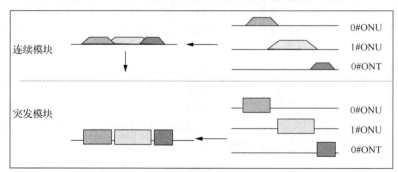

图 3-14 突发发射原理

2. 突发接收

上行信号的突发接收包括两个方面，一个是时序，另一个是功率。OLT 要接收来自不同 ONU 的数据包，并恢复它们的信号强度，但因不同 ONU 到 OLT 的距离不同，所以它们的数据包到达 OLT 时的信号强度差别很大，在极限情况下，从最近 ONU 发来的代表 0 信号的光强度甚至比从最远 ONU 传来的代表 1 信号的光强度还要大，为了正确恢复原有数据，必须根据每个 ONU 的信号强度实时调整接收机的判决门限（阈值线）。在 OLT 接收电路中，再通过闭环负反馈控制系统恢复成规范的电平数据，即通过增加快速自动增益控制（Automatic Gain Control，AGC）电路来实现。突发接收原理如图 3-15 所示。

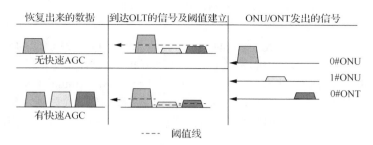

图 3-15　突发接收原理

3.4　EPON 设备认知

微课 3-5　EPON
设备介绍

EPON 设备主要包括 OLT、ONU 和 ODN。有关 ODN 工程部分的内容在本书模块 7 将进一步介绍，这里不再赘述。

3.4.1　OLT

EPON 设备生产厂家主要有华为、中兴、烽火等。OLT 设备主要有华为 SmartAX 系列产品，如 MA5680T、MA5683T、MA5608T 等；中兴 ZXA10 系列产品，如 C220、C300 等；烽火 AN5516-01、AN5516-02 等。部分 OLT 设备外形如图 3-16 所示。

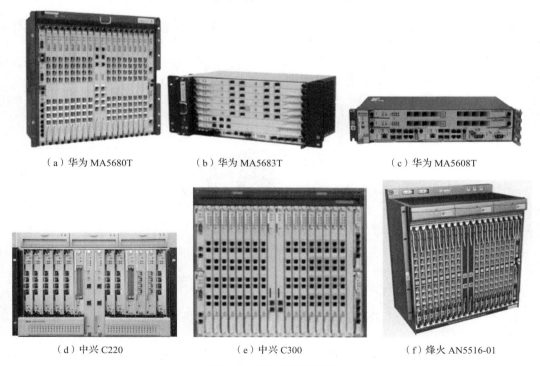

（a）华为 MA5680T　　　（b）华为 MA5683T　　　（c）华为 MA5608T

（d）中兴 C220　　　（e）中兴 C300　　　（f）烽火 AN5516-01

图 3-16　部分 OLT 设备外形

本节以华为 MA5608T 为例介绍 OLT 的设备组成及其使用方法。

1. 华为 MA5608T 机框认知

华为 MA5608T 机框高度为 2U（1U=44.45mm），不带挂耳的外形尺寸为 442mm×244.5mm×88.1mm（宽×深×高），支持 IEC 19in 和 ETSI 21in 两种机柜，根据机柜的不同，需采用不同的挂耳。采用 IEC 规格挂耳时的外形尺寸为 482.6mm×244.5mm×88.1mm（宽×深×高），采用 ETSI 规格挂耳时的外形尺寸为 535mm×244.5mm×88.1mm（宽×深×高）。空配置重量为 3.55kg。

为了适应不同的应用环境，MA5608T 支持直流/交流两种供电方式，其电源参数如表 3-1 所示。

表 3-1　　　　　　　　　　　　　　　　MA5608T 电源参数

项目	参数
供电方式	直流/交流
额定电压	直流供电：-48V/-60V 交流供电：110V/220V
工作电压范围	直流供电：-72～-38.4V 交流供电：100～240V
最大输入电流	直流供电：10A 交流供电：6A

MA5608T 支持的背板为 H801MABR，其典型的配置如图 3-17 所示。

风扇框	0	业务板		
	1	业务板		
	2　主控板	3　主控板	4　电源板

图 3-17　MA5608T 背板的典型配置

0 号和 1 号槽位为业务板槽位，可配置多种业务板，如 TDM 业务板、GPON 业务板、EPON 业务板等，且支持不同业务板混配，以增加设备的灵活性。2 号和 3 号槽位为主控板槽位，可配置主控板，这 2 个槽位需配置相同的主控板，建议主控板双配。4 号槽位为电源板槽位，可根据应用环境，采用双 DC 电源板 MPWC 或者 AC 电源板 MPWD 等。

为了确保设备在稳定的环境下工作，MA5608T 还设有风扇框，如图 3-18 所示。风扇框中配有 2 个风扇，风扇框具有以下功能。

图 3-18　MA5608T 风扇框

① 散热：风扇框插在机框的左侧，采用吹风方式实现业务板的通风、散热。冷风从机框左侧进入，经过机框内各单板后，由机框右侧排出。

② 监控：风扇框中配有风扇监控板，下发调速信号给风扇，并采集风扇的转速信号传递给主控系统。

③ 调速：风扇的转速可根据检测出的环境温度自动调节，也可通过软件手动配置。
风扇框告警指示灯说明如表 3-2 所示。

表 3-2   风扇框告警指示灯说明

指示灯丝印	指示灯状态	状态描述	操作说明
FAN	绿灯常亮	风扇框工作正常	无须处理
	红灯常亮	风扇框工作异常	可能存在电源告警或温度传感器告警，请根据告警进行相应处理； 可能存在高、低温告警，请调整风扇转速； 主机和风扇框之间的通信可能中断，请检查风扇框与设备的通信连接情况； 风扇可能出现故障，请更换故障风扇

2. 华为 MA5608T 单板认知

（1）MCUD 小规格控制单元板

MCUD 小规格控制单元板的原理如图 3-19 所示。它是系统控制和业务交换、汇聚的核心，也可以作为统一网管的管理控制核心。MCUD 通过主从串口和带内的 GE/10GE 通道与业务板传递关键管理控制信息，完成对整个产品的配置、管理和控制，同时实现简单路由等功能。

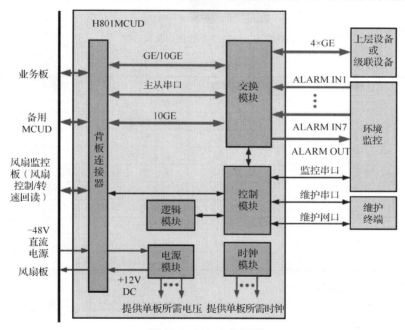

图 3-19 MCUD 的原理

MCUD 各模块的功能如下：控制模块实现对本板及业务板的管理；逻辑模块实现逻辑控制等；电源模块为单板内各功能模块提供工作电源；时钟模块为单板内各功能模块提供工作时钟；交换模块提供 GE/10GE 接口，实现基于二层或三层的业务交换和汇聚。MCUD 的接口功能如下：

* 提供 4 个 GE 接口，用于面板上行接口；
* 提供 2 个 GE/10GE 接口，与每块业务板实现 GE/10GE 交换；
* 提供 1 个 10GE 接口，与备用 H801MCUD 实现负荷分担。

MCUD 面板各接口及其功能如图 3-20 所示。MCUD 告警指示灯说明如表 3-3 所示。

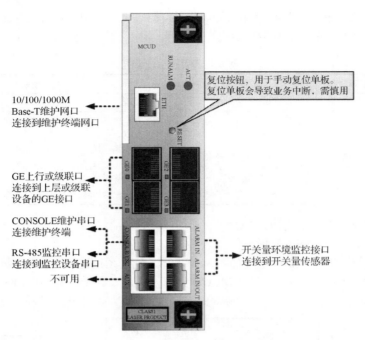

图 3-20　MCUD 面板接口及其功能

表 3–3　　　　　　　　　　　　　　　　MCUD 告警指示灯说明

指示灯丝印	指示灯名称	指示灯状态	状态描述
RUNALM	运行状态指示灯	绿色闪烁	单板运行正常
		红色闪烁	单板启动中
		橙色闪烁	高温告警
		红色常亮	单板运行故障
ACT	主备用指示灯	绿色常亮	主备模式、负荷分担模式时，单板处于主用状态
		绿色闪烁	负荷分担模式时，单板处于备用状态
		灭	主备模式时，单板处于备用状态
GE0～GE3	链路/数据状态指示灯	绿色常亮	端口建立连接
		绿色闪烁	有数据传输
		灭	端口无连接/无数据传输

（2）MPWC——双 DC 电源板

MPWC 是双 DC 电源板，用于引入-48V 直流电源，为设备供电。其具体功能和规格如下。

• 支持 2 路-48V DC 电源输入；

• 支持电源输入口滤波及防护功能；

• 支持输入欠压检测、输入电源有无检测和故障检测；

• 支持防护告警和单板在位信号合在一起上报；

• 电源指示功能。

MPWC 单板各模块的功能如下。

• H801MPWC 单板由电源连接器引入-48V 直流电源，经过滤波电路和限流防护电路后输出到背板为机框其他单板供电；

• 检测上报电路对防护保险管进行故障检测，将检测到的信号与单板在位信号合在一起上报到主控板，并通过指示灯显示；

- 检测上报电路检测输入欠压和输入电源有无；
- E2PROM 电路用于存储单板制造信息；
- 从背板引入 5V/3.3V 电源给单板内部分芯片供电。

MPWC 告警指示灯说明如表 3-4 所示。

表 3–4　　　　　　　　　　　　　　　　MPWC 告警指示灯说明

指示灯丝印	指示灯名称	指示灯状态	状态描述
PWR0/PWR1	电源板输出指示灯	绿色常亮	电源板输出正常
		灭	电源板输出故障

（3）EPSD——8 端口 EPON OLT 接口板

EPSD 单板为 8 端口 EPON OLT 接口板，和 ONU 设备配合，实现 EPON 系统的 OLT 功能。EPSD 单板的工作原理如图 3-21 所示。其各模块功能如下。

- 控制模块完成对单板的软件加载、运行控制、管理等功能；
- 交换模块实现 8 个 EPON 端口信号的汇聚，以及 EPON 光信号和以太网报文的相互转换；
- 电源模块接收来自背板的-48V 直流电源，将其转换成本单板各功能模块的工作电源；
- 时钟模块为本单板内各功能模块提供工作时钟。

EPSD 面板接口及功能如图 3-22 所示。

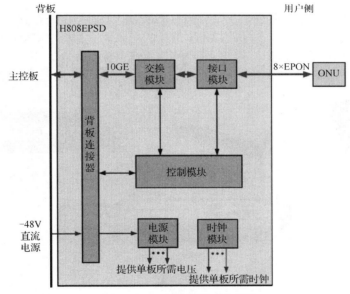

图 3-21　EPSD 单板的工作原理

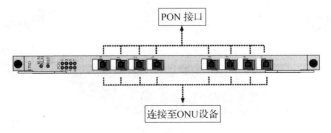

图 3-22　EPSD 面板接口及功能

EPSD 告警指示灯说明如表 3-5 所示。

表 3-5   EPSD 告警指示灯说明

指示灯丝印	指示灯名称	指示灯状态	状态描述
RUNALM	运行状态指示灯	红色闪烁	单板启动过程中 App 启动阶段
		绿色闪烁（周期 0.25s）	单板启动过程中与主控板通信阶段
		绿色闪烁（周期 1s）	单板运行正常
		橙色闪烁	高温告警
		红色常亮	单板故障
BSY	业务在线指示灯	绿色闪烁	单板有业务运行
		灭	单板无业务运行
0、1、2、3……	PON 端口指示灯	绿色常亮	对应的 PON 端口有 ONU 在线
		绿色闪烁	光模块不生效
		灭	对应的 PON 端口无 ONU 在线

3.4.2　ONU

ONU 即光网络单元，可以提供数据、视频、语音等多种业务。市场上 ONU 种类众多，主要有华为、中兴、烽火等多家厂商的产品。实际应用时通常选择与 OLT 相同的厂家，以避免设备不兼容。

华为 ONU 产品中，支持 EPON 技术、用于 FTTH 的产品型号主要有 HG810e、HG813e 等，分别支持不同的接口类型和接口数量；用于 FTTB 的产品型号主要有 MA5612、MA5616 等。中兴 EPON 的 ZXA10 系列 ONU 产品型号主要有 F400、F401、F460、F820 等。部分 ONU 外形如图 3-23 所示。

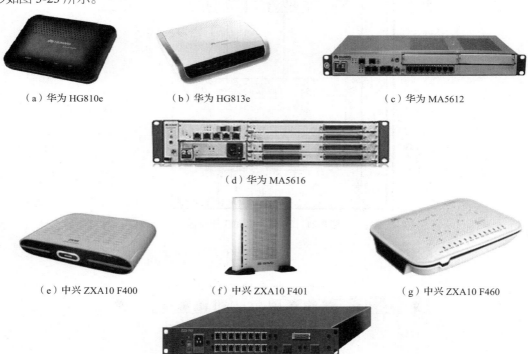

（a）华为 HG810e　　　　（b）华为 HG813e　　　　　　（c）华为 MA5612

（d）华为 MA5616

（e）中兴 ZXA10 F400　　　（f）中兴 ZXA10 F401　　　（g）中兴 ZXA10 F460

（h）中兴 ZXA10 F820

图 3-23　部分 ONU 外形

3.5 EPON 技术应用

EPON 技术具有带宽高、可靠性高、维护成本低、技术成熟等优点，在宽带接入网络中得到广泛应用。实际工程建设中，涉及 EPON 组网规划、设备安装和配置等主要内容。ONU 设备的配置比较简单，本节主要从 EPON 设备组网、OLT 设备安装和使用方面做重点介绍。对于 EPON 核心设备 OLT，本节将详细介绍其安装、配置环境搭建、基本操作、管理环境配置和业务配置等几方面的内容。

3.5.1 EPON 设备组网

EPON 系统通常用于满足区域范围较大的网络需求。承载的业务可以是 Internet、软交换、IPTV 等。系统信号通过交换机接入 EPON 的核心设备 OLT（如 MA5608T），再通过由光配线架、光分路器、光缆等组成的无源光分配系统，连接不同的光网络单元 ONU。光网络单元根据不同的业务需求，可通过 PC 机实现宽带上网；通过综合接入设备（Integrated Access Device，IAD）连接普通电话实现语音电话；通过网络机顶盒连接 IPTV 实现网络电视等业务。典型 EPON 结构如图 3-24 所示。

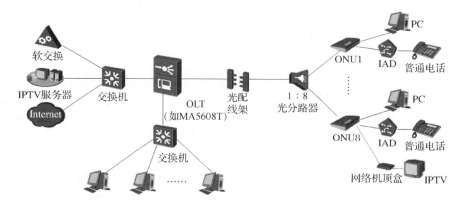

图 3-24 典型 EPON 结构

3.5.2 OLT 设备安装

1. 设备固定

OLT 设备通常安装在 19in 的标准机柜上，如图 3-25 所示。其安装步骤如下。

① 安装前先做好准备工作，要求设备安装场所环境符合要求，做好安全供电和接地等工作。确认机柜已被固定好，机柜内 OLT 设备的安装位置已经布置完毕，机柜内部和周围没有影响安装的障碍物。要安装的 OLT 设备已经准备好，并被运到离机柜较近、便于搬运的位置。

② 根据安装位置，在机柜上安装挡板。

③ 安装 OLT 设备的走线架及挂耳。

④ 两个人从两侧抬起 OLT 设备，慢慢搬运到机柜前。

⑤ 将 OLT 设备抬到比机柜的挡板略高的位置，将其放置在挡板上，调整其前后位置。

⑥ 用固定螺钉将机箱挂耳紧固在机柜立柱方孔上，将 OLT 设备固定到机柜上。

图 3-25　OLT 设备安装

如果 OLT 设备没有安装模块，可按如下步骤进行模块安装。

① 佩戴防静电手腕带，如图 3-26 所示。将手伸进防静电手腕带，拉紧锁扣，确认防静电手腕带与皮肤良好接触，将防静电手腕带与 OLT 设备接地插孔相连，从包装盒中取出模块。

② OLT 设备通用模块大多为插槽式结构，只要安装在对应槽位即可。用旋具松开安装位置的螺钉，拆下空挡板，将各模块正面向上，顺槽推到里端。

③ 用旋具拧紧模块上的安装螺钉，固定模块。

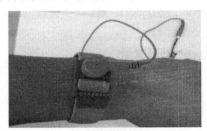

图 3-26　佩戴防静电手腕带

2. 设备接地

设备必须接地，如图 3-27 所示。设备接地的步骤如下。

① 取下 OLT 设备的机箱接地螺钉。

② 将随机所带的保护地线的接线端子套在机箱接地螺钉上。

③ 将接地螺钉安装到接地孔上，并拧紧。

④ 将保护地线的另一端接到机柜的接地点上。

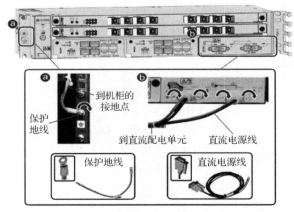

图 3-27　设备接地

3. 电源连接

电源模块前面板带有防电源插头脱落支架和电源指示灯。其安装步骤如下。

① 将位于电源模块前面板左侧的防电源插头脱落支架朝右扳。

② 将随机所带的交流电源模块电源线插入电源模块的插座。

③ 将防电源插头脱落支架朝左扳，卡住电源插头。

④ 将电源线的另一端插入电源的插座。

3.5.3 OLT 设备配置环境搭建

OLT 设备通常有两种配置方法，一是串口方式配置，二是网口方式配置。网口方式配置分为带外网管配置和带内网管配置。设备初次配置时需通过串口方式配置。

1. 串口方式配置

（1）配置口电缆的连接

首先要搭建配置环境。将 PC 终端通过配置口电缆与 OLT 的 console 口相连，如图 3-28 所示。用串口线与 MA5608T 设备进行通信，通信软件可使用 Windows 操作系统下的超级终端软件。搭建 OLT 设备配置环境可将 PC 串口通过标准的 RS-232 串口线与 MA5608T 的主控板上的 console 口相连接，再进行相关参数的配置。

图 3-28　OLT 串口方式配置

配置口电缆是一根 8 芯电缆，一端是压接的 RJ45 插头，插入 OLT 设备的 console 口；另一端是一个 DB-9（孔）插头，可插入配置终端的 9 芯（针）串口插座。配置口电缆外形和信号对应关系如图 3-29 所示。

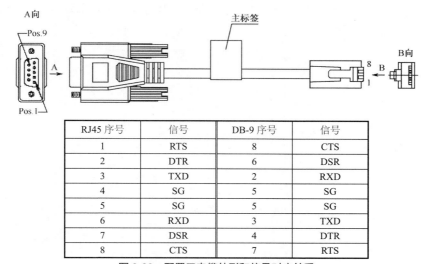

RJ45 序号	信号	DB-9 序号	信号
1	RTS	8	CTS
2	DTR	6	DSR
3	TXD	2	RXD
4	SG	5	SG
5	SG	5	SG
6	RXD	3	TXD
7	DSR	4	DTR
8	CTS	7	RTS

图 3-29　配置口电缆外形和信号对应关系

下面以在 PC 上运行 Windows 7 操作系统下的超级终端软件为例，介绍相关参数的设置。由于 Windows 7 操作系统没有自带超级终端软件，需要另行安装，具体步骤如下。

① 下载超级终端软件，如 SecureCRT。

② 在 PC 上查看使用的是哪个串口，在桌面的"计算机"上右击，选择"管理"命令。然后选择图 3-30 左侧的"设备管理器"，在右侧单击"端口（COM 和 LPT）"前面的展开按钮，就可以看到所使用的串口。

图 3-30　查看串口

③ 找到下载的程序，进行解压、安装。注意下载的程序可能会有 64 位和 32 位两个版本，如果计算机使用的是 Windows 7 64 位操作系统，就打开 x64 版本。

④ 双击打开 SecureCRT.exe 文件，打开后软件会自动弹出"快速连接"对话框，可在其中进行设置。"协议"选择"Serial"，"波特率"设置为"115200"，"流控"中的 3 个复选框全不选中，其他的设置保持默认，然后单击"连接"按钮。串口设置如图 3-31 所示。如果出现一个绿色的"对勾"，就说明串口已经连接成功了，串口连接成功如图 3-32 所示。

图 3-31　串口设置

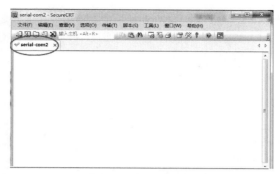

图 3-32　串口连接成功

（2）上电启动

① 上电前的检查。在上电之前要对 OLT 设备的安装进行以下检查：

- OLT 设备安放牢固；
- 所有单板安装正确；
- 所有通信电缆、光纤、电源线和保护地线连接正确；
- 供电电压与 OLT 设备的要求一致；
- 配置口电缆连接正确，配置 PC 或终端已经打开，终端参数设置完毕。

② 上电：

- 打开供电电源开关；
- 打开 OLT 设备电源开关。

③ 上电后的检查。OLT 设备上电后，还要检查通风系统是否工作，应该可以听到风扇旋转的声音，感受到 OLT 设备的通风孔有空气流通，并查看各单板上的各种指示灯是否正常。

④ 启动界面。在 OLT 设备上电启动的同时，配置终端会有提示信息出现，标志着 OLT 设备自动启动的完成。按"Enter"键后，配置终端屏幕提示输入登录用户名和密码。（登录用户名：root。密码：admin。）此时，用户可以开始对 OLT 设备进行配置。

2. 带内网管配置与带外网管配置

OLT 设备的带外网管配置是相对带内网管配置而言的。带内网管配置是指网络的管理控制信息与用户网络的承载业务信息通过同一个逻辑信道传送，这里是指 OLT 设备从 PON 口至上联口的信息传输通道；而在带外网管配置中，网络的管理控制信息与用户网络的承载业务信息在不同的逻辑信道中传送。带外网管配置采用网线连接，将网线的一端插入配置终端（PC）的网口，另一端插入 OLT 设备交换控制单元（Switching and Control Unit，SCU）的 ETH 接口，如图 3-33 所示。

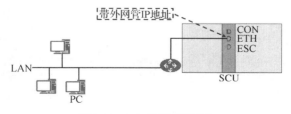

图 3-33　OLT 带外网管配置

带外网管配置首先要求将 PC 的 IP 地址设置成与带外网管 IP 地址在同一网段，在 PC 上 Ping 带外网管 IP 地址，Ping 通后即可通过 Telnet 登录。

带内网管组网灵活，无须附加设备，投资少。当前多数通信网络采用带内网管配置。设备的管理通道依赖被管理的设备，可靠性有所欠缺。连接 OLT 设备的通用接口单元（General-Purpose Interface Unit，GIU）上行板的业务上行口，通过 Telnet 登录到 OLT 设备，并进行维护、管理。OLT 带内网管方式配置如图 3-34 所示。

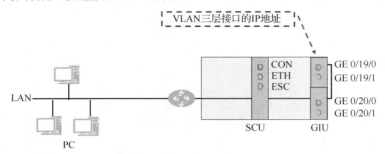

图 3-34　OLT 带内网管方式配置

3.5.4　OLT 基本操作

微课 3-6　OLT
基本操作

1. 登录系统

使用 Windows 操作系统自带的超级终端软件和 CMD 窗口或其他第三方软件（如 SecureCRT），通过串口或网口登录系统。如果已经为 OLT 配置了网管 IP 地址，例如 10.11.104.2，这时将 PC 的 IP 地址范围配置在 10.11.104.x/24 的同一网段，在 Windows 操作系统的 CMD 窗口中 Ping 通 OLT 的网管 IP 地址 10.11.104.2，在命令输入界面中，输入"telnet 10.11.104.2"，即可登录 OLT。

2. 命令行模式及切换操作

OLT 提供多种命令行模式，以实现分级保护，防止未授权用户的非法侵入。命令行模式主要包括：普通用户模式（User Mode）、特权模式（Privilege Mode）、全局配置模式（Global Config Mode）、接口/端口模式（Interface Config Mode）、组播（Broadcast Television，BTV）模式等。

进入 OLT 后，输入登录用户名 root 及登录密码 admin，进入 OLT 命令行（Common-Line Interface，CLI）普通用户模式"Huawei>"。在普通用户模式"Huawei>"下，输入"enable"即可进入特权模式"Huawei#"；再输入"config"，可进入全局配置模式"Huawei(config)#"；在全局配置模式下，输入"BTV"可进入 BTV 模式"Huawei(config-btv)#"，输入"interface…"，可进入接口/端口模式"Huawei(config-if-…)#"，还可以继续进行不同功能的配置。命令行模式的逐级退出一般使用 quit 命令；快速退出到特权模式使用 return 命令；从特权模式返回普通用户模式使用 disable 命令。命令行模式及切换操作如图 3-35 所示。

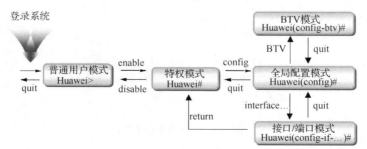

图 3-35　命令行模式及切换操作

系统提供多层次命令行模式，对命令操作权限实现分层管理，从而实现对终端操作用户的权限的分级管理。此命令行模式适用于 OLT 设备和各类多住户单元（Multiple Dwelling Unit，MDU）设备。命令行模式向下兼容：普通用户模式中的所有命令在特权模式下都能执行；普通用户模式和特权模式中的所有命令在全局配置模式下都能执行。不同级别的用户可以进入不同的命令行模式。同时，对于不同级别的用户，即使进入同样的命令行模式，他们所能执行的命令也会有所不同。

3. 典型操作

（1）"？"键功能

"？"键可提供全面帮助功能。在任意命令行模式下，输入"？"获取该命令行模式下所有的命令及其简单描述。输入一命令，后接以空格分隔的"？"，如果该位置为关键字，则列出全部相应的关键字及其描述；如果该位置为参数，则列出相应参数名、参数描述、取值范围、默认值、输入格式和单位；如果输入的命令已经完整，该位置不需要任何输入即可执行，则输出 <cr>，表示按"Enter"键开始执行命令，或提示当前命令后可跟随的关键字或参数。

（2）按"Tab"键补齐关键字

输入不完整的关键字后按"Tab"键，如果能找到以输入的字符开头的唯一关键字，则系统用此完整的关键字替代原输入并换行显示，光标距词尾空一格。

（3）按"Space"键补齐关键字

输入不完整的关键字后按"Space"键，如果与之匹配的关键字唯一，则系统用此完整的关键字替代原输入，光标距词尾空一格。如果不唯一，则等待用户输入到可以唯一匹配后，用完整的关键字替代原输入。

（4）用"Enter"键逐个提示下一个关键字或参数

用"Enter"键逐个提示下一个关键字或参数的命令如下。

```
Huawei(config)#interface <Enter>
{adsl<K>|emu<K>|GPON<K>|eth<K>|giu<K>|gpon<K>|loopback<K>|meth<K>|null<K>|opf
<K>|scu<K>|shl <K>|top-stml<K>|top<K>|vdsl<K>|vlanif<K>}: gpon <Enter>
{frameid/slotid<S><Length 3-15>}: 0/8 <Enter>
Huawei(config-if-gpon-0/8)#
```

（5）交互方式

当用户输入不完整的命令时，命令行系统默认提供命令行的交互操作方式，提示可输入的下一个命令以及该命令的参数类型。

（6）查询已执行的历史命令

查询已执行的历史命令的命令如下。

```
Huawei(config)#display history-command
```

某些 Telnet 终端中支持使用"↑"键和"↓"键获得当前命令记录中的上一条命令和下一条命令，按"Enter"键可直接执行选中的命令。命令记录只对当前用户有效，重新登录后命令记录清空。显示命令记录的个数可以通过 history-command max-size 命令设置，范围为 1～100 条。默认情况下，系统保存的命令记录为 10 条。

（7）命令行模式语言切换

中英文命令行模式切换，在任何命令行模式下均可以切换，命令如下。

```
Huawei(config)#switch language-mode
Command:
switch language-mode
```

当前语言已切换到本地语种。

4. 用户级别及权限管理

操作用户可以分为 3 个级别：管理员级、操作员级和普通用户级。不同的用户级别具有不同的系统操作权限。普通用户级只能执行基本系统操作，进行简单查询操作；操作员级可以对设备、业务进行配置；管理员级可执行所有配置操作，对设备、用户账号以及操作管理权限进行维护、管理。

（1）用户模板和用户

用户模板就是一系列参数的集合，用来控制同类别的用户，主要控制用户的用户名的有效期、用户密码的有效期、开始登录时间、结束登录时间。通过将用户与相应的用户模板绑定来执行对账号和登录时间的控制，如图 3-36 所示。

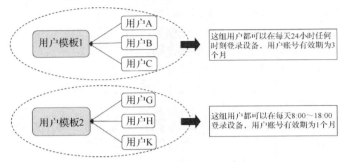

图 3-36　用户模板和用户

（2）用户模板化管理

系统中提供 3 个默认模板，这 3 个默认模板分别对应 3 个用户级别（管理员级、操作员级和普通用户级），方便使用。用户最多可以增加 12 个用户模板。增加用户模板需要配置用户模板属性，包括模板名称、用户名的有效期、用户密码的有效期、开始登录时间、结束登录时间。

如果要增加一个用户模板。例如模板名为 weihuzu，用户名的有效期为 30 天、用户密码的有效期为 30 天、开始登录时间为凌晨 00:00、结束登录时间为早上 05:00，命令如下。

```
Huawei(config)#terminal user-profile add
   模板名称(<=15 位): weihuzu
   用户名的有效期(0--999 天)[0]: 30
   用户密码的有效期(0--999 天)[0]: 30
   开始登录时间(hh: mm)[00: 00]: 00: 00
   结束登录时间(hh: mm)[00: 00]: 05: 00
   模板添加成功
   重复该操作?   (y/n)[n]:
```

（3）配置用户账号

如果要增加用户账号。例如增加如下一个操作用户账号：用户名和用户密码同为 Huawei1234，绑定用户模板 weihuzu，用户权限为普通用户，用户可重复登录数为 1，命令如下。

```
Huawei(config)#terminal user name
   请输入用户名(长度<6, 15>): Huawei1234
   请输入用户密码(长度<6, 15>): 10
   请确认密码(长度<6, 15>): 10
   模板名称(<=15 位)[root]: weihuzu
   请输入用户权限: 1
      1.普通用户  2.操作员  3.管理员:
   请输入用户可重复登录数(0--4): 1
   请输入用户的附加信息(<=30 位): 13866995555
   用户添加成功
   重复该操作?   (y/n)[n]:
```

用户可重复登录数：该用户可重复登录的次数，即该用户账号可同时被几个终端在线使用。用户的附加信息主要指用户的联系方式、地址等信息。系统默认有 3 个模板，即 admin、operator 和 commonuser。操作用户名不能和已有的操作用户名重复，且不能为 all 和 online。可以连续增加多个操作用户，整个系统最多可以增加 127 个操作用户。系统最多可支持 10 个终端用户同时在线。

（4）查询用户账号

查询系统内所有操作用户的命令如下。

```
Huawei(config)#display terminal user all
  ----------------------------------------------
  用户名         权限        状态   可重      模板名称  附加信息
                                  入数
  ----------------------------------------------
  Huawei        管理员      离线   4         admin     -----
  Huawei1234    普通用户    离线   4         weihuzu   13×××5
  ----------------------------------------------
  记录数目总计: 2
```

操作用户权限分为 User、Operator 和 Admin 这 3 个级别：User 为普通用户级；Operator 为操作员级，可进行一般的配置活动；Admin 为管理员级，可进行一系列管理活动。状态表示该用户是否在线。可重入数也是指该用户可重复登录的次数，即该用户账号可同时被几个终端在线使用。附加信息主要指用户的联系方式、地址等信息。

（5）修改用户账号

修改用户权限（只能由高级别用户修改低级别用户）的命令如下。

```
Huawei(config)#terminal user level
```

修改密码的命令如下。

```
Huawei(config)#terminal user password
```

修改可重复登录次数的命令如下。

```
Huawei(config)#terminal user reenter
```

修改附加信息的命令如下。

```
Huawei(config)#terminal user apdinfo
```

terminal user level 命令用于修改用户的权限。为了保证系统的安全，需要降低或提升某一用户的操作权限时，使用此命令。当某个用户的权限被重新设置后，该用户将按照设置后的权限对系统进行操作。可以连续修改多个用户的操作权限，直到管理员确认不再修改为止。

先使用 display terminal user 命令获得用户名，然后使用 terminal user level 命令修改该用户的操作权限。只有管理员级用户才可以执行该命令。管理员级用户可以将用户权限修改为普通用户级和操作员级中的任何一种。

terminal user reenter 命令用于修改用户的可重复登录次数。当某账号需要在多个终端同时登录时，使用此命令。将某账号可重复登录次数设置成功后，该账号可以被多人在不同终端上同时使用。一般情况下，为了设备的安全，用户账号的可重复登录次数设置为 1。只有管理员级用户可以执行该命令。

先执行 display terminal user 命令查询需要修改的用户名，然后执行 terminal user reenter 命令修改用户可重复登录次数。

（6）维护在线用户

可强制下线某个在线操作用户。首先查询在线用户编号，命令如下。

```
Huawei(config)#display client
--------------------------------------------------
ID 用户名    域名       IP 地址       登录时间
```

```
--------------------------------------------
1  Huawei1234 --  10.11.117.55 2009-08-02 10: 03: 09
--------------------------------------------
```
然后踢除该用户，命令如下。
```
Huawei(config)#client kickoff
{clientID<U><1, 10>}: 1
是否确定踢除该用户?(y/n)[n]: y
```
display client 命令用于查询在线用户的用户编号、IP 地址、登录时间等信息，便于安全管理。当发现某个或某类用户的操作威胁系统安全，需要将该用户的连接强制断开时，使用 client kickoff 命令。成功断开某个用户的连接后，该用户将无法对系统进行任何操作。

（7）删除用户账号

删除用户账号的命令如下。
```
Huawei(config)#undo terminal user name
请输入用户名(<=15位): Huawei1234
确定要删除该用户? (y/n)[n]:
```
注意只有管理员级用户拥有删除比自身级别低的操作用户的权限；不能删除自身；不能删除在线状态的用户，如需要删除，则先断开相应用户的连接；可以一次连续删除多个操作用户。

5. 系统基本信息查询和设置

（1）查询系统主机软件版本信息

查询系统主机软件版本信息的命令如下。
```
Huawei(config)#display language
  本地语种:
     语种名称: 简体中文(默认语种)
     版本信息: MA5600V800R008C01
  通用语种:
     语种名称: 英文(默认语种)
     版本信息: MA5600V800R008C01
```
（2）查询主控板单板软件版本信息

查询主控板单板软件版本信息的命令如下。
```
Huawei(config)#display version 0/9
  Main Board: H801SCUN
  --------------------------------------
  PCB           Version: H801SCUN  VER B
  Base      BIOS Version: 112
  Extended BIOS  Version: 116
  Software      Version: MA5600V800R008C01
  Logic         Version: (U48)107
  MAB           Version: 0002
  VOIPSubBoard:
  PCB           Version: H801FLBA VER A
  FPGA          Version: (U6)118
display version 0/9
```
其中 "0/9" 用于标识机框号/槽位号。当需要查询指定槽位的单板的版本信息时，使用此参数。

（3）查询业务单板软件版本信息

查询业务单板软件版本信息的命令如下。

```
Huawei(config)#display version 0/2
  单板版本查询消息发送成功，单板查询中...
  Main Board: H801GPBC
  ------------------------------------------------
   Pcb   Version: H801GPBC VER B
   Mab   Version: 0000
   Logic Version: (U22)000(U23)115(U24)115(U5)013
   Main CPU :
   CPU   Version: (U35)MPC8349
   APP   Version: 809(2010-10-15)
   BIOS  Version: (U20)715
```

（4）查询系统时间

查询系统时间的命令如下。

```
Huawei(config)#display time
2010-11-12 15: 37: 45+08: 00
```

设置系统本地时间的命令如下。

```
Huawei(config)#time 9: 30: 59 2011-2-13
```

配置网络时间的命令如下。

```
Huawei(config)#ntp-service unicast-server 10.11.1.1 source-interface meth 0
```

（5）修改系统名称

修改系统名称的命令如下。

```
Huawei(config)#sysname  OLT_Hangzhou
OLT_Hangzhou(config)#
```

6. 硬件基本操作

将单板插入机框后，系统会自动发现该状态下单板无法提供业务。确认单板以后，经过短暂的配置过程，单板状态会变为正常。在单板发生故障或禁用单板时，业务中断。硬件基本操作如下。

（1）机框操作

① 设置机框。

设置机框的命令如下。

```
Huawei(config)#frame set
{frameid<U><0, 32>}: 0
{desc<K>}: desc
{description<S><1, 32>}: Hangzhou-OLT-1
```

② 查询机框信息。

查询机框信息的命令如下。

```
Huawei(config)#display frame info 0
------------------------------------------------
机框类型:   H801MABC
机框状态:   正常
机框描述:   Hangzhou-OLT-1
EMU ID: 0 Subnode: 30 State: 通信正常
EMU ID: 1 Subnode: 1 State: 通信正常
------------------------------------------------
```

frame set 命令用于设置机框的描述信息。为了方便维护，需要通过机框描述信息标识某个机框时，使用此命令。设置成功后，可以根据机框描述信息查询该机框号，从而根据机框号对设备进行其他操作。在已经成功设置了机框的描述信息之后，如果执行 **undo frame desc** 命令，则描述信息被清空。当设置的机框描述信息有空格时，需要用" "将字符串括起来。

③ 查询整框单板。

查询整框单板的命令如下。

```
Huawei(config)#display board 0
------------------------------------------------------------

槽位号  板名称     状态     扣板0   扣板1    在线状态
------------------------------------------------------------
0
1      H801GPBC   正常
......
7      H801EPBA   正常
8
9      H801SCUL   主用正常
......
19     H801GICG   正常
20     H801GICG   正常
       -------------------------------------------
```

此命令用于查询整个机框的所有单板的信息。当对单板进行某种操作后，需要查看该单板所在的槽位号、名称、状态、扣板信息、端口信息或在线状态等时，使用此命令。当只指定机框号时，则查询指定机框的整框单板的相关信息。可查询到的信息包括：槽位号、单板名称、单板状态、单板的扣板名和单板的在线状态。查询业务板及端口激活信息时，可以查询激活和未激活端口的总数。

④ 查询指定单板。

查询指定单板的命令如下。

```
Huawei(config)#display board 0/8
  --------------------------------------------
  板名称          : H801GPBC
  板状态          : 正常
  --------------------------------------------

  -----------------------------------------------------------------
  框/槽/端口 ONT  序列号        控制   运行   配置   匹配     DBA
     编号                       标志   标志   状态   状态     方式
  -----------------------------------------------------------------
  0/8/0    0  323031312E396341 激活  在线  配置中  初始状态  NSR
  0/8/0    1  323031312E396A41 激活  在线  配置中  初始状态  NSR
  0/8/0    2  3230313192E95441 激活  在线  正常    匹配     SR
  -----------------------------------------------------------------

  端口0下，ONT 总数为: 3
  端口1下，ONT 总数为: 0
  端口2下，ONT 总数为: 0
  端口3下，ONT 总数为: 0
```

此命令用于查询指定槽位单板的详细信息。当对单板进行某种操作后，需要查看该单板所在的槽位号、名称、状态、扣板信息、端口信息或在线状态等时，使用此命令。当指定机框号/槽位号时，则查询指定机框号/槽位号单板的详细信息。可查询到的信息包括：单板名称、单板状态，以及该单板的端口信息。查询业务板及端口激活信息时，可以查询激活和未激活端口的总数。

⑤ 增加和确认单板。

增加单板有以下两种方式。

- 离线增加单板，即执行 board add 命令在空槽位增加单板，系统上报一个单板故障的告警。之后手动将单板插入相应槽位，如果插入的单板类型和离线添加的单板类型一致，则系统上报一个单板故障恢复的告警（告警 ID 为 0x02310000）；如果类型不一致，则上报不匹配的告警（告警 ID 为 0x02300082）；

```
Huawei(config)#board add
{frameid/slotid<S><1,15>}:0/4{H801MFGA<K>|H801ETHA<K>|H801X1CA<K>|H801GPBC<K>|
H801X2CA<K>|H801GICF<K>|H801GI          CG<K>|H801EPBA<K>|H801MCUB<K>|ADI<K>|ADL<K>|
SHD<K>|H801AIUG<K>|H801OPFA<K>|H801C ITA<K>|H801PRTA<K>|VDS<K>|VDT<K>}: H801GPBC
{<cr>|sub1<K>}:
```

- 自动发现单板，即首先将单板插入空闲槽位中，系统提示自动发现该单板，然后执行 board confirm 命令确认自动发现的单板。

```
Huawei(config)#board confirm 0          //确认所有单板
Huawei(config)#board confirm 0/4        //确认指定单板
```

（2）单板维护

① 删除单板。

删除单板的命令如下。

```
Huawei(config)#board delete
```

board delete 命令用于删除机框中的某块单板。如果某槽位上的单板发生故障、单板被拔下而不再使用该单板运行业务，且没有其他单板在该槽位重新注册，则该槽位将会一直处于单板故障状态，为了把该槽位的状态设置成空闲态，使用此命令。单板删除成功后，可在该空闲槽位重新增加单板。

② 复位单板。

复位单板的命令如下。

```
Huawei(config)#board reset
```

board reset 命令用于对指定机框号/槽位号的单板执行复位操作。当业务出现故障、复位单板上的套片无效或用于定位测试时，使用此命令。例如需要将某些性能统计的数值置 0，只有复位单板后才能生效。单板复位成功后，配置在单板上的数据全部复位为 0。

注意慎重使用此命令，不要轻易复位单板，以免对业务造成影响。复位主控板或复位系统不用 board reset 命令，而是用 reboot 命令。

③ 禁用单板/解禁用单板。

禁用单板/解禁用单板的命令如下。

```
Huawei(config)#board prohibit
Huawei(config)#undo board prohibit
```

board prohibit 命令用于将单板置于禁用状态。当需要对某块处于故障状态的业务单板进行问题定位、诊断并修复等操作时，使用此命令。单板被禁用后，单板上的正常业务将会被中断，直到单板被解除禁用为止。注意禁用单板会引起业务中断，请慎重使用此命令，以免对业务造成影响。

undo board prohibit 命令用于解禁处于禁用状态的单板。当需要恢复单板的正常业务时，使用此命令。单板被解禁后，单板上的各种业务将恢复正常。

3.5.5　管理环境配置

1. 管理环境概述

常用的管理环境包括带内管理和带外管理两种管理方式，带外管理利用非业务通道来传送管理信息，使管理通道与业务通道分离，比带内管理提供更可靠的管理通道。在 OLT 发生故障时，技术人员能及时定位网上设备信息，并实时监控。带外管理通道和带内管理通道使用不同的端口。带外管理通道 SCU 主控板的 ETH 维护网口 IP 地址；带内管理通道使用 GIU 业务板的 GE/10GE 上行口 IP 地址，如图 3-37 所示。

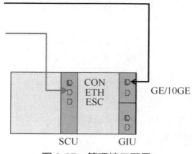

CON
ETH
ESC

GE/10GE

SCU   GIU

图 3-37　管理接口配置

进行带外管理配置时需要首先进行数据规划，如表 3-6 所示。

表 3-6　　　　　　　　　　　　　　**带外管理配置数据规划**

配置项	数据规划
远程终端 IP 地址	10.10.21.1/24～10.10.21.3/24
上层路由器接口地址	10.10.20.254/24
OLT 设备带外管理地址	10.10.20.1

OLT 使用直连网线与局域网相连，且维护网口的 IP 地址应该与操作控制台的 IP 地址在同一网段。也可以将操作控制台网口与主控板的维护网口直接连接对设备进行带外管理，但此时要使用交叉网线。带外管理配置流程如图 3-38 所示。

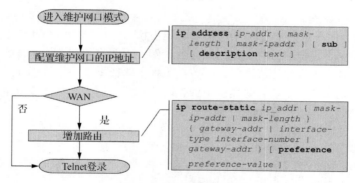

图 3-38　带外管理配置流程

带外管理操作步骤如下。

① 进入维护网口模式。

进入维护网口模式的命令如下。

```
Huawei(config)#interface meth 0
```

② 设置维护网口的 IP 地址。

设置维护网口的 IP 地址的命令如下。

```
Huawei(config-if-meth0)#ip address 10.10.20.1 255.255.255.0
Huawei(config-if-meth0)#quit
```

③ 添加带外管理路由。

添加带外管理路由的命令如下。

```
Huawei(config)#ip route-static 10.10.21.0 24 10.10.20.254
```

interface meth 命令用于从全局配置模式进入 Meth 模式。当需要配置维护网口 IP 地址、防火墙（Firewall），以及接口的双工状态等参数时，使用此命令。

ip route-static 命令用于配置单播静态路由。当网络结构比较简单时，只需配置静态路由就可以使网络正常工作。静态路由创建后，网络设备间可以实现三层互通。

undo ip route-static 命令用于删除单播静态路由。当网络发生故障或者拓扑结构发生变化后，静态路由不会自动改变，需要使用此命令删除静态路由。

执行 ip route-static 命令时，如果目的 IP 地址和掩码都为 0.0.0.0，则配置的路由为默认路由。如果路由匹配失败，则将使用默认路由进行报文转发。为路由配置不同的优先级，可实现不同的路由管理策略。例如，为同一目的 IP 地址配置多条路由，如果指定相同的优先级，则实现路由负载分担；如果指定不同的优先级，则实现路由备份。配置静态路由时，可根据实际需求指定传输接口或下一跳地址。对于支持从网络地址到数据链路层地址的解析的接口或点对点接口，可指定传输接口或下一跳地址。在某些情况下，如数据链路层被 PPP 封装，即使不知道对端地址，也可以在路由器配置时指定出接口。这样，即使对端地址发生了改变也无须改变该路由器的配置。

带内管理配置数据规划举例如表 3-7 所示。

表 3–7　　　　　　　　　　　　带内管理配置数据规划举例

配置项	数据规划
远程终端 IP 地址	10.10.21.1/24～10.10.21.3/24
上层路由器接口地址	10.10.30.254/24
设备上行端口	0/19/0
带内管理 VLAN	4000
OLT 设备带内管理地址	10.10.30.1/24

带内管理交互信息通过设备的业务通道传送，不用附加的设备，节约用户成本，但不便于维护。带内管理配置流程如图 3-39 所示。

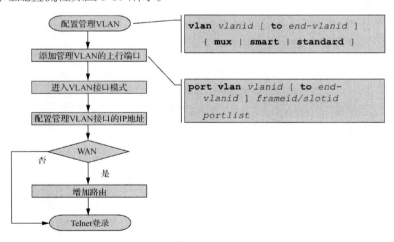

图 3-39　带内管理配置流程

带内管理操作步骤如下。

① 创建管理 VLAN。

创建管理 VLAN 的命令如下。

```
Huawei(config)#vlan 4000 smart
```

② 添加上行端口。

添加上行端口的命令如下。

```
Huawei(config)#port vlan 4000 0/19/0
```

③ 进入管理 VLAN 接口模式。

进入管理 VLAN 接口模式的命令如下。

```
Huawei(config)#interface vlanif 4000
```

④ 设置管理 VLAN 接口的 IP 地址。

设置管理 VLAN 接口的 IP 地址的命令如下。

```
Huawei(config-if-vlanif4000)#ip address 10.10.30.1 255.255.255.0
Huawei(config-if-vlanif4000)#quit
```

⑤ 设置管理路由。

设置管理路由的命令如下。

```
Huawei(config)#ip route-static 0.0.0.0 0.0.0.0 10.10.30.254
```

带内管理利用 VLAN 的特性，划分专属 VLAN 来进行管理。华为的 OLT 设备支持的 VLAN 类型主要有 Standard VLAN、Smart VLAN 和 MUX VLAN 这 3 种。一个 Standard VLAN 只包含多个上行端口，VLAN 中的以太网端口可相互通信，VLAN 间的以太网端口相互隔离。

interface vlanif 命令用于从全局配置模式创建 VLAN 接口并进入 VLAN 接口模式。当需要在 VLAN 接口模式下对虚拟的三层接口进行配置时，使用此命令。在 VLAN 接口模式下可以对 VLAN 接口的 DHCP 命令组、防火墙、IP 命令组、MPLS 命令组、DHCP Server 组、ARP 命令组进行配置。只有在相应的 VLAN 创建以后才能创建 VLAN 接口或者进入相应的 VLAN 接口模式。系统最多支持 32 个 VLAN 三层接口。不能创建系统中已经存在的 VALN。删除某 VLAN 前，需要首先删除该 VLAN 的三层接口、上行端口和业务虚端口。使用 undo port vlan 命令删除上行端口。使用 undo service-port vlan 命令删除业务虚端口。使用 undo interface vlanif 命令删除三层接口。系统最多支持 4000 个 VLAN。默认的 VLAN ID 为 1，不能创建或删除该 VLAN。

2. 查询相关配置

（1）查看设备的 IP 地址

① 查看设备所有 IP 地址。

查看设备所有 IP 地址的命令如下。

```
Huawei(config)#display ip interface brief
Interface IP Address  Physical Protocol Description
meth0     10.10.20.1 up    up  HUAWEI, SmartAX
vlanif4000 10.10.30.1 up    up  HUAWEI, SmartAX
```

② 查看设备的某个 IP 地址。

查看设备的某个 IP 地址的命令如下。

```
Huawei(config)#display ip interface meth 0
Huawei(config)#display ip interface vlanif 4000
```

（2）查看带外管理地址

查看带外管理地址的命令如下。

```
Huawei(config)#display interface meth 0
meth0 当前状态：UP
数据链路层协议当前状态：UP
描述：HUAWEI, SmartAX Series, meth0 Interface
最大传输单元是 1500 字节
本接口地址是 10.10.20.1/25
IP 报文发送帧格式：PKTFMT_ETHNT_2，硬件地址是 0018-82d0-d104
```

```
Auto-duplex(Full), Auto-speed(100M)
```
　　5 分钟输入速率：39 字节/秒，0 报文/秒

　　5 分钟输出速率：36 字节/秒，0 报文/秒

　　收到 报文：606629，字节：44990194

　　发送 报文：28431，字节：1972007

（3）查看带内管理地址

查看带内管理地址的命令如下。

```
Huawei(config)#display interface vlanif 4000
```
vlanif4000 当前状态：UP

数据链路层协议当前状态：UP

描述：HUAWEI，SmartAX Series，vlanif4000 Interface

最大传输单元是 1500 字节

本接口地址是 10.10.30.1/24

IP 报文发送帧格式：PKTFMT_ETHNT_2，硬件地址是 0018-82d0-d105

（4）设备安全管理

为防止非法用户登录设备，可打开防火墙，设置访问控制列表，根据 IP 包的源地址和目的地址设置转发策略，配置访问方式和访问网段。典型配置如下。

① 打开防火墙（系统默认关闭）。

打开防火墙的命令如下。

```
Huawei(config)#firewall enable
```

② 设置访问控制列表。

允许远程管理终端 10.10.21.0/24 网段访问设备的命令如下。

```
Huawei(config)#acl 3000
Huawei(config-acl-adv-3000)#rule 5 permit ip source 10.10.21.0 0.0.0.255
destination 10.10.20.1 0
Huawei(config-acl-adv-3000)#rule 10 deny ip source 10.10.21.1 0
```

禁止其他 IP 地址的主机访问设备。反掩码规定：0 是严格匹配，1 是任意匹配。例子中 permit ip source 10.10.21.0 0.0.0.255 表示 IP 地址为 10.10.21.0～10.10.21.255 的主机都可以允许访问。

③ 应用安全策略，在接口的入方向上使能访问控制列表，在带内接口上使能。

在带内接口上使能的命令如下。

```
Huawei(config)#interface vlanif4000
Huawei(config-if-vlanif4000)#firewall packet-filter 3000 inbound
```

④ 在带外接口上使能。

在带外接口上使能的命令如下。

```
Huawei(config)#interface meth 0
Huawei(config-if-meth0)#firewall packet-filter 3000 inbound
```

⑤ 配置 Telnet 的安全策略。

添加允许 Telnet 的地址段的命令如下。

```
Huawei(config)#sysman ip-access
{protocol-type<E><telnet, ssh, snmp>}: telnet
{start-ipaddress<I><X.X.X.X>}: 10.10.21.1
{end-ipaddress<I><X.X.X.X>}: 10.10.21.2
Huawei(config)#display sysman ip-access telnet
```

sysman ip-access 命令用于配置指定协议下允许访问设备的地址段。当需要对访问设备的操作用户设置防火墙，防止非法用户登录设备时，使用此命令。配置成功后，不符合地址以及访问协议要求的操作用户将被拒绝访问设备。本例中，开始 IP 地址为 10.10.21.1，结束 IP 地址为 10.10.21.2。

3.5.6　接入网 VLAN 与业务流

1. VLAN 类型

为更加方便地配置网络数据，接入网设备中，有的厂家对 VLAN 的类型与属性进行了规定。例如华为设备定义了 4 种 VLAN 类型，即 Standard VLAN、Smart VLAN、MUX VLAN 和 Super VLAN。在无源光接入系统中，OLT 可支持 4096 个 VLAN，可配置范围为 2～4093。还有一些特殊的 VLAN：如 VLAN 1 是默认 VLAN，可以进行修改，但不能被删除；VLAN 4094 和 4095 在系统中为保留、固定的 VLAN，它们不能被配置；VLAN 4079 是在系统启动时保留的 VLAN，默认情况下，系统会保留 15 个连续的 VLAN（默认保留的 VLAN 范围：4079～4093）。

（1）Standard VLAN

在 OLT 系统中，Standard VLAN 只能包含以太网端口，不能包含 PON 业务虚端口。这种类型的 VLAN，相同 VLAN 内的端口在二层互通；不同 VLAN 内的端口在二层相互隔离，主要用于 OLT 与核心交换机或 OLT 与 OLT 的级联。一个 Standard VLAN 可包含多个以太网端口，一般用于以太网级联或者 P2P 业务。标准 VLAN 中的以太端口之间可相互通信，各个端口在逻辑上对等，VLAN 间的以太网端口相互隔离。多级接入设备可以通过 GE/FE 接口实现级联，有效延长网络覆盖距离，并可以满足用户容量比较大的场合的需求。

（2）Smart VLAN

Smart VLAN 可包含多个业务虚端口（或业务流），同一个 Smart VLAN 中的业务虚端口相互隔离。Smart VLAN 产生的原因是：接入设备一般都把端口分成上行口（一个或者多个）和下行口（用户端口）；每个下行口需要与上行口互通，但下行口之间不希望二层能够互通；如果要进一步限制 VLAN 中的端口属性，就需要定义 Smart VLAN。Smart VLAN 中的端口分为上行口和下行口；下行口之间物理层隔离不能直接互通，下行口与上行口之间正常互通，上行口之间也正常互通。报文转发时除使用 MAC 地址表外，还要使用端口互通表；从某种意义上说，Smart VLAN 是一种缩小了广播域的 VLAN，安全性更高，更节省 VLAN 资源。

（3）MUX VLAN

一个 MUX VLAN 可以包含多个上行口，但是只能包含一个业务虚端口。MUX VLAN 用于在用户和 VLAN 之间建立一对一的映射关系，可以用来隔离二层用户及区分用户。主要出于安全的考虑，例如防止账户盗用、公安机关侦查等需要接入设备提供一些属性来唯一标识一个用户；使用 Smart VLAN 虽然能满足"安全"的需求，但没有属性来唯一标识用户。因此，产生了 MUX VLAN。MUX VLAN 的特点是每个用户分配一个 VLAN，用户之间自然就二层隔离了；通过 VLAN ID 可以唯一标识每一个用户；上行口要允许所有用户 VLAN 通过。MUX VLAN 使用起来很简单，但是很耗费 VLAN 资源。

（4）Super VLAN

VLAN 技术以其对广播域的灵活控制和部署方便而得到了广泛的应用。但在一般的三层交换机中，通常采用一个 VLAN 对应一个三层逻辑接口的方式实现广播域之间的互通，这样会导致 IP 地址的浪费。VLAN 聚合技术（也称为 Super VLAN）的出现解决了这一问题。Super VLAN 和通常意义上的 VLAN 不同，它只建立三层接口，与 Sub VLAN 对应，而且不包含物理端口。可以把它看作一个逻辑的三层概念：若干 Sub VLAN 的集合。Sub VLAN 只包含物理端口，用于隔离广播域的 VLAN，不能建立 VLAN 三层接口。它与外部的三层交换是靠 Super VLAN 的三层接口来实现的。

2. VLAN 属性

根据数据包可以加几层 VLAN 及在何处添加 VLAN，华为设备为此定义了 3 种 VLAN 属性：

Common、Stacking、QinQ。

（1）Common

Common 是 VLAN 的默认属性，以太网帧中只带有一个 VLAN 标签，可作为普通的二层 VLAN 或者创建 VLAN 三层虚接口使用，一般用于 OLT 只有一层 VLAN 且业务为上行。此 VLAN 不具有 QinQ 和 Stacking 属性。

（2）Stacking

Stacking VLAN 报文包含内外两层 VLAN，用于 VLAN 数目的扩展或标识用户。当其用于增加用户数量时，需要宽带远程接入服务器（Broadband Remote Access Server，BRAS）配合实现双层 VLAN Tag 的用户认证。Stacking VLAN 属性主要用于多个 ISP 使用同一台 OLT 服务于不同用户的场景，OLT 使用外层 VLAN 用于不同的 ISP 的通信，ISP 使用内层 VLAN 区分不同用户以提供不同服务。

（3）QinQ

QinQ VLAN 携带双层 VLAN 标签的以太网帧，通常用来开展专线业务，或者对用户进行精确绑定，可实现私网 VLAN 在公网透传，达到二层虚拟专用网络（Virtual Private Network，VPN）的应用效果。报文包含来自用户私网的内层 VLAN 以及 OLT 分配的外层 VLAN，可以通过外层 VLAN 在用户私网间形成二层 VPN 隧道，实现私网间业务的透明传输，也可通过双层 VLAN 精确绑定用户或者区分业务类型。用户通过 QinQ VLAN 可以在不同地域的同一私网（VLAN10）内实现互联。

3. VLAN 切换

VLAN 切换也叫 VLAN 映射。在 FTTH 场景中，它可以实现用户 VLAN ID 和运营商 VLAN ID 之间的相互转换；在无源光纤局域网（Passive Optical LAN，POL）场景中，它不仅可以实现园区内部 VLAN ID 与运营商 VLAN ID 之间的转换，也可以实现园区内部 VLAN ID 之间的转换，使 VLAN 的规划更灵活。VLAN 是指用户 VLAN，S-VLAN 是指服务 VLAN（或运营商网络 VLAN）。用户网络中的业务报文可携带（或不携带）C-VLAN 标签，运营商网络中的业务报文应该携带 S-VLAN 标签，业务报文从用户网络上行到运营商网络，应该被添加特定的 S-VLAN 标签。

4. VLAN 规划

OLT 多用于通过不同接入方式接入用户，需要建立业务流，由于 Standard VLAN 和 Super VLAN 不支持建立业务流所以一般选择 Smart VLAN 或者 MUX VLAN。MUX VLAN 只支持加入一条业务流，故 Smart VLAN 更为常用。Standard VLAN 只支持加入上行口，通常用作设备的管理 VLAN。Super VLAN 主要用于二层隔离下的三层互通场景。

根据业务的需要，首先规划在 OLT 上需要几层 VLAN 才能完成报文标识，如仅需要单层 VLAN 来标识用户；或在批发业务中，需要双层 VLAN 分别标识 ISP 和用户。根据需要的 VLAN 层数来选择 VLAN 的属性：如果需要单层 VLAN，使用 Common VLAN，而不能使用 Stacking VLAN 和 QinQ VLAN；如果需要双层 VLAN，使用 Stacking VLAN 或者 QinQ VLAN，而不能使用 Common VLAN。再进一步根据如下原则选择：如果要开展专线或透传业务，就考虑使用 QinQ VLAN，因为 QinQ VLAN 可以最大限度保证所有协议报文的硬件透传；如果需要使能防 IP 欺骗和防 MAC 欺骗等安全特性、DHCP Option82、策略信息传送协议（Policy Information Transfer Protocol，PITP）、组播的时候，就选择 Common 或者 Stacking VLAN，因为 QinQ VLAN 不支持使能这些功能。

5. VLAN 配置

（1）创建 VLAN

创建 VLAN 的命令如下。

```
Huawei(config)#vlan vlan-list [ mux | smart | standard | super ]
```
或
```
Huawei(config)#vlan vlanid [ to end-vlanid ] [ mux | smart | standard | super ]
```

创建 VLAN 的前提是：系统中不存在待增加的 VLAN ID 及业务 VLAN 不能是保留 VLAN。根据需要添加一个 VLAN ID，批量添加多个连续的 VLAN ID，或批量添加多个不连续的 VLAN ID。

举例 1：添加一个 VLAN ID 为 100 的管理 VLAN，类型为 Standard。
```
Huawei(config)#vlan 100 standard
```
举例 2：批量添加 VLAN ID 为 10 及 50～59 的承载上网业务的类型为 Smart 的 VLAN。
```
Huawei(config)#vlan 10 50 to 59 smart
```
举例 3：批量添加 VLAN ID 为 100～159 的承载上网业务的类型为 Smart 的 VLAN。
```
Huawei(config)#vlan 100 to 159 smart
```

（2）配置 VLAN 的属性

配置 VLAN 的属性的命令如下。
```
Huawei(config)#vlan attrib vlanid { q-in-q | stacking | common }
```
或
```
Huawei(config)#vlan attrib vlan-list { q-in-q | stacking | common }
```

vlan attrib 命令用于设置 VLAN 的属性。VLAN 创建后，默认属性为 Common。在专线等业务中，需要设置 VLAN 属性。

举例 1：设置 VLAN100 的属性为 stacking。
```
Huawei(config)#vlan attrib 100 stacking
```
举例 2：设置 VLAN10、50～59 的属性为 QinQ（即 q-in-q）。
```
Huawei(config)#vlan attrib 10 50 to 59 q-in-q
```
undo vlan attrib 命令用于取消 VLAN 的属性。VLAN 属性成功取消后，VLAN 属性为 Common。

举例 3：取消 VLAN10、50～59 的属性。
```
Huawei(config)#undo vlan attrib 10 50 to 59
```

6. 业务流

业务流（Service Flow），也叫业务虚端口（Service Port），是通过在物理端口或逻辑端口上根据以太网报文特征进行用户业务流量分类（以下简称流分类）的结果。业务流是用户与接入设备（如 OLT）之间承载业务的二层逻辑通道（确定了报文的二层转发路径）。业务流是需要区分处理的业务流量的最小粒度，是承载业务的最精细管道，是在 OLT 上实现各种业务的基础。区分业务流，也是对用户业务粒度进行划分，可以在其基础上实现差异化的精细化管理，如 QoS 处理、线路标识和安全策略等。

业务流根据报文特征和一定规则对经过设备的流量进行分析，识别出符合某类特征的报文，对报文进行分类，从而区分不同的业务，进行不同的处理和提供不同的服务。流分类的结果即符合指定特征的报文组成的业务流。在具有多种业务和应用的网络中，流分类能够实现识别业务的功能，继而对特定业务流进行特定的处理，包括进行业务映射和转发控制、流量监管（Policing）、QoS 标记（Marking）等。依据用户端口（逻辑端口）、以太网类型或用户 VLAN 等信息进行分类，分类结果称作业务虚端口。每个业务虚端口代表一个用户的一种业务，是二层业务映射处理的基础。

（1）业务流的分类

① 业务流按交换方式分类，可分为面向交换的业务流和面向连接的业务流。

面向交换的业务流以主交换芯片为源端，边缘端口为目的端，符合这种模型的业务流称为面向交换的业务流。面向连接的业务流是在点对点管道的应用场景中，两个端点都是系统的边缘端口，系统内部无交换。一个面向连接的业务流可以看作两个端点（源端、目的端）之间的一个透传管道，报文在该管道中透明地转发。在该管道中，不需要学习 MAC 地址。不同的端口可以使用相同的 VLAN，互不影响。对各种报文进行透传，不进行丢弃，一般不进行 MAC 地址学习。

　　面向连接的业务流适用于透传业务和透明局域网业务（Transparent LAN Service，TLS）等场景，解决方案为 QinQ VLAN。其特点是对各种报文进行透传，不进行丢弃，一般不进行 MAC 地址学习。面向交换的业务流的适用场景主要为多业务接入（一般为住宅用户的 Triplay 业务，即 Internet 业务、互联网电话（Voice over IP，VoIP）业务和 IPTV 业务的整合；园区中多业务接入），解决方案有 Common VLAN 和 Stacking VLAN。当网络侧需要单层 VLAN 时，一般是 N:1 模型，使用 Common VLAN（且为 Smart VLAN 类型）；当网络侧需要双层 VLAN 时，一般是 1:1 VLAN 模型，使用 Stacking VLAN（且为 Smart VLAN 类型）。其特点是需要系统参与业务处理，如 PPPoE+、DHCP 中继、802.1X 认证等。

　　② 按业务承载能力分类，业务流可分为单业务流和多业务流。

　　单业务流是将整个用户端口看作相同的或不必区分的业务流。支持的端口/逻辑端口有 ETH 端口、VDSL2 PTM 端口、VC 端口、GEM 端口等；支持 N:1 VLAN 和 1:1 VLAN；支持的业务映射包括 Common 属性从 Untagged/Priority Tagged 到 VLAN Tagged 的映射；Stacking 属性从 Untagged/Priority Tagged 到 S-VLAN+C-VLAN 的映射；QinQ 属性从 Any 到 S-VLAN+Any 的映射。

　　多业务流又分为按用户侧 VLAN 封装类型、按用户侧以太封装类型、按用户侧 VLAN+用户侧以太封装类型、TLS 业务等不同类型。

　　（2）创建业务流

　　在华为 OLT 设备上，通过命令行为 PON 接入创建业务流。命令行可拆分为创建流序号、选择建流方式、选择流分类、确定 VLAN 切换方式、绑定流量模板等几个环节，如图 3-40 所示。

图 3-40　创建业务流

　　① 创建流序号：其实现命令行字段 Service-port index 中 index 是唯一标识一条业务流的数字序号。

　　② 选择建流方式：PON 接入一般情况下通常采用“面向交换”的建流方式。

　　其实现命令行字段：

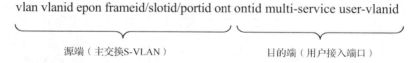

　　③ 选择流分类。

　　首先确定创建的是单业务流（single-service）还是多业务流（multi-service），若创建多业务流，则需选择具体的流分类方式。

　　对于用户侧 VLAN，其实现命令行字段为 multi-service user-vlan { untagged | user-vlanid | priority-tagged | other-all }。其中，user-vlanid：当需要通过用户侧 VLAN ID 区分用户时使用。untagged：当一个用户端口需要承载多种业务，且其多种业务是根据用户侧 VLAN ID 区分，其中的一条业务流不需要带 VLAN Tag 时，使用此参数。priority-tagged：根据 VLAN 优先级区分用户。当用户侧报文为 Tagged Frame，并且此 VLAN ID 为 0 时，使用此参数。other-all：TLS 业务流通道，主要用于 QinQ 企业透传业务，除系统中创建的已知流以外的所有流都由此通道承载。

　　根据用户侧业务封装类型区分，实现命令行字段为 multi-service user-encap user-encap，取值范围为 ipoe，pppoe，ipv6oe，ipv4oe。

根据用户侧 VLAN+用户侧报文优先级（802.1p）区分，实现命令行字段为 multi-service user-8021p user-8021p [user-vlan user-vlanid]。

根据用户侧 VLAN+用户侧业务封装类型区分，实现命令行字段为 multi-service user-vlan { untagged | user-vlanid | priority-tagged } user-encap user-encap。

④ 确定 VLAN 切换方式。

VLAN 的切换总共有 5 种处理方式，如表 3-8 所示。

表 3-8　　　　　　　　　　　　　　　　　　　VLAN 切换

参数	参数说明
tag-transform	VLAN Tag 的变换，报文在上下行都会对用户侧和网络侧的 VLAN 进行切换
default	默认模式，用户侧携带的 C-VLAN 不变，增加一层 S-VLAN
transparent	透传方式，不进行任何 VLAN 变化。直接将用户侧携带的 C-VLAN 作为 S-VLAN 上行。要求业务流的 S-VLAN 等于 C-VLAN
translate	切换方式，将用户侧携带的 C-VLAN，进行一层 VLAN 切换，变换为 S-VLAN
translate-and-add	切换 VLAN，并增加一层 Tag。将用户侧携带的 C-VLAN 进行一层 VLAN 切换，然后再添加一层 S-VLAN

⑤ 绑定流量模板。

流量模板用于流量监管与队列调度。各业务流遵循流量模板的调度原则，实现流量有序可控。系统提供 7 个默认模板，模板号为 0～6。当然，如果有特殊要求，可以通过 traffic table ip 进行配置。OLT 上下行可分别绑定流量模板。根据流量流向分为从网络侧到用户侧（Downstream）和从用户侧到网络侧（Upstream）。从网络侧到用户侧，处理方式命令行字段为 outbound traffic-table index index 或 outbound traffic-table name name；从用户侧到网络侧，处理方式命令行字段为 inbound traffic-table index index 或 inbound traffic-table name name。

3.5.7　EPON 组网与业务配置

1. 宽带业务组网

宽带业务是 EPON 系统所能提供的基本的业务。OLT 通过 EPON 接口，接入远端 ONT 设备，可以为用户提供高速上网、网络电话、网络电视等多种业务。下面给出华为设备组网案例：OLT 选用 MA5683T，ONT 选用 HG850，

微课 3-7　EPON 组网与业务配置

进行宽带上网业务的配置，预留 VoIP 和 IPTV 组播业务。宽带业务采用 PPPoE 拨号方式，通过 LAN 口接入 ONT，ONT 以 EPON 方式接入 OLT 至上层网络，实现高速上网业务。

华为的 OLT 设备支持的 VLAN 类型主要有 Standard VLAN、Smart VLAN 和 MUX VLAN 这 3 种。Standard VLAN 只能包含 GE 或者 FE 端口，不包含业务虚端口；Smart VLAN 可以包含多个上行口及业务虚端口，当 VLAN 数目受限制的时候，可以使用该种 VLAN 节省 VLAN 资源；MUX VLAN 可以包含多个上行口，但是只能包含一个业务虚端口。实际现网可能包含多种业务，用户量也十分巨大，因此，选用 Smart VLAN 进行业务和用户的标识。华为设备 VLAN 支持的属性有 Common、QinQ、Stacking。Common 属性的 VLAN 可作为普通的二层 VLAN 或创建三层业务虚接口使用；QinQ 报文包含来自用户私网的内层 VLAN 以及 OLT 分配的外层 VLAN，可以通过外层 VLAN 在用户私网间形成二层 VPN 隧道，实现私网间业务的透明传输；Stacking 报文包含内、外两层 VLAN 标签，上层 BRAS 设备可根据两层标签进行双 VLAN 认证，增加接入用户的数量。这里，宽带业务选用 QinQ，VoIP、IPTV 业务选用 Common。

宽带业务组网规划时,通过 QinQ VLAN 实现精确绑定、唯一标识。同一 PON 口针对不同业务打上不同的外层标签,如不同 PON 口的外层标签相同,内层标签不可以相同;或不同 PON 口的外层标签不相同,内层标签可以相同。网管应用不使用 QinQ VLAN。数据规划时,内层 VLAN 分配为 100,用于区分不同的用户;外层 VLAN 分配为 1000,用于宽带业务;预留 VoIP 业务 VLAN 为 10;IPTV 组播业务 VLAN 为 2000;OLT 上行口使用 0/2/0;OLT PON 端口使用 0/0/0;ONT ID 为 1;网关 IP 地址为 210.28.97.5/24。本案例宽带业务原理如图 3-41 所示。详细业务数据规划清单如表 3-9 所示。

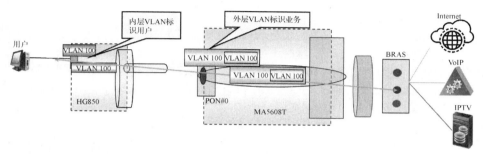

图 3-41 宽带业务原理

表 3-9   数据规划清单

配置项	具体数据	备注
OLT	OLT 上行口:0/2/0	
	OLT PON 端口:0/0/0	
	ETH 口:10.11.104.2/24	
	宽带业务 VLAN:1000	类型 Smart,属性 QinQ
	IPTV 业务 VLAN:2000	类型 Smart,属性 Common
	VoIP 业务 VLAN:10	类型 Smart,属性 Common
ONT	ONT ID:1	
	MAC:5439-DF94-9D2F	
	宽带用户 VLAN:100	
网关	IP:210.28.97.5/24	
	DNS:221.137.143.69	

2. 数据配置流程

对于 FTTH 系统,宽带业务配置可参照图 3-42 所示的配置流程进行。

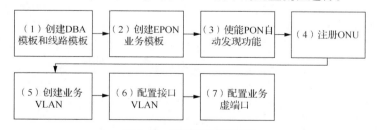

图 3-42 宽带业务配置流程

设备配置时,首先参考前文相关内容,登录 OLT。然后按以下步骤进行详细配置。

(1)创建 DBA 模板和线路模板

配置 DBA 模板,ID 为 88,模板名称为 test,模板类型为 type3,保证传输速率为 10Mbit/s,

最高传输速率为 100Mbit/s。

```
MA5608T(config)#dba-profile add profile-id 88 profile-name test type3 assure 10240
max 102400
```

创建 ONT 线路模板，模板名称为 lineprofile-100，并进入线路模板配置视图。

```
MA5608T(config)#ont-lineprofile epon profile-id 100 profile-name test
```

绑定 DBA 模板。

```
MA5608T(config-epon-lineprofile-100)#llid dba-profile-id 88
```

使用 commit 命令使模板配置参数生效。

```
MA5608T(config-epon-lineprofile-100)#commit
```

退出线路模板配置视图。

```
MA5608T(config-epon-lineprofile-100)#quit
```

（2）创建 EPON 业务模板

创建 EPON 业务模板，ID 为 100，并将其命名为 test，进入业务模板配置视图。

```
MA5608T(config)#ont-srvprofile epon profile-id 100 profile-name test
```

设置该业务模板包含 4 个以太网端口。

```
MA5608T(config-epon-srvprofile-100)#ont-port eth 4
```

配置模板内 4 个以太网口的 VLAN 列表。VLAN 100 用于宽带业务；VLAN 10 和 VLAN 2000
分别用于 VoIP 和 IPTV 业务。

```
MA5608T(config-epon-srvprofile-100)#port vlan eth 1 10
MA5608T(config-epon-srvprofile-100)#port vlan eth 1 100
MA5608T(config-epon-srvprofile-100)#port vlan eth 1 2000
MA5608T(config-epon-srvprofile-100)#port vlan eth 2 10
MA5608T(config-epon-srvprofile-100)#port vlan eth 2 100
MA5608T(config-epon-srvprofile-100)#port vlan eth 2 2000
MA5608T(config-epon-srvprofile-100)#port vlan eth 3 10
MA5608T(config-epon-srvprofile-100)#port vlan eth 3 100
MA5608T(config-epon-srvprofile-100)#port vlan eth 3 2000
MA5608T(config-epon-srvprofile-100)#port vlan eth 4 10
MA5608T(config-epon-srvprofile-100)#port vlan eth 4 100
MA5608T(config-epon-srvprofile-100)#port vlan eth 4 2000
```

使用 commit 命令使模板配置参数生效。

```
MA5608T(config-epon- srvprofile-100)#commit
```

退出业务模板配置视图。

```
MA5608T(config-epon- srvprofile-100)#quit
```

（3）使能 PON 自动发现功能

进入 0/0 槽位业务单板，打开 PON 口自动发现功能。

```
MA5608T(config)#interface epon 0/0
```

打开所有 PON 口的自动发现功能。

```
MA5608T(config-if-epon-0/0)#port 0 ont-auto-find enable
MA5608T(config-if-epon-0/0)#port 1 ont-auto-find enable
MA5608T(config-if-epon-0/0)#port 2 ont-auto-find enable
MA5608T(config-if-epon-0/0)#port 3 ont-auto-find enable
MA5608T(config-if-epon-0/0)#port 4 ont-auto-find enable
MA5608T(config-if-epon-0/0)#port 5 ont-auto-find enable
MA5608T(config-if-epon-0/0)#port 6 ont-auto-find enable
MA5608T(config-if-epon-0/0)#port 7 ont-auto-find enable
MA5608T(config-if-epon-0/0)#quit
```

（4）注册 ONU

查看注册 ONU 信息。

```
MA5608T(config)#display ont autofind all
--------------------------------------------------------------------------------
  Number                 : 1
  F/S/P                  : 0/0/0
  Ont Mac                : 5439-DF94-9D2F
  Password               : 123
  Loid                   : 123
  Checkcode              :
  VendorID               : HWTC
  Ontmodel               : 010H
  OntSoftwareVersion     : V3R012C00S102
  OntHardwareVersion     : 2B2.A
  Ont autofind time      : 2016q -07-29 17:31:48+08:00
--------------------------------------------------------------------------------
The number of EPON autofind ONT is 1
```

进入 EPON 业务配置视图。

```
MA5608T(config)#interface epon 0/0
```

注册 ONU，设置 ONU ID 为 1，MAC 地址为 5439-DF94-9D2F，管理方式为 OAM，引用线路模板 test，业务模板 test。

```
MA5608T(config-if-epon-0/0)#ont    add   0    1    mac-auth    5439-DF94-9D2F    oam
ont-lineprofile-name test ont-srvprofile-name test
```

（5）创建业务 VLAN

创建业务 VLAN 10、VLAN 1000、VLAN 2000。

```
MA5608T(config)#vlan 10 smart
MA5608T(config)#vlan 1000 smart
MA5608T(config)#vlan 2000 smart
```

将业务 VLAN 1000 的属性设置为 QinQ。

```
MA5608T(config)#vlan attrib 1000  q-in-q
```

（6）配置接口 VLAN

配置 OLT 上行口 VLAN。

```
MA5608T(config)#port vlan 10 1000 2000 0/2 0
```

配置 ONT 端口 VLAN。

```
MA5608T(config-if-epon-0/0)#ont port native-vlan 0 1 eth 1 vlan 100
MA5608T(config-if-epon-0/0)#ont port native-vlan 0 1 eth 2 vlan 100
MA5608T(config-if-epon-0/0)#ont port native-vlan 0 1 eth 3 vlan 100
MA5608T(config-if-epon-0/0)#ont port native-vlan 0 1 eth 4 vlan 100
```

（7）配置业务虚端口

配置业务虚端口，在 OLT 上将用户业务 VLAN 100 与 QinQ VLAN 1000 关联。

```
MA5608T(config)#service-port vlan 1000 epon 0/0/0 ont 1 multi-service user-vlan 100
```

创建 VoIP 的业务流。

```
MA5608T(config)#service-port vlan 10 epon 0/0/0 ont 1 multi-service user-vlan 10
```

创建 IPTV 的业务流。

```
MA5608T(config)#service-port vlan 2000 epon 0/0/0 ont 1 multi-service user-vlan 2000
```

退出 EPON 业务配置视图。

```
MA5608T(config-if-epon-0/1)#quit
```

3．业务验证

在测试环境中，采用静态 IP 地址的方式，在 ONU 任意网口通过网线连接 PC，在 PC 的网卡属性中输入分配的静态 IP 地址和 DNS 服务器地址。打开浏览器，输入任意网址，若能成功访问 Internet，则配置成功，验证完毕。

【思考与练习】

一、单选题

1. EPON 标准为（   ）。
   A. G.982 B. IEEE 802.3ah C. G.984.3 D. G.983

2. 一个典型的 EPON 系统由（   ）、ONU 和无源光分路器组成。
   A. OLT B. ODN C. ATM D. PSTN

3. EPON 提供的各种业务中，优先级最高的通常是（   ）。
   A. 语音 B. 视频 C. 宽带 D. 以上优先级相同

4. EPON 的 MAC 帧结构前导码为 8 个字节，其中 LLID 为（   ）个字节。
   A. 1 B. 2 C. 3 D. 4

5. EPON 的组网模式为（   ）。
   A. 点对点 B. 点对多点 C. 多点对多点 D. 多点对点

6. EPON 基于（   ）。
   A. ATM 封装 B. 以太网封装
   C. GEM 封装 D. ATM、GEM 封装

7. 以下对 EPON 系统传输机制描述正确的是（   ）。
   A. 下行广播，上行 CSMA/CD B. 下行广播，上行 TDMA
   C. 上行广播，下行 CSMA/CD D. 上行广播，下行 TDMA

8. EPON 可以提供的对称上下行传输速率为（   ）。
   A. 1.25Gbit/s B. 2.0Gbit/s C. 2.5Gbit/s D. 10Gbit/s

9. （   ）接入是光纤接入的终极目标。
   A. FTTH B. FTTP C. FTTB D. FTTC

10. EPON 在 OLT 和 ONU 之间规定的一种控制机制是（   ）。
    A. MPCP B. OAM C. RS D. PHY

11. EPON 设备中，华为 MA5608T 提供（   ）个 GE 上行接口。
    A. 1 B. 2 C. 3 D. 4

二、多选题

1. EPON 物理层由（   ）组成。
   A. 物理编码子层 B. 媒体接入控制子层
   C. 物理媒体附属子层 D. 物理媒体依赖子层
   E. 前向纠错子层

2. EPON 技术的优势主要有（   ）。
   A. 大容量、长距离 B. 多业务支撑
   C. 降低光缆成本 D. 降低维护成本

3. 华为 MA5608T 业务板 EPSD 可配置在（   ）号槽位。
   A. 4 B. 3 C. 1 D. 0

4. EPON 系统组网方式为（   ）。
   A. 环形 B. 总线型 C. 星形 D. 树形

5. 如果遇到带外网管不通的情况，可以使用（   ）操作。
   A. 检查网线
   B. 检查 IP 地址设定是否正确

  C. 检查子网号和网元号设定是否正确

  D. 带内和带外网管的 IP 地址不能设置在同一个 IP 地址段

6. 在 EPON 系统工作过程中 OLT 的操作有（ ）。

  A. 产生时间戳消息，用于同步系统参考时间

  B. 通过 MPCP 帧指定带宽

  C. 进行测距操作

  D. 控制 ONU 注册

7. MPCP 的控制功能有（ ）。

  A. 启动注册   B. 测距   C. 时延补偿   D. 时隙分配

三、判断题

1. PON 系统采用 WDM 技术，实现单纤双向传输机制。（ ）

2. ODN 全部为无源器件，是整个网络信号传输的载体。（ ）

3. APON 与 BPON 标准都是基于 ATM 协议的。（ ）

4. EPON 在 OSI 参考模型中位于网络层。（ ）

5. 在 PON 技术中，目前广泛发展的是 APON 和 EPON 两种技术。（ ）

6. EPON 支持的分光比比 GPON 要高。（ ）

7. ONU 面板上的 LOS 指示灯显示红色时，表示此 ONU 没有授权。（ ）

8. 带外网管配置时要求将 PC 的 IP 地址与带内网管地址设置在相同的网段。（ ）

9. 同一 PON 口下，各个 ONU 之间是互通的。（ ）

10. EPON 设备初始配置时必须采用带内网管配置。（ ）

四、简答题

1. EPON 的定义是怎样的？

2. EPON 的技术特点是什么？

3. EPON 的协议栈是如何构成的？

4. EPON 的关键技术有哪些？

5. 常见 OLT 设备有哪些型号？举例说明。

6. 常见 ONU 设备有哪些型号？举例说明。

7. 典型无源光器件有哪些？举例说明。

8. 请写出以下英文缩写的中文含义：PON、FTTH、FTTB、OLT、ONU、ONT、ODN、POS、DBA、OAM。

04 模块4 GPON 技术

【学习目标】

- 理解 GPON 的技术原理；
- 掌握 GPON 的关键技术；
- 理解 VoIP 的技术原理；
- 掌握 GPON 宽带业务配置；
- 掌握 GPON 语音业务配置；
- 培养勤于动手意识和自主创新精神。

【重点/难点】

- GPON 的技术原理；
- GPON 的组网保护；
- GPON 的帧结构；
- GPON 的复用结构；
- GPON 的关键技术；
- VoIP 的技术原理；
- GPON 宽带业务配置；
- GPON 语音业务配置。

【情境描述】

　　吉比特无源光网络是新一代宽带无源光综合接入标准，具有高带宽、高效率、广覆盖、用户接口丰富等众多优点，被广大运营商视为实现接入网业务宽带化和综合化改造的理想技术。本模块主要介绍 GPON 的技术原理及其应用。"知识引入"部分从 GPON 的产生与发展开始介绍 GPON 的技术原理、GPON 的关键技术等，是 GPON 技术工程应用的理论基础。"技能演练"部分以满足宽带业务和语音业务两种工程需求为背景，从设备认知、设备安装、数据配置、功能验证等不同环节对岗位所需技能进行演练。为提高对不同岗位的适应能力，对宽带业务的实现采用对 A、B、C 等不同 ONU 类型的应用场景进行对比配置；对语音业务的实现要在掌握工作原理的基础上，完成 FTTH、FTTB 等不同组网类型的数据配置。

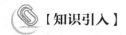
【知识引入】

4.1　GPON 技术概述

微课 4-1　GPON
技术概述

4.1.1　GPON 技术的产生和发展

PON 一直被认为是光接入网中颇具应用前景的技术，它打破了传统的点对点解决方法，在解决宽带接入问题上是一种经济的、面向未来多业务的用户接入技术。

1998 年 10 月 ITU-T 通过了 FSAN 组织所倡导的基于 ATM 的 PON 技术标准——G.983。该标准以 ATM 作为通道层协议，支持语音、数据多业务，提供明确的业务质量保证和服务级别，有完善的操作维护管理系统，最高传输速率为 622Mbit/s。

随着 Internet 的快速发展和以太网的大量使用，针对 APON 标准过于复杂、成本过高、在传送以太网和 IP 数据业务时效率低等问题，IEEE 在 2000 年 12 月成立了第一英里以太网——EFM 工作组，致力于开发 EPON 的标准。业界也成立了第一英里以太网联盟（Ethernet in the First Mile Alliance，EFMA），以推动 EPON 标准的制定和 EPON 技术的应用。EPON 在传输媒质层上采用千兆以太网作为传输协议，在数据链路层上也采用以太网协议。由于以太网相关器件价格相对低廉，对在通信业务量中所占比例越来越大的以太网承载的数据业务来说，EPON 免去了 IP 数据传输的协议和格式转化，传输速率达 1.25Gbit/s 且有进一步提升的空间，这使得 EPON 受到普遍关注。

差不多在 EFMA 提出 EPON 的同时，FSAN 组织也开始进行支持更高传输速率、全业务的、高效率的 PON 标准的研究。考虑到 APON 的低效率和 EPON 无法对传送实时业务提供高质量保证、缺乏电信级的网络监测和业务管理这些方面的不足，FASN 组织在 2002 年 9 月推出了具有吉比特高速率、高效率、支持多业务透明传输，同时提供明确的服务质量保证和服务级别，且具有电信级的网络监测和业务管理的光接入网的解决方案——GPON。

ITU-T 在此基础上于 2003 年 3 月完成了 ITU-T G.984.1 和 G.984.2 的制定，2004 年 2 月和 6 月完成了 G.984.3 的标准化，从而最终形成了 GPON 的标准族。

4.1.2　GPON 技术特点

GPON 是 ITU-T 提出的一种灵活的吉比特光纤接入网，它以 ATM 信元和 GEM（G-PON Encapsulation Mode，GPON 封装方式）帧承载多业务，支持商业和居民业务的宽带全业务接入。它不仅具有从名字上反映出的吉比特传输能力，而且是一种与已有 PON 系统相比有本质区别的新的 PON 技术。

GPON 支持更高的速率和对称/非对称工作方式，还有很强的支持多业务和 OAM 的能力。它能够支持当前已知的所有业务和讨论中的适用于商业和住宅用户的新业务。标准中已明确规定要求支持的业务类型包括：数据业务（Ethernet 业务，包括 IP 业务和 MPEG 视频流）、PSTN 业务（POTS、ISDN 业务）、专用线业务（T1、E1、DS3、E3 和 ATM 业务）和视频业务（数字视频）。GPON 中的多业务映射到 ATM 信元或 GEM 帧中进行传送，对各种业务类型都能提供相应的 QoS 保证。运营商应根据各自的市场潜力和特定的运营环境，有效地提供所需要提供的特定业务，这些业务的提供还与运营商的现存电信基础结构、用户的地理分布、商业和居民业务的混合情况有很大关系。

作为一种新的 PON 技术，GPON 有如下特点。

① 高带宽。GPON 下行速率高达 2.5Gbit/s，能提供足够大的带宽以满足未来网络日益增长的对高带宽的需求，同时非对称特性更能适应宽带数据业务市场。

② 保证 QoS 的全业务接入。GPON 能够同时承载 ATM 信元和 GEM 帧，有很好的提供服务等级、支持 QoS 保证和全业务接入的能力。目前，使用 ATM 信元承载语音、PDH、Ethernet 等多业务的技术已经非常成熟，使用 GEM 帧承载各种用户业务的技术也得到大家的一致认可，已经开始广泛应用和发展。

③ 很好地支持 TDM 业务。具有标准的 8kHz（125μs）帧，能够直接支持 TDM 业务。与 EPON 承载 TDM 业务时难以保证其 QoS 指标相比，GPON 在这一点上有很大的优势。

④ 简单、高效的适配封装。采用 GEM 帧对多业务流实现简单、高效的通用适配封装。

⑤ 强大的 OAM 能力。针对 EPON 在网络管理和性能监测方面的不足，GPON 从消费者需求和运营商运行维护管理的角度，提供了 3 种 OAM 通道：嵌入的 OAM 通道、物理层 OAM（Physical Layer OAM，PLOAM）和 ONU 管理控制接口（ONU Management and Control Interface，OMCI）。它们承担不同的 OAM 任务，形成 C/M Plane（控制/管理平面），该平面中的不同信息对各自的 OAM 功能进行管理。GPON 还继承了 G.983 中规定的 OAM 的相关要求，具有丰富的业务管理和电信级的网络监测能力。

⑥ 技术、设备相对复杂。GPON 的承载有 QoS 保障的多业务能力和强大的 OAM 能力，很大程度上是以技术和设备的复杂性为代价换来的，从而使得相关设备成本较高。随着 GPON 技术的发展和大规模应用，GPON 设备的成本将会相应地下降。

4.1.3　GPON 与 EPON 标准的比较

目前 GPON 的标准基本上已经完备，与 802.3ah 中 EPON 标准相比，具有如下一些特点。

① GPON 标准的完备性好，理论上可操作性强于 802.3ah。GPON 标准对于诸如业务类型、映射方式、DBA 机制等都有详细定义，而 EPON 没有定义 DBA 机制以及业务相关内容。

② GPON 标准复杂度高于 EPON。GPON 定义了 7 种速率，3 种复用工作方式；EPON 只有一种速率和工作方式。

③ GPON 技术实现复杂度要高于 EPON。因为 EPON 基于以太网，除扩充定义 MPCP 外，没有改变以太网帧格式；而 GPON 重新定义了自己的映射和 TC 帧结构。

④ GPON 的 TDM 传输优于 EPON。GPON 基于同步方式，具有标准 8K 时钟，利于 TDM 业务传送；而 EPON 基于异步方式，没有同步时钟。

4.2　GPON 技术原理

4.2.1　GPON 系统结构

微课 4-2　GPON 技术原理

和其他 PON 系统一样，GPON 系统由 ONU、OLT 和 ODN 组成，其结构如图 4-1 所示。其中 IFgpon 表示 GPON 接口（GPON Interface）；SNI 表示业务节点接口；UNI 表示用户-网络接口；CPE 表示用户驻地设备（Customer Premises Equipment）。

OLT 是放置在局端的终结 PON 协议的汇聚设备，为接入网提供网络侧与城域网的接口，它通过 ODN 与各 ONU 连接。作为 PON 系统的核心功能器件，OLT 具有集中带宽分配、控制各 ONU、实时监控、运行维护管理 PON 系统的功能。

ONU 是位于客户端的给用户提供各种接口的用户侧单元或终端，OLT 和 ONU 通过中间的

ODN 连接起来进行互相通信。ONU 为接入网提供用户侧的接口，提供语音、数据、视频等多业务流与 ODN 的接入，受 OLT 集中控制。

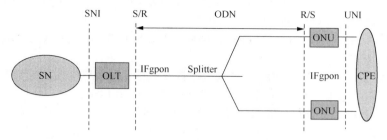

图 4-1　GPON 系统结构

ODN 是由光纤、一个或多个无源光分路器等无源光器件组成的，在 OLT 和 ONU 间提供光通道，起着连接 OLT 和 ONU 的作用，具有很高的可靠性。系统支持的分光比为 1:16、1:32 或 1:64，随着光收发模块的发展、演进，支持的分光比可以达到 1:128。在同一根光纤上，GPON 可使用波分复用技术实现信号的双向传输。根据实际需要，还可以在传统的树形拓扑结构的基础上采用相应的 PON 保护结构来提高网络的生存性。

4.2.2　GPON 协议栈

GPON 使用 GEM 协议进行封装，其协议栈模型如图 4-2 所示。GPON 的层次结构可分为物理媒介相关（Physical Media Dependent，PMD）层和 GPON 传输汇聚（GPON Transmission Convergence，GTC）层。其中 GTC 层又进一步细分为 GTC 适配子层和 GTC 成帧子层。

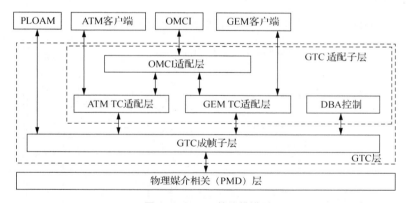

图 4-2　GPON 协议栈模型

GPON 的 PMD 层对应 OLT 和 ONU 之间的 GPON 接口，其功能主要有电/光适配、波分复用和光纤连接。具体参数值决定了 GPON 系统的最大传输距离和最大分光比。

GTC 层封装了 ATM 信元和 GEM 帧两种格式的净荷，通常 GPON 系统采用 GEM 帧封装模式。GEM 帧可以承载以太网、POTS、E1、T1 多种格式的信元。GTC 层是 GPON 的核心层，主要完成上行业务流的介质接入控制和 ONU 注册。以太网帧净荷或者其他内容封装在 GEM 帧中，打包成 GTC 帧，按照物理层定义的接口参数转换为物理 01 码进行传输，在接收端按照相反的过程进行解封装，接收 GTC 帧，取出 GEM 帧，最终把以太网帧净荷或者其他封装的内容取出以达到传输数据的目的。

在 GTC 适配子层，包括 ATM TC 适配器、GEM TC 适配器和 OMCI 适配器。ATM TC 适配器、GEM TC 适配器通过虚路径标识符（Virtual Path Identifier，VPI）和虚通道标识符（Virtual Channel Identifier，VCI）或者 GEM Port ID 识别 OMCI 通道。OMCI 适配器可以和 ATM TC 适配器、GEM TC 适配器交换 OMCI 通道数据并传送到 OMCI 实体上。此外，DBA 控制模块为通用功能模块，负责完成 ONU 报告和所有的 DBA 控制功能。

在 GTC 成帧子层，GTC 帧可分为 GEM 部分、PLOAM 部分和嵌入式 OAM。GTC 成帧子层具有以下 3 种功能。

① 复用和解复用：PLOAM 和 GEM 部分根据帧头指示的边界信息复用到下行 TC 帧中，并可以根据帧头指示从上行 GTC 帧中提取出 PLOAM 和 GEM 部分。

② 帧头生成和解码：下行帧的 GTC 帧头按照格式要求生成，上行帧的帧头会被解码。同时直接封装在 GTC 帧头的嵌入式 OAM 信息被终结，并用于直接控制该子层。

③ 基于 Alloc-ID 的内部路由功能：根据 Alloc-ID 的内部表示为来自或者送往 GEM TC 适配层的数据进行路由。

4.2.3 GPON 的工作原理

GPON 采用单根光纤将 OLT、光分路器和 ONU 连接起来，与 EPON 类似，上下行采用不同的波长进行数据承载。上行采用 1260～1360nm 范围内的波长，下行采用 1480～1500nm 范围的波长。GPON 系统采用波分复用的原理，通过上下行不同波长在同一个 ODN 上进行数据传输，下行通过广播的方式发送数据，而上行通过 TDMA 的方式，按照时隙进行数据上传。

GPON 采用 GEM 传输模式时，GEM 的帧结构与其他数据封装方法类似。但由于 GEM 内嵌在 PON 中，需要在 ONU 与 OLT 的 PON 口才能识别。为了说明传输过程，需要引入一些概念来说明 OLT 与 ONU 之间的数据复用关系。

1. GPON 重要技术概念

图 4-3 所示为 GPON 的复用结构，下面介绍几个重要的概念。

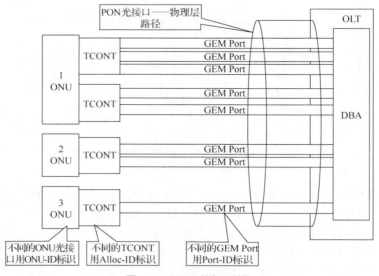

图 4-3　GPON 的复用结构

（1）PON 光接口

PON 光接口分为 OLT 光接口和 ONU 光接口，光纤与 PON 设备采用物理实连接。OLT 光接口根据上联光模块所在槽位确定；ONU 光接口用 ONU-ID 标识。

（2）GEM Port

GEM Port 即 GEM 端口，是 OLT 与 ONU 之间数据传输的通道，是业务的最小承载单位。GEM 帧在 OLT 和 ONU/ONT 之间传送，每个 TCONT 包含一个或多个 GEM Port。不同的 GEM Port 用 Port-ID 来标识。Port-ID 的取值范围为 0～4095，由 OLT 分配。所以，一个 GEM Port 只能被一个 PON 口下的一个 ONU/ONT 使用。一个 GEM Port 可以承载一种业务，也可以承载多种业务。

（3）TCONT

传输容器（Transmission Container，TCONT）是 GPON 上行方向业务的载体。所有的 GEM Port 都要映射到 TCONT 中，由 OLT 通过 DBA 调度的方式上行。TCONT 结构如图 4-4 所示。TCONT 是 DBA 实现的基础，通过 ONU 对 TCONT 的带宽申请、OLT 对 TCONT 的授权，实现整个 GPON 系统上行业务流的 DBA。TCONT 是 GPON 系统中上行带宽最基本的控制单元。每个 TCONT 由 Alloc-ID 来唯一标识。Alloc-ID 由 OLT 每个 GPON 端口分配，即 OLT 同一 GPON 端口下的 ONU 不存在 Alloc-ID 相同的 TCONT。

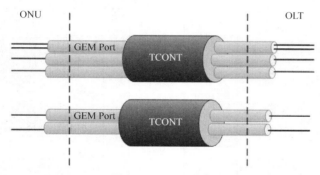

图 4-4　TCONT 结构

（4）DBA 带宽类型

GPON 标准 G.984.3 中明确提出了 4 种优先级别的带宽。它们分别是固定类型（Fixed）、确保类型（Assured）、非确保类型（Not-Assured）和尽力而为类型（Best-Effort，也称 Max）。TCONT 包括 5 种不同的类型（对应表 4-1 中的 Type1～Type5），可根据不同类型的业务选择不同类型的 TCONT。每种 TCONT 带宽类型有特定的 QoS 特征，QoS 特征主要体现在带宽保证上。

表 4-1　　　　　　　　　　　　　TCONT 的 DBA 带宽类型

类型	描述
Type1	即固定带宽，绑定该类型的模板后，无论是否有上行流量，系统都会分配指定带宽值的带宽
Type2	即保证带宽，绑定该类型的模板后，只要上行流量不超过指定的值，都可以满足其带宽需求，当无上行流量时，不分配带宽
Type3	即保证和不保证带宽的混合，该类型的模板可以指定一个保证值和一个不保证值。当系统分配完所有的固定带宽和保证带宽后，如果还有剩余带宽，则分配带宽给引用该模板的用户，带宽值不超过指定的最大值
Type4	表示尽力转发，该类型的模板只需要指定一个最大值。绑定该模板后获取带宽的优先级是最低的，当固定带宽、保证带宽和不保证带宽都分配完成后，系统中如果还有剩余带宽，则分配带宽给引用该模板的用户，带宽值不超过指定的最大值
Type5	一种混合类型的模板，配置时以上 4 种类型的值都需要分别指定

2. 业务复用原理

PON 网络中，GEM Port 和 TCONT 通过虚拟映射来实现业务复用。GEM Port 承载业务后先要映射到 TCONT 单元进行上行业务调度。每个 ONU 支持多个 TCONT，并可以根据不同的业务类型选择不同类型的 TCONT。一个 TCONT 可以承载多个 GEM Port，也可以承载一个 GEM Port，根据用户具体的规划而定。

上行方向根据配置的 Service Port 和 GEM Port 映射规则，以太网帧被发送到对应的 GEM Port，GEM Port 将以太网帧封装进 GEM PDU，并根据 GEM Port 和 TCONT 队列映射规则将 GEM PDU 放入对应的 TCONT 队列中。TCONT 队列在其上传时隙中将 GEM PDU 发送至 OLT。OLT 接收 GEM PDU 后提取出以太网帧，并根据配置的 Service Port 和 GEM Port 映射规则将以太网帧从指定的上行端口发送出去。GPON 上行业务映射关系如图 4-5 所示。

下行方向根据配置的 Service Port 和 GEM Port 映射规则，以太网帧被发送到 GPON 业务处理模块，GPON 业务处理模块将以太网帧封装进 GEM PDU 后通过 GPON 端口下行。包含 GEM PDU 的 TC 帧被广播给该 GPON 端口下所有的 ONU 设备。ONU 根据 GEM PDU 头部的 GEM Port ID 进行数据过滤，只保留属于该 ONU 的 GEM Port，解封装后将以太网帧从 ONU 的 Service Port 送入用户设备中。GPON 下行业务映射关系如图 4-6 所示。

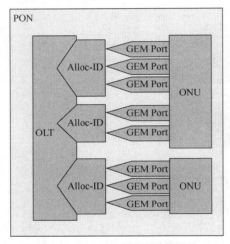

图 4-5　GPON 上行业务映射关系

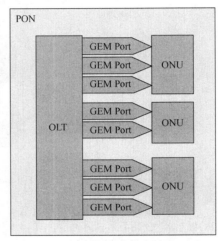

图 4-6　GPON 下行业务映射关系

3. GPON 的帧结构

GPON 帧分为上行帧和下行帧，其帧结构如图 4-7 所示。

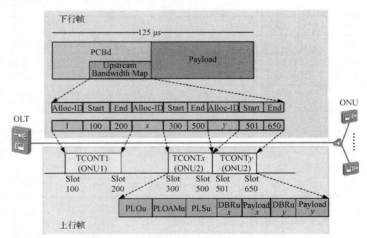

图 4-7　GPON 的帧结构

（1）上行帧

上行帧长固定为 125μs，每个上行帧包含一个或者多个 TCONT 传送的内容。每个 GPON 端口下所有 ONU 共享上行带宽。按照 BW Map 的要求，ONU 必须在属于自己的时隙范围内进行上行数据发送。ONU 会将自身需要发送的数据状态通过上行帧发送到 OLT，OLT 通过 DBA 方式分配好上行时隙并每帧定期更新。图 4-7 中的 GPON 上行帧由 PLOu、PLOAMu、PLSu、DBRu 和 Payload 字段构成，具体含义如表 4-2 所示。

表 4–2　　　　　　　　　　　　GPON 上行帧字段说明

字段名称	字段描述	含义
PLOu（Physical Layer Overhead upstream）	上行物理层开销	帧定位、同步和标明此帧是哪个 ONU 的数据
PLOAMu（PLOAM upstream）	上行数据的 PLOAM 消息	上报 ONU 的维护、管理状态等管理消息（不是每帧都有，可以不发，但是需要协商）
PLSu	功率级别序列	用于调整 ONU 光接口光功率（不是每帧都有，可以不发，但是需要协商）
DBRu（Dynamic Bandwidth Report upstream）	上行动态带宽报告	上报 TCONT 的状态，为了给下一次申请带宽，完成 ONU 的动态带宽分配（不是每帧都有，可以不发，但是需要协商）
Payload	数据净荷	可以是 DBA 状态报告也可以是数据帧。如果是数据帧，分为 GEM 帧头和 GEM 帧

（2）下行帧

下行帧长也固定为 125μs，下行帧由物理层控制块（Physical Control Block downstream，PCBd）和 Payload（有效载荷）组成，如图 4-8 所示。OLT 以广播的方式向 ONU 发送下行帧，每个 ONU 都会收到整个 PCBd，然后会根据相关的信息执行动作。PCBd 主要包括物理帧头控制字和上行带宽许可 BW Map（Bandwidth Map）。帧头控制字主要用来做帧定界、时钟同步和 FEC 等的信息。BW Map 字段主要通知每个 ONU 的上行带宽分配情况。确定每个 ONU 的所属 TCONT 的上行开始时隙和结束时隙，确保所有 ONU 能按照 OLT 统一规定的时隙发送数据，避免数据冲突。

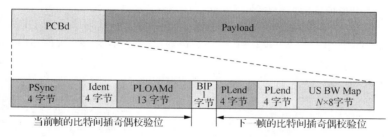

图 4-8　下行帧结构

PCBd 包含 PSync、PLOAMd、BIP 等字段。其中 US BW Map 是 OLT 发送给每个 TCONT 的各自的上行传输带宽映射。PCBd 字段说明如表 4-3 所示。

表 4–3　　　　　　　　　　　　PCBd 字段说明

字段名称	字段描述	含义
PSync	物理同步域即帧同步信息	ONU 可以通过它找到每一帧的开始
Ident	识别域	用于指示帧结构的大小顺序

字段名称	字段描述	含义
PLOAMd（PLOAM downstream）	下行数据的 PLOAM 消息	上报 ONU 的维护、管理状态等管理消息（不是每帧都有，可以不发，但是需要协商）
BIP	比特间插奇偶校验	对前后两帧 BIP 字段之间的所有字节（不包括前导码和帧定界等）做奇偶校验，用于误码监测
PLend	下行净荷长度	指定 US BW Map 字段的长度
US BW Map（Upstream Bandwidth Map）	上行带宽映射	是 OLT 发送给每个 TCONT 的各自的上行传输带宽映射。BW Map 标识了各个 TCONT 传送的起止时刻

4. GEM 的帧结构

GEM 帧是 GPON 技术中最小的业务承载单元，是最基本的数据结构之一。所有的业务都要封装在 GEM 帧中在 GPON 线路上传输，通过 GEM Port 标识。

每个 GEM Port 由唯一的 Port ID 来标识，由 OLT 进行全局分配，即每个 GPON 端口下的每个 ONU 不能使用 Port ID 重复的 GEM Port。GEM Port 标识的是 OLT 和 ONU 之间的业务虚通道，即承载业务流的通道，类似 ATM 虚连接中的 VPI/VCI。GEM 帧结构如图 4-9 所示。

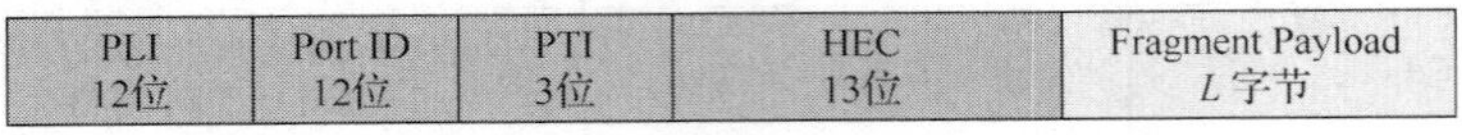

PLI 12位	Port ID 12位	PTI 3位	HEC 13位	Fragment Payload L 字节

图 4-9 GEM 帧结构

PLI、Port ID、PTI 和报头差错控制（Header Error Control，HEC）构成 GEM Header，即 GEM 帧头，主要用于区别不同的 GEM Port 中的数据。各字段的具体含义如下。

- PLI：数据净荷的长度；
- Port ID：唯一标明不同的 GEM Port；
- PTI：净荷类型标识，主要标识目前所传送的数据的状态和类型，如是否是 OAM 消息，是否已经将数据传送完毕等；
- HEC：提供前向纠错编码功能，保证传输质量；
- Fragment Payload：用户数据帧片段。

以以太网业务在 GPON 中的映射方式为例，读者可以更直观地了解 GEM 帧的作用。如图 4-10 所示，GPON 系统对以太网帧进行解析，将数据部分直接映射到 GEM Payload 中进行传输。GEM 帧会自动封装帧头信息。

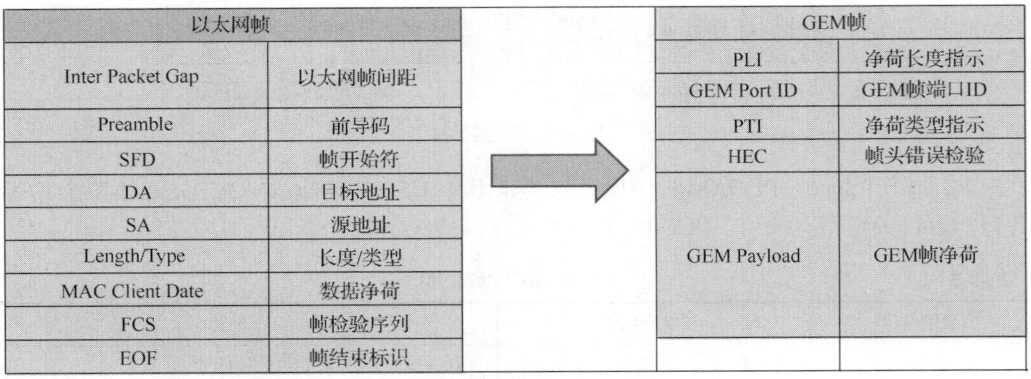

以太网帧		GEM帧	
Inter Packet Gap	以太网帧间距	PLI	净荷长度指示
		GEM Port ID	GEM帧端口ID
Preamble	前导码	PTI	净荷类型指示
SFD	帧开始符	HEC	帧头错误检验
DA	目标地址		
SA	源地址		
Length/Type	长度/类型	GEM Payload	GEM帧净荷
MAC Client Date	数据净荷		
FCS	帧检验序列		
EOF	帧结束标识		

图 4-10 以太网帧映射到 GEM 帧

4.3　GPON 关键技术

微课 4-3　GPON 关键技术

GPON 的一系列关键技术可以提升带宽性能和稳定性。与 EPON 技术一样，GPON 技术包括测距技术、突发发送与接收技术、多点控制协议、动态带宽分配技术、同步技术、网络保护技术等，还包括前向纠错技术、线路加密技术、组网保护技术等。下面就 GPON 典型的关键技术进行简单介绍。

4.3.1　测距技术

对 OLT 而言，各个不同的 ONU 到 OLT 的逻辑距离不相等，光信号在光纤上的传输时间不同，到达各 ONU 的时刻也不同。同时，OLT 与 ONU 的环路时延（Round Trip Delay，RTD）也会随着时间和环境的变化而变化。因此在 ONU 以 TDMA 方式（也就是在同一时刻，OLT 一个 PON 口下的所有 ONU 中只有一个 ONU 在发送数据）发送上行信元时可能会出现碰撞冲突，如图 4-11 所示。

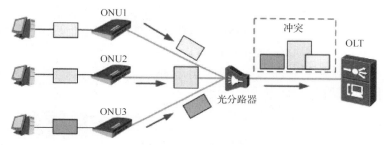

图 4-11　无测距的信元传输

为了保证每一个 ONU 的上行数据在光纤汇合后，都能插入指定的时隙，彼此不发生碰撞，且不要间隙太大，OLT 必须对每一个 ONU 与 OLT 之间的距离进行精确测定，以便控制每个 ONU 发送上行数据的时刻。OLT 在 ONU 第一次注册时就会启动测距功能，获取 ONU 的 RTD，计算出每个 ONU 的物理距离。根据 ONU 的物理距离指定合适的均衡延时参数（Equalization Delay，EqD）。通过 RTD 和 EqD，各个 ONU 发送的数据帧可以保持同步，保证每个 ONU 发送数据时不会在光分路器上产生冲突。相当于所有 ONU 都在同一逻辑距离上，在对应的时隙发送数据即可，从而避免上行信元发生碰撞冲突，如图 4-12 所示。

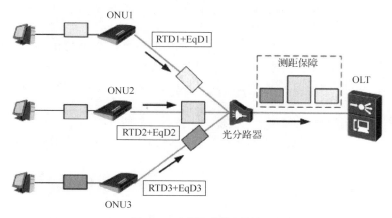

图 4-12　有测距的信元传输

4.3.2　动态带宽分配技术

在 GPON 系统中，OLT 通过向 ONU 发送授权信号来控制上行数据流。PON 结构需要一个有效的 TDMA 机制控制上行流量，这样来自多个 ONU 的数据包在上行过程中不会发生碰撞。然而，使用基于碰撞的机制需要在 PON 的无源 ODN 里管理 QoS，这在物理上是不可能实现的，或者需要承受效率的严重损失。

鉴于这些问题，管理上行 GPON 流量的机制一直是 GPON 流量管理标准化过程中的首要关注焦点。这也促使了 ITU-T G.984.3 标准的发展，该标准定义了用于管理上行 PON 流量的 DBA协议。

DBA 对 PON 的拥塞进行实时监控，OLT 根据拥塞和当前带宽利用情况，以及配置情况进行动态的带宽调整。DBA 可以实现以下功能。

① 可以提高 PON 口的上行线路带宽利用率。

② 可以在 PON 口上增加更多的用户。

③ 用户可以享受到更高带宽的服务，特别适用于带宽突变比较大的业务。

DBA 原理如图 4-13 所示。OLT 内部 DBA 模块不断收集 DBA 报告信息，进行计算，并将计算结果以 BW Map 的形式下发给各 ONU。各 ONU 根据 BW Map 信息在各自的时隙内发送上行突发数据，占用上行带宽。这样就能保证每个 ONU 根据实际的发送数据流量动态调整上行带宽，提升上行带宽的利用率。

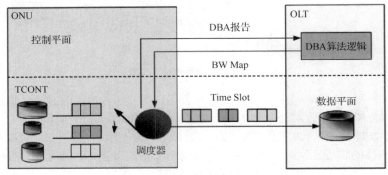

图 4-13　DBA 原理

还有一种带宽分配方式，即静态带宽分配，也可以称为固定带宽分配，它是指每个 ONU占用的带宽是固定的，OLT 会根据每个 ONU 的 SLA（包括带宽、时延的指标）周期性地为它们分配固定的带宽。

一般来说，OLT 采取轮询的机制，在每个轮询周期里面，各 ONU 的固定带宽可能不相同，但同一个 ONU 在不同的周期里固定带宽的大小应该是相同的，固定带宽只和 ONU 的 SLA 有关，和 ONU 的上行业务流量情况无关，即使 ONU 没有上行流量，这部分带宽也会固定分配给ONU。

这种静态带宽分配的方法简单、易实现，比较适合承载 TDM 等业务流量固定的业务，但不能根据 ONU 上的流量情况实时调整上行带宽，承载突发性比较强的 IP 业务时的带宽利用率比较低。

4.3.3　前向纠错技术

在工程实践中并不存在理想的数字信道，数字信号在各种介质中的传输过程中会产生误码和抖动，从而导致线路的传输质量下降。

为解决此问题，需要引入纠错机制。实用的纠错码是靠牺牲带宽效率来换取可靠性的，同时增加通信设备的复杂度。纠错技术是一种差错控制技术，按照应用场景和侧重点，可以分为以下两类：

- 检错码：重在发现误码，如奇偶监督编码；
- 纠错码：要求能自动纠正差错，如 BCH 码、RS 编码、汉明码。

FEC 属于后者。FEC 即前向纠错，是一种数据编码的技术，数据的接收方可以根据编码检查传输过程中的误码。前向是指纠错过程是单方向的，不存在差错的信息反馈。在信源（发射端）对信号进行一定的冗余编码，并在信宿（接收端）根据纠错码对数据进行差错检测，如发现差错，由接收方进行纠正。常见的 FEC 有汉明码、RS 编码以及卷积码等。FEC 原理如图 4-14 所示。

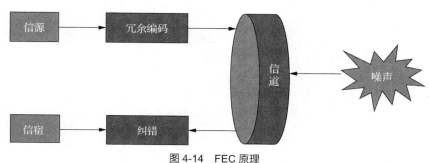

图 4-14　FEC 原理

GPON 采用的 FEC 算法是 RS（255，239）算法，完全遵从 ITU-T G.984.3 的要求。FEC 码的长度为 255 字节，由 239 字节的正常数据和 16 字节的冗余开销构成。考虑多帧尾碎片开销，GPON 系统开启 FEC 后，系统带宽降低为原带宽的 90% 左右。GPON 在传输层使用 FEC 算法，大约可以将线路传输的 10^{-3} 误码降低到 10^{-12}。

FEC 的特点及应用如下。

① 无须重传，实时性高。

② FEC 启动后，能够容忍线路上更大的噪声，但是有额外的带宽开销（用户需要根据实际情况在传输质量和带宽间做出选择）。

③ 适用于数据到达对端后通过自身来查验并纠正的业务，不适用于查验有重传机制的业务。

④ 可用于网络状况较差时的数据传输，如在工程应用中，当因为 ONT 距离远、线路质量差，导致光功率预算裕量不足或线路误码率高时，推荐开启 FEC。

⑤ 可用于要求时延较小的业务（因为如果采用重传，则时延会增加）。

4.3.4　线路加密技术

GPON 系统中下行数据采用广播的方式发送到所有的 ONU 上，这样非法接入的 ONU 可以接收到其他 ONU 的下行数据，存在安全隐患。GPON 系统采用线路加密技术解决这一安全问题。GPON 系统采用 AES-128 加密算法将明文传输的数据报文进行加密，以密文的方式进行传输，提高安全性。在安全性能要求高的场景，建议打开加密功能。GPON 系统中使用的加密算法不会增加额外开销，而且对带宽效率无影响。GPON 系统中的加密功能开启，不会导致传输时延增加。线路加密、解密过程如图 4-15 所示。

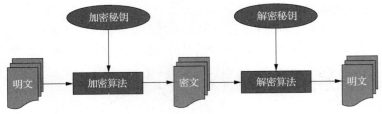

图 4-15　线路加密、解密过程

4.3.5　组网保护技术

G.984.1 中规定了面向 PON 结构的保护倒换技术，即设计两套互为备用的系统结构，构成两个相互保护的数据通道，以提高接入网的可靠性。

GPON 系统的保护倒换有两种方式。

- 自动倒换：在检测到系统故障和缺陷（如信号丢失、帧丢失、信号恶化等）时进行保护；
- 强制倒换：人工进行的有目的的保护倒换（如光纤的预选路、光纤的更换等）。

支持 POTS 的业务节点（交换）要求信元丢失周期小于 120ms。如果信元丢失周期比 120ms 长，则业务节点将断开呼叫连接，并且在保护倒换后再次要求建立呼叫连接。

GPON 系统提供 4 种类型结构的保护倒换，如表 4-4 所示。可根据实际经济条件和需求选用，也可不选。

表 4-4　　　　　　　　　　　　　　GPON 系统的 4 种保护倒换类型

	Type A	Type B	Type C	Type D
冗余设备	双光纤、 单 ONU、 单 OLT、 单光分路器	双光纤、 单 ONU、 双 OLT、 单光分路器	双光纤、 双 ONU、 双 OLT、 双光分路器	双光纤、 双 ONU、 部分双 OLT、 两组双光分路器
备用状态	冷备份	冷备份	热备份	冷备份
倒换时是否有帧和信号丢失	有	有	无	有

主要的光纤保护倒换方式包括骨干光纤保护倒换、OLT PON 口保护倒换和全光纤保护倒换 3 种。在设备支持的前提下，可以根据实际需要采用相应的保护方式。对于大众客户，一般不考虑系统保护。对于有特殊要求的客户，根据客户的要求选用相应级别的保护方式。

（1）骨干光纤保护倒换

OLT 采用单个 PON 口，PON 口处内置 1×2 光开关，采用 2:N 光分路器，在光分路器和 OLT 之间建立 2 条独立的、互相备份的光纤链路，由 OLT 检测链路状态，一旦主用光纤链路发生故障，就切换至备用光纤链路，如图 4-16 所示。

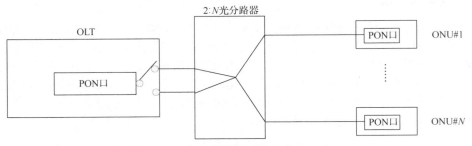

图 4-16　骨干光纤保护倒换方式　Type A

（2）OLT PON 口保护倒换

OLT 采用两个 PON 口，备用的 PON 口处于冷备份状态，采用 2：N 光分路器，在光分路器和 OLT 之间建立 2 条独立的、互相备份的光纤链路，由 OLT 检测链路状态、OLT PON 口状态，一旦主用光纤链路发生故障，就由 OLT 完成倒换，如图 4-17 所示。

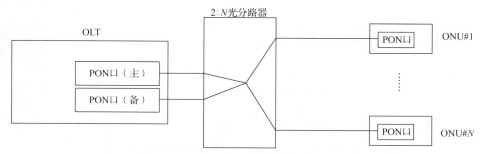

图 4-17　OLT PON 口保护倒换方式 Type B

（3）全光纤保护倒换

全光纤保护倒换有两种方式。

一种是 OLT 采用两个 PON 口，两个 PON 口均处于工作状态；ONU 的 PON 口前内置 1×2 光开关；采用 2 个 1：N 光分路器，在 ONU 和 OLT 之间建立 2 条独立的、互相备份的光纤链路；由 ONU 检测链路状态，一旦主用光纤链路发生故障，就由 ONU 完成倒换，如图 4-18 所示。

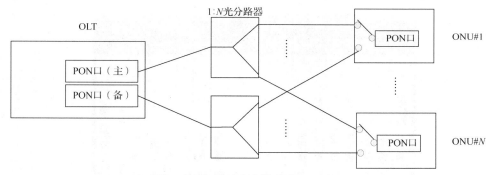

图 4-18　全光纤保护倒换方式一 Type C

另一种的 OLT 侧和光分路器均与第一种的相同，在 ONU 侧采用 2 个 PON 口，系统采用冷备份保护方式，保护倒换时间小于 50ms，如图 4-19 所示。

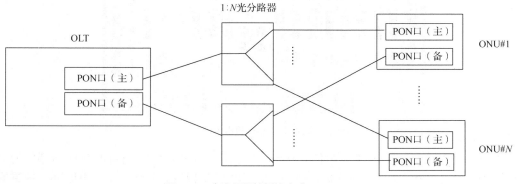

图 4-19　全光纤保护倒换方式二 Type D

全光纤保护倒换配置对 OLT 的 PON 口、ONU 的 PON 口、光分路器和全部光纤进行备份。在这种配置方式下，通过倒换到备用设备可在任意故障点进行恢复，具有高可靠性。

全光纤保护倒换方式的一个特例是网络中有部分 ONU 以及 ONU 和光分路器之间的光纤没有备份，此时没有备份的 ONU 不受保护。

4.4 GPON 设备认知

微课 4-4 GPON
设备认知

我国典型的 GPON 设备生产厂家主要有中兴、华为、烽火等。各厂家的 GPON 设备型号众多，GPON 系统的 ONU 设备有不同的物理接口配置和不同的功能，可参见有关公司的网站设备信息。在实际应用中，GPON 设备与 EPON 设备可以共用 OLT 机框，其主要区别仅在业务单板上。这里主要以中兴 ZXA10 C300、ZXA10 F660 和华为 MA5683T、HG8247 为例介绍 GPON 设备。

4.4.1 中兴 GPON 设备

1. 典型 OLT 设备——ZXA10 C300 简介

中兴 ZXA10 系列 OLT 设备型号主要有 C200、C220、C300 等。ZXA10 C300 设备功能区分为 1U 风扇区、9U 单板功能区和 3U 专用走线区。其设备尺寸深度为 300mm，机框高度为 10U，支持两种机框宽度（19in 和 21in）。常用的 19in 机框外形如图 4-20 所示。

图 4-20 19in 机框外形

ZXA10 C300 设备共有 19 个槽位。其中，1 号槽位为两块电源板；10 和 11 号槽位为主控板；2～9 和 12～17 号槽位为业务板；18 号槽位为公共接口板，对外提供 2MHz/bit、环境变量监测以及其他接口；19 号槽位为两块上联板。ZXA10 C300 设备槽位如图 4-21 所示。

1	2	3	4	5	6	7	8	9	10	11	12	13	14	15	16	17	18	19
电源板	业务板	业务板	业务板	业务板	业务板	业务板	业务板	业务板	主控板	主控板	业务板	业务板	业务板	业务板	业务板	业务板	公共接口板	上联板
电源板																		上联板

图 4-21　ZXA10 C300 设备槽位

（1）主控板

主控板主要用于业务管理和数据交换。业务管理主要包括业务板上下线的处理、配置数据的保存、版本的保存和管理，以及主备同步和自动切换。数据交换可用于 L2/L3 层交换。主控板根据交换容量的大小可分为 A 型大容量交换控制板 SCXL、A 型中容量交换控制板 SCXM 和 B 型中容量交换控制板 SCXMB 等。

（2）上联板

上联板用于数据格式的变换，提供各种类型的上联接口。上联板种类包括：XUTQ 为 4 路 10GE 光接口以太网上联板；GUFQ 为 4 路 GE 光接口以太网上联板；GUSQ 为光电混合千兆以太网接口板，提供 2 个 GE 光接口，2 个 10/100/1000M（bit/s）以太网电接口，RJ45 接口；FTGHA 为 A 型 16 路千兆 PTP 以太网接口板，提供 FE/GE 点对点光接入功能，16 个 100/1000 M(bit/s)PTP 光接口；FTGH 提供 16 路 FE/GE 光接口。

（3）业务板

ZXA10 C300 设备的业务板主要有 ETGO 和 ETGQ。ETGO 为 8 路 A 型 GPON 局端线路板，最大可连接 128 个 ONU，光接口类型为 SFP；ETGQ 为 4 路 A 型 GPON 局端线路板，最大可连接 128 个 ONU，光接口类型为 SFP。

（4）背板

ZXA10 C300 背板包括 21in 背板 MWEA 和 19in 背板 MWIA 两种类型。背板提供的接口主要如下。

- 主控板、业务板、上联板接口；
- 电源板接口：-48V、-48V GND、3.3V GND；
- 风扇插座：-48V、-48V GND。

2. 典型 ONU 设备——ZXA10 F660 简介

中兴 ZXA10 系列 ONU 终端设备型号主要有 F600、F601、F620、F660、F625 等。下面以中兴 ZXA10 F660 为例进行讲解、展示，它是一款提供数据、语音、无线全业务接入能力的 GPON 单住户单元（Single Family Unit，SFU）终端，为用户提供高速的数据服务、优质的语音和视频服务、可靠的无线接入服务、便捷的存储服务，支持 OMCI 管理，可实现业务自动发放、故障诊断、性能统计，能够有效降低运维成本。ZXA10 F660 的外形如图 4-22 所示，其接口如图 4-23 所示。

ZXA10 F660 网络侧接口主要如下。

光接口：1 个 GPON 接口（SC/PC），支持上行 1.244Gbit/s、下行 2.488Gbit/s 的传输速率。

用户侧接口主要如下。

- 以太网接口：4 个 10/100M（bit/s）BASE-T；
- POTS 接口：2 个 RJ11；
- WLAN 接口：1 个 WLAN（2×2）；
- USB 接口：1 个 USB 2.0 Host。

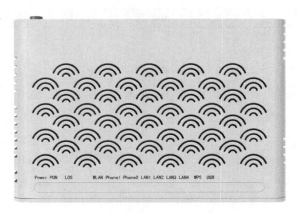

图 4-22　ZXA10 F660 外形

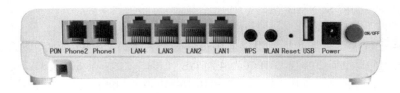

图 4-23　ZXA10 F660 的接口

4.4.2　华为 GPON 设备

1. 典型 OLT 设备——MA5683T 简介

华为 MA5683T 为典型的 GPON 设备，其单板类型主要包括业务板、主控板和上联板。其设备外形如图 4-24 所示。

图 4-24　MA5683T 设备外形

MA5683T 的前面板共包括 13 个槽位，其编号分别为 0～12。其中，0～5 号槽位放置 GPON 业务板，6/7 号槽位放置 GIU 主控板，8/9 号槽位放置 GIU 上联板，10/11 号为 PRTE（电源转换板），12 号为 GPIO（通用输入输出板）。MA5683T 的各种端口采用机框号/槽位号/端口号的格式表示，设备默认机框号为 0，端口号也从 0 开始。如 0 号框 9 号槽位第一个端口应写为 0/9/0，0 号框 0 号槽位的第一个端口应写为 0/0/0。MA5683T 系统槽位如图 4-25 所示。

0	业务板		
1	业务板		
2	业务板		
3	业务板		
4	业务板		
5	业务板		
6	GIU主控板		
7	GIU主控板		
8	GIU上联板	9	GIU上联板
10 PRTE	11 PRTE	12	GPIO

图 4-25　MA5683T 系统槽位

主控板负责系统的控制和业务管理，并提供维护串口与网口，以方便维护终端和网管客户端登录系统。上联板通过上行接口连接上层网络设备，它提供的接口类型包括 GE 光/电接口、10GE 光接口、E1 接口和 STM-1 接口。业务板实现 PON 业务接入和汇聚，与主控板配合，实现对 ONU/ONT 的管理。现介绍其 GPON 业务单板 GPBD。

GPBD 是 8 端口 GPON OLT 接口板，和 ONU 设备配合，实现 GPON 业务的接入。GPBD 单板工作原理如图 4-26 所示。

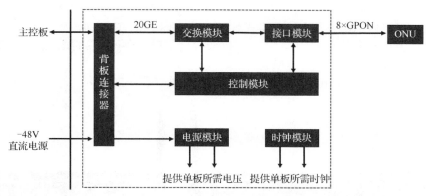

图 4-26　GPBD 单板工作原理

GPBD 的功能如下。
- 控制模块完成对单板的软件加载、运行控制、管理等功能；
- 交换模块实现 8 个 GPON 端口信号的汇聚；
- 接口模块实现 GPON 光信号和以太网报文的相互转换；
- 电源模块为单板内各功能模块提供工作电源；
- 时钟模块为单板内各功能模块提供工作时钟。

GPBD 面板接口如图 4-27 所示。

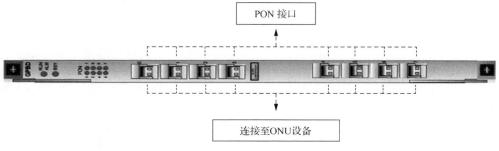

图 4-27　GPBD 面板接口

GPBD 告警指示灯说明如表 4-5 所示。

表 4–5 GPBD 告警指示灯说明

指示灯丝印	指示灯名称	指示灯状态	状态描述
RUNALM	运行状态指示灯	红色闪烁	单板启动过程中 App 启动阶段
		绿色闪烁（周期 0.25s）	单板启动过程中与主控板通信阶段
		绿色闪烁（周期 1s）	单板运行正常
		橙色闪烁	高温告警
		红色常亮	单板故障
BSY	业务在线指示灯	绿色闪烁	单板有业务运行
		灭	单板无业务运行
0，1，2，3，…	PON 接口指示灯	绿色常亮	对应的 PON 接口有 ONT 在线
		绿色闪烁	光模块不生效
		灭	对应的 PON 接口无 ONT 在线

2. 典型 ONU 设备——HG8247 简介

ONU 设备主要有两类，一类是用于 FTTB 接入的 MDU，另一类是用于 FTTH 的用户终端设备 ONT。华为的 ONU 设备型号主要有 HG8240、HG8245、HG8247 等，通过单根光纤提供高速数据、优质的语音和视频服务。另外，HG8247 还提供安全、可靠的无线接入业务及方便的家庭网络存储和文件共享服务。

HG8247 的背面板接口和侧面板接口分别如图 4-28 和图 4-29 所示。

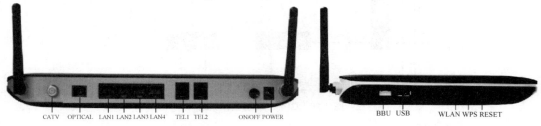

图 4-28　HG8247 的背面板接口　　　　图 4-29　HG8247 的侧面板接口

HG8247 有 1 个 CATV 接口，可连接电视机，提供优质的 CATV 业务传输服务；4 个 10/100/1000（Mbit/s）Base-T 以太网接口，可连接 PC、机顶盒（Set-Top Box，STB）、可视电话等，提供高速的数据及视频服务；2 个 TEL 接口，可连接电话或传真机，提供基于 IP 网络的完善且经济实用的 VoIP 服务、IP 传真（Fax over IP，FoIP）服务和网络多媒体（Multimedia over IP，MoIP）服务。HG8247 的背面板接口/按钮说明如表 4-6 所示，侧面板接口/按钮说明如表 4-7 所示。

表 4–6 HG8247 的背面板接口/按钮说明

接口/按钮	功能
CATV	射频接口，用于连接电视机
OPTICAL	光纤接口，带有橡胶塞。连接光纤，用于光纤上行接入。连接 OPTICAL 接口处的光纤接头类型为 SC/APC
LAN1~LAN4	自适应 10/100/1000（Mbit/s）Base-T 以太网接口（RJ45），用于连接计算机或者 IP 机顶盒的以太网接口
TEL1、TEL2	VoIP 接口（RJ11），用于连接电话
ON/OFF	电源开关，用于控制开启和关闭设备电源
POWER	电源接口，用于连接电源适配器或者备用电池单元

表 4–7   HG8247 的侧面板接口/按钮说明

接口/按钮	功能
BBU	外置电池监控接口，用于连接备用电池单元，对备用电池单元进行监控
USB	USB Host 接口，用于连接 USB 接口存储设备
WLAN	WLAN 启动按钮，用于开启 WLAN 功能
WPS	WLAN 数据加密开关
RESET	设备重启按钮。短按为重启设备；长按（约 10s）为恢复出厂设置并重启设备

【技能演练】

4.5 GPON 组网应用

　　GPON 网络上下行传输速率较高，接入性能好，可以承载宽带、语音和网络电视等多种业务，满足三网融合或其他多功能应用需求，适用于 FTTB、FTTC、FTTH 等多种模式。不同的组网模式可以使用相同的 OLT，但终端 ONU 是不同的。FTTH 使用 A 类 ONU，其终端设备也可称为 ONT；FTTB、FTTC 使用 B 类 ONU 和 C 类 ONU，适用于包含多个终端用户的场合。OLT 作为 PON 系统的局端设备，通过下挂不同类型的终端，同时进行相应的业务配置，实现业务的下发。本节选择宽带业务和语音业务的配置进行讲解。

4.5.1 宽带业务配置

1. A 类 ONT 配置

　　用户 PC 采用 PPPoE 拨号方式，通过 LAN 口接入 ONT，ONT 以 GPON 方式接入 OLT 再到上层网络，实现高速上网业务。上网业务采用单层 VLAN 来标识。DBA 采用保证带宽+最大带宽方式，上下行流量控制不限速。A 类 ONT 数据规划如表 4-8 所示。

微课 4-5　宽带业务配置

表 4–8   A 类 ONT 数据规划

参数类型	参数值	参数类型	参数值
OLT PON 口	0/8/0	CAR 模板编号	10
ONT ID	0	ONT 告警模板编号	20
ONT 序列号	32303131D659FD40	DBA 模板编号	30
外层 VLAN ID	2012	ONT 线路模板编号	40
内层 VLAN ID	35	ONT 业务模板编号	50
用户 ETH 端口	1	TCONT 编号	2
用户 VLAN	35	GEM Port ID	0
DBA 带宽类型	Type 2	带宽值	4096kbit/s
CAR 模板带宽	保证 4096kbit/s，最大 8192kbit/s		

　　根据 GPON 业务转发原理（见图 4-30），OLT 的 PON 口的下行数据需要对速率进行限制和对报文优先级进行处理，可通过配置流量模板完成。GPON 要完成通信，需要将 ONT 添加到 OLT 的管理范围内。为规范 ONT 的上行带宽等属性，需要对 ONT 配置 DBA 模板、线路模板和业务模板。在 FTTH 应用场景中，ONU/ONT 可使用 VLAN ID 来区分业务流。A 类 ONT 上网业务配置流程如图 4-31 所示。

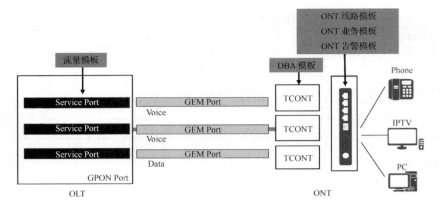

图 4-30　GPON 业务转发原理

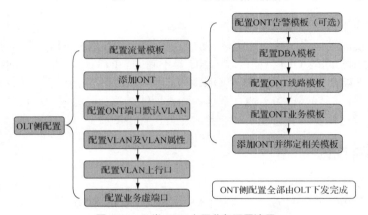

图 4-31　A 类 ONT 上网业务配置流程

A 类 ONT 详细上网业务配置如下。

数据配置全部在 OLT 侧完成。

① 配置流量模板。

在 OLT 侧，首先建立流量模板，可配置流量的速率限制、报文优先级的处理等命令。配置命令如下。

```
Huawei(config)#traffic table ip index 10
{cir<K>|name<K> }: cir
{cir<U><64, 10240000>|off<K> }: 4096
{cbs<K>|pbs<K>|pir<K>|priority<K> }: pir
{pir<U><64, 10240000> }: 8192
{pbs<K>|priority<K> }: priority
{prival<U><0, 7>|user-cos<K>|user-inner-cos<K>|user-tos<K> }: user-cos
{defaultval<U><0, 7>|mapping-profile<K> }: 5
{inner-priority<K>|priority-policy<K> }: priority-policy
{priority-policy<E><Local-Setting, Tag-In-Package> }: Tag-In-Package
```

参数说明如下。

• cir：Committed Information Rate，即承诺的信息速率。此参数为必选参数。要求为 64 的整数倍，输入不是 64 的倍数时向下取整，但不能小于 64。

• cbs：Committed Burst Size，即承诺突发量。此参数为可选参数。当不指定此参数时，则根据公式 min(2000+cir*32,1024000)进行获取。

- pir：Peak Information Rate，即峰值信息速率。此参数为可选参数。
- pbs：Peak Burst Size，即峰值突发量。此参数为可选参数。当不指定此参数时，则根据公式 min(2000+32*pir,10240000)进行获取。
- priority：设置优先级关键字。
- user-cos：映射入口报文外层 802.1p 优先级。此参数为可选参数。当要求出口处的以太网报文优先级从入口处的以太网报文外层 802.1p 优先级映射时，指定此参数。
- user-tos：映射报文 IP 优先级。此参数为可选参数。当要求上行报文优先级从映射用户报文中 TOS 域优先级映射时，指定此参数。
- priority-policy：报文的优先级调度策略。此参数为必选参数。其中，Local-Setting 表示报文按照流量模板中指定的优先级进行调度，Tag-In-Package 表示报文按照报文中所带的优先级进行调度。

② 配置 ONT 告警模板（可选）。

由于 ONT 的配置是通过 OLT 来下发的，在添加、注册 ONT 之前，需要对 ONT 相关属性进行配置。ONT 告警模板为可选配置，可设置一系列告警门限参数，用于对激活的 ONT 线路进行性能统计、监控，当某个统计量达到告警门限时，就通知主机，并向日志主机和网管发送告警信息。增加一个编号为 20 的 ONT 告警模板，命令如下。

```
Huawei（config）#gpon alarm-profile add profile-id 20
```

可以使用如下命令查询系统内存在的 ONT 告警模板信息。

```
Huawei（config）#display gpon alarm-profile all
```

华为设备支持 50 个告警门限模板。系统存在一个 ID 为 1 的默认的告警门限模板，该模板不可以被删除但可以被修改。

③ 配置 DBA 模板。

DBA 模板描述 GPON 的流量参数，通过绑定 DBA 模板可进行动态分配带宽，提高上行带宽利用率。增加一个编号为 30 的 DBA 模板，命令如下。

```
Huawei（config）# dBa-profile add profile-id 30 type2 assure 4096
```

dBa-profile add 命令用于增加 DBA 模板。系统默认有 0～9 号 DBA 模板，给出了典型的流量参数值。默认 DBA 模板不能被增加或删除。注意 TCONT 默认不绑定任何 DBA 模板，必须进行配置。在增加 DBA 模板时，带宽值必须为 64 的整数倍。输入的带宽值不是 64 的整数倍时，会向下取整。

④ 配置 ONT 线路模板。

ONT 线路模板用于配置与 ONT 线路相关的属性，绑定 DBA 模板到 TCONT，配置 GEM 与 TCONT、GEM 与业务流的映射关系优先级等。配置编号为 40 的 GPON ONT 线路模板的命令如下。

```
Huawei（config）#ONT-lineprofile gpon profile-id 40
Huawei（config-gpon-lineprofile-40）#tcont 2 dba-profile-id 30
Huawei（config-gpon-lineprofile-40）#gem add 0 eth tcont 2
Huawei（config-gpon-lineprofile-40）#mapping-mode vlan
Huawei（config-gpon-lineprofile-40）#gem mapping 0 0 vlan 35
Huawei（config-gpon-lineprofile-40）#commit
```

如果已存在编号为 40 的 EPON ONT 线路模板，则 GPON ONT 线路模板无法添加。

⑤ 配置 ONT 业务模板。

业务模板用来指定 ONT 支持的各种类型的端口数、类型，必须与 ONT 实际的端口保持一致。配置业务虚端口需指定业务流的物理端口、虚拟端口的封装关系和方式。配置编号为 50 的 GPON ONT 业务模板，命令如下。

```
Huawei（config）#ONT-srvprofile gpon profile-id 50
Huawei（config-gpon-srvprofile-50）#ONT-port eth 4 pots 2
Huawei（config-gpon-srvprofile-50）#port vlan eth 1 35
Huawei（config-gpon-srvprofile-50）#commit
```

如果已经存在编号为 50 的 EPON ONT 业务模板，则 GPON ONT 业务模板无法添加。

也可以配置 ETH 端口和 POTS 端口为 adaptive，系统将根据上线的 ONT 的实际情况进行自适应，命令为 ONT-port eth adaptive pots adaptive。

⑥ 添加 ONT。

当需要进行预先配置时使用离线增加 ONT 的方式。离线预增加 ONT 的命令如下。

```
Huawei（config）#interface gpon 0/8
Huawei（config-if-gpon-0/8）#ONT add 0 0 sn-auth 32303131D659FD40 omci ONT-
lineprofile-id 40 ONT-srvprofile-id 50
```

当 ONT 上线后可以使用手动确认的方式添加 ONT。手动确认 ONT 的命令如下。

```
Huawei（config-if-gpon-0/8）#port 0 ONT-auto-find enable
Huawei（config-if-gpon-0/8）#ONT confirm 0 ONTid 0 sn-auth 32303131D659FD40 omci
ONTl-ineprofile-id 40 ONT-srvprofile-id 50
```

如需要查询 ONT 终端是否在线，可进行在线状态查询。查询 OLT 自动发现的 ONT 终端列表的命令如下。

```
Huawei（config）#interface gpon 0/8
Huawei（config-if-gpon-0/8）#display ONT autofind 0
```

查询 OLT 系统存在的 ONT 终端列表的命令如下。

```
Huawei（config）#interface gpon 0/8
Huawei（config-if-gpon-0/8）#display ONT info 0 all
```

⑦ 绑定 ONT 告警模板（可选）。

绑定 20 号 ONT 告警模板到 0/8/0 端口，命令如下。

```
Huawei（config）#interface gpon 0/8
Huawei（config-if-gpon-0/8）#ONT alarm-profile 0 0 profile-id 20
```

⑧ 配置 ONT 端口默认 VLAN。

指定 ONT 端口 VLAN，命令如下。

```
Huawei（config） interface gpon 0/8
Huawei（config-if-gpon-0/8）#ONT port native-vlan 0 0 eth 1 vlan 35
```

⑨ 配置 VLAN 及加入端口——QinQ 场景。

增加业务 VLAN，设置其类型为 Smart，属性为 QinQ，命令如下。

```
Huawei（config）#vlan 2012 smart
Huawei（config）#vlan attrib 2012 q-in-q
```

允许上行口通过该业务 VLAN，命令如下。

```
Huawei（config）#port vlan 2012 0/19 0
```

添加该 VLAN 的 GPON 业务虚端口，命令如下。

```
Huawei（config）#service-port vlan 2012 gpon 0/8/0 ONT 0 gemport 0 multi-service
user-vlan 35 rx-cttr 10 tx-cttr 10
```

⑩ 配置 VLAN 及加入端口——单层 VLAN 场景。

增加业务 VLAN，设置其类型为 Smart，属性为 Common，命令如下。

```
Huawei（config）#vlan 35 smart
Huawei（config）#vlan attrib 35 common
```

允许上行口通过该业务 VLAN，命令如下。

```
Huawei（config）#port vlan 35 0/19 0
```

添加该 VLAN 的 GPON 业务虚端口，命令如下。

```
Huawei（config）#service-port vlan 35 gpon 0/8/0 ONT 0 gemport 0 multi-service
user-vlan 35 rx-cttr 10 tx-cttr 10
```

2. B/C 类 ONT 配置

B/C 类 ONT 数据规划如表 4-9 所示。

表 4-9　　　　　　　　　　　　　B/C 类 ONT 数据规划

参数类型	参数值	参数类型	参数值
OLT PON 口	0/8/0	CAR 模板编号	10
ONT ID	0	DBA 模板编号	30
ONT 序列号	3230313192E95441	ONT 线路模板编号	40
外层 VLAN ID	2012	TCONT （网管）	0
内层 VLAN ID	35	TCONT （业务）	2
用户 FE 端口	ONU0/1/1	GEM Port ID （网管）	0
用户 VLAN	35	GEM Port ID （业务）	1
DBA 带宽类型	Type 2	带宽值	4096kbit/s
CAR 模板带宽	大于 4096kbit/s，小于 8192kbit/s		

B/C 类 ONT 宽带上网业务配置流程如图 4-32 所示。配置步骤如下。

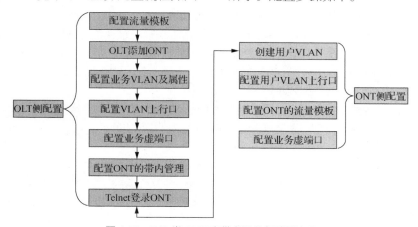

图 4-32　B/C 类 ONT 宽带上网业务配置流程

（1）OLT 侧配置

① 配置流量模板。

进入 GPON ONT 流量模板（编号为 40）配置模式，配置模板参数如下。

```
Huawei（config）# ONT-lineprofile gpon profile-id 40
Huawei（config-gpon-lineprofile-40）#tcont 0 dBa-profile-id 30    //带内网管
Huawei（config-gpon-lineprofile-40）#tcont 2 dBa-profile-id 30    //业务
Huawei（config-gpon-lineprofile-40）#gem add 0 eth tcONT 0        //带内网管
Huawei（config-gpon-lineprofile-40）#gem add 1 eth tcONT 2        //业务
Huawei（config-gpon-lineprofile-40）#mapping-mode vlan
Huawei（config-gpon-lineprofile-40）#gem mapping 0 0 vlan 4000    //带内网管
```

```
Huawei（config-gpon-lineprofile-40）#gem mapping 1 1 vlan 35    //业务
Huawei（config-gpon-lineprofile-40）#commit
```

② OLT 添加 ONT。

在 OLT 上手动增加或者确认 ONT。

手动增加 ONT，命令如下。

```
Huawei（config）#interface gpon 0/8
Huawei（config-if-gpon-0/8）#ONT add 0 0 sn-auth 3230313192E95441 snmp ONT-
lineprofile-id 40
```

自动发现后确认 ONT，命令如下。

```
Huawei（config-if-gpon-0/8）#port 0 ONT-auto-find enable
Huawei（config-if-gpon-0/8）#ONT confirm 0 ONTid 0 sn-auth 3230313192E95441 snmp
ONT-lineprofile-id 40
```

③ 配置业务 VLAN 及属性。

增加业务 VLAN，设置其类型为 Smart，属性为 QinQ，命令如下。

```
Huawei（config）#vlan 2012 smart
Huawei（config）#vlan attrib 2012 q-in-q
```

允许上行口通过该业务 VLAN，命令如下。

```
Huawei（config）#port vlan 2012 0/19 0
```

添加该 VLAN 的 GPON 业务虚端口，命令如下。

```
Huawei（config）#service-port vlan 2012 gpon 0/8/0 ONT 0 gemport 1 multi-service
user-vlan 35 rx-cttr 10 tx-cttr 10
```

④ 配置 VLAN 上行口。

增加业务 VLAN，设置其类型为 Smart，属性默认为 Common，命令如下。

```
Huawei（config）#vlan 4000 smart
```

允许上行口通过该业务 VLAN，命令如下。

```
Huawei（config）#port vlan 4000 0/19 0
```

配置 OLT 的网管地址，命令如下。

```
Huawei（config）#interface vlanif 4000
Huawei（config-if-vlanif4000）#ip address 172.16.200.1 16
```

⑤ 配置业务虚端口。

添加该 VLAN 的 GPON 业务虚端口（带内网管通道），命令如下。

```
Huawei（config）#service-port vlan 4000 gpon 0/8/0 ONT 0 gemport 0 multi-service
user-vlan 4000 rx-cttr 10 tx-cttr 10
```

⑥ 配置 ONT 的带内管理。

配置 ONT 的带内管理地址，命令如下。

```
Huawei（config-if-gpon-0/8）#ONT ipconfig 0 1 static ip-address 172.16.200.2
mask 255.255.0.0 gateway 172.16.0.1 vlan 4000
```

⑦ Telnet 登录 ONT。

Telnet 登录 ONT 的命令如下。

```
Huawei（config）#telnet 172.16.200.2
>>User name: root
>>User password: mduadmin
```

（2）ONT 侧配置

通过 Telnet 登录 ONT，在 ONT 侧进行操作，对每一台 ONT 配置业务及属性，具体包括创建用户 VLAN、配置用户 VLAN 上行口、配置 ONT 的流量模板、配置业务虚端口等。

① 创建用户 VLAN。

创建用户 VLAN 的命令如下。

```
MA5620G（config）#vlan 35
```

② 配置用户 VLAN 上行口。

配置用户 VLAN 上行口的命令如下。

```
MA5620G（config）#port vlan 35 0/0 1
```

③ 配置 ONT 的流量模板。

配置 ONT 流量模板的命令如下。

```
MA5620G（config）#traffic table ip index 10 cir 4096 pir 8192 cbs 2048 pbs 4096
priority user-cos 5 priority-policy Tag-In-Package
```

④ 配置业务虚端口。

配置业务虚端口的命令如下。

```
MA5620G（config）#service-port vlan 35
{ eth<K> }: eth          // C 类 ONT 的该参数为 xDSL
{ frameid/slotid/portid<S><1, 15> }: 0/1/1
{ other-all<K>|user-encap<K>|user-vlan<K> }: user-vlan
{ untagged<K>|user-vlanid<U><1, 4094> }: untagged
{ rx-cttr<K> }: rx-cttr
{ rx-index<U><0, 63> }: 10
{ tx-cttr<K> }: tx-cttr
{ tx-index<U><0, 63> }: 10
```

4.5.2　语音业务基础原理及数据配置

基于 GPON 的语音业务技术依赖于 NGN 的网络体系。NGN 可以承载语音、数据、传真和视频等多种业务。

1. 技术原理简介

NGN 体系结构分为边缘接入层、核心交换层、网络控制层和业务管理层，如图 4-33 所示。各层功能如下。

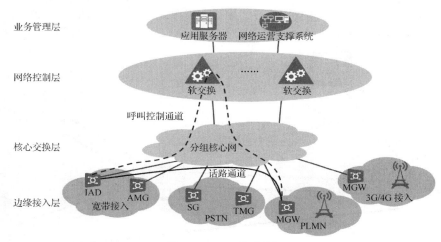

图 4-33　NGN 体系结构

① 边缘接入层：主要由宽带接入（Broadband Access）、PSTN、公共陆地移动网（Public Land

Mobile Network，PLMN）、3G/4G 接入（3G/4G Access）等组成，主要网元有综合接入设备（Integrated Access Device，IAD）、接入媒体网关（Access Media Gateway，AMG）、信令网关（Signaling Gateway，SG）、中继媒体网关（Trunk Media Gateway，TMG）、MGW 等。通过各种接入手段将各类用户连接至网络，并将信息格式转换为能够在网络上传递的信息格式。GPON 就在边缘接入层，提供宽带接入功能。

② 核心交换层：主要由分组核心网组成。采用分组技术，提供一个高可靠性的、有 QoS 保证的大容量的、统一的综合传送平台。

③ 网络控制层：主要由软交换（Soft Switch）设备组成。采用软交换技术，完成基本的实时呼叫控制和连接控制功能。

④ 业务管理层：主要由应用服务器、网络运营支撑系统等组成。可在呼叫控制的基础上提供额外的增值服务，以及运营支撑。

NGN 工作时全网要基于统一的通信协议。承载语音业务时，使用软交换进行工作，使用的典型通信协议主要有会话起始协议（Session Initiation Protocol，SIP）、H.248、媒体网关控制协议（Media Gateway Control Protocol，MGCP）等。不同的协议中网络用户标识是不同的：SIP 以电话号码或 IP 地址或用户名、密码来标识用户；H.248 以 MG IP 和 MG UDP 端口号注册，以终端 ID 标识用户；MGCP 以域名注册，以终端 ID 标识用户。

SIP 是一个在 IP 网络上进行多媒体通信的应用层控制协议，它被用来创建、修改和终结一个或多个参加者参加的会话进程。SIP 承载在 IP 网，网络层协议为 IP，传输层协议可用 TCP 或 UDP，推荐首选 UDP。基本网络模型包括 SIP 话机、重定向服务器（Redirect Server）、注册服务器（Register Server）、代理服务器（Proxy Server）和用户助理（User Agent）等网络组件。基本网络模型如图 4-34 所示。重定向服务器并不接收或者拒绝呼叫，主要完成路由功能，与注册过程配合可以支持 SIP 终端的移动性。注册服务器为接收注册请求的服务器，通常与代理服务器或者重定向服务器共存。代理服务器作为一个逻辑网络实体，代表客户端转发请求或者响应，可以同时作为客户端和服务器，主要功能有路由、认证鉴权、计费监控、呼叫控制、业务提供等。用户助理是用来发起或者接收请求的逻辑实体。实际应用中，重定向服务器、注册服务器、代理服务器和用户助理等各种功能集成在软交换设备中。在 NGN 中，控制和承载分离，信令通过路由与软交换通信，若信令可达，用户便可以获得拨号音，也可以听到振铃。语音通过承载网时，由于 Smart VLAN 内二层隔离，同一个 VLAN 内的不同用户不能学习对方的 MAC 地址，因此用户之间的语音不能直接传递，用户听到振铃、拿起电话时无语音；如打开 ARP 代理，则同一 VLAN 下的不同用户可以学习对方的 MAC 地址，从而完成语音的传递。

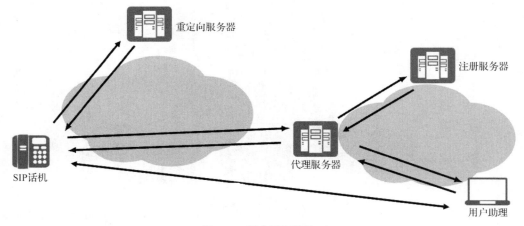

图 4-34　基本网络模型

2. FTTH VoIP 语音业务配置

（1）业务组网和数据规划

VoIP 业务组网如图 4-35 所示。VoIP 业务数据规划如表 4-10 所示。

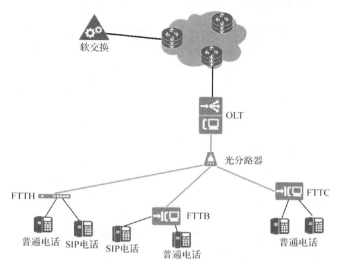

微课 4-6　语音
业务配置

图 4-35　VoIP 业务组网

表 4-10　　　　　　　　　　　　　　VoIP 业务数据规划

配置项	数据
OLT 业务 VLAN	172、Smart
OLT 上行口	0/19/0
OLT 下行口	0/3/0
ONT 地址号	1
ONT 序列号	323031312E396A41
TCONT 号	1
DBA 模板号	2
GEM Port	1
ONT 用户 VLAN	172
OLT 本地语音 IP	17.1.1.7/8
ONT 电话口	TEL 1
SIP 服务器	200.200.200.200
SIP 服务器端口号	5060
SIP 本地终端 IP 地址	17.1.1.73/8
SIP 本地端口号	5060
语音网关	17.0.0.1/8
电话号码	7727073
用户名/密码	7727073 / 7727000

（2）配置流程

典型 FTTH VoIP 配置流程包括 OLT 的基本配置、ONT 的 SIP 配置，但配置前提是 ONT 已经添加成功，且 ONT 业务模板已经配置业务使用的 GEM Port 和对应的 VLAN，如图 4-36 所示。

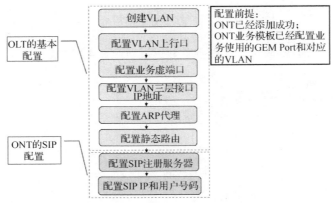

图 4-36　FTTH VoIP 配置流程

OLT 命令行模式详细配置步骤如下。

① 创建模板编号为 91 的 GPON ONT 线路模板。

创建命令如下。

```
Huawei（config）#ONT-lineprofile gpon profile-id 91 profile-name hg850
```

将编号为 1 的 TCONT 和模板编号为 2 的 DBA 模板绑定，命令如下。

```
Huawei（config-gpon-lineprofile-91）#tcont 1 dba-profile-id 2
```

增加 GEM Port ID 为 1 的 GEM Port 用于承载 ETH 类型的业务流，将 GEM Port 1 绑定到 TCONT 1，命令如下。

```
Huawei（config-gpon-lineprofile-91）#gem add 1 eth tcont 1
```

将用户侧 VLAN 172 的业务流映射到 GEM Port 1，命令如下。

```
Huawei（config-gpon-lineprofile-91）#gem mapping 1 1 vlan 172
Huawei（config-gpon-lineprofile-91）#commit
Huawei（config-gpon-lineprofile-91）#quit
```

② 业务模板需要与实际 ONT 类型保持一致。

本例以 HG850 为例，该设备具有 4 个 ETH 端口、2 个 POTS 端口，命令如下。

```
Huawei（config）#ONT-srvprofile gpon profile-id 91 profile-name hg850
Huawei（config-gpon-srvprofile-91）#ONT-port eth 4 pots 2
```

将 VLAN 172 的业务流映射到 iphost 端口。iphost 端口是 ONT 上处理语音业务的端口，命令如下。

```
Huawei（config-gpon-srvprofile-91）#port vlan iphost 172
Huawei（config-gpon-srvprofile-91）#commit
Huawei（config-gpon-srvprofile-91）#quit
```

③ GPON 端口 0/3/0 下接入 ONT，ONT ID 为 1，序列号为 323031312E396A41，管理模式为 OMCI，绑定 ONT 线路模板编号为 91，绑定 ONT 业务模板编号为 91。

具体命令如下。

```
Huawei（config）#interface gpon 0/3
Huawei（config-if-gpon-0/3）#ONT confirm 0 ONTid 1 sn-auth 323031312E396A41 omci
ONT-lineprofile-id 91 ONT-srvprofile-id 91
```

配置 iphost 端口的 Native VLAN，命令如下。

```
Huawei（config-if-gpon-0/3）#ONT port native-vlan 0 1 iphost vlan 172
```

设置 ONT 的 iphost 端口的 Native VLAN 标签为 172。当 iphost 端口收到数据包以后会去除该标签再转发给用户。

步骤 1：创建 VLAN，命令如下。

Huawei（config）#vlan 172 smart

步骤 2：增加上行口到 VLAN，命令如下。

Huawei（config）#port vlan 172 0/19 0

步骤 3：增加业务虚端口，命令如下。

Huawei（config）#service-port vlan 172 gpon 0/3/0 ONT 1 gemport 1 multi-service user-vlan 172

步骤 4：配置 VLAN 三层接口，命令如下。

Huawei（config）#interface vlanif 172

Huawei（config-if-vlanif172）#ip address 17.1.1.7 8

步骤 5：开启 ARP 代理，命令如下。

Huawei（config）#arp proxy enable

三层接口下开启 ARP 代理，命令如下。

Huawei（config-if-vlanif172）#arp proxy enable

步骤 6：配置路由，命令如下。

Huawei（config）#ip route-static 200.200.200.200 24 17.0.0.1

ONT 侧可用网页模式和命令行模式两种方式配置。网页模式中的配置参数和命令行模式的基本相同。通过网线连接 ONT 任意的 ETH 端口，设置 PC 的 IP 地址在 192.168.100.X 网段。网页模式 ONT 侧 VoIP 详细配置如下。

① 系统登录。

系统默认管理 IP 地址为 192.168.100.1，系统默认登录账号如下。

Username : telecomadmin

Password : admintelecom

ONT 登录界面如图 4-37 所示。

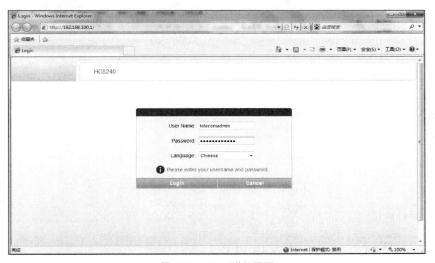

图 4-37　ONT 登录界面

② WAN 配置。

WAN 配置如图 4-38 所示。WAN 口参数要与高层设备参数一致，使其能配置连接的网络及其参数。

图 4-38　WAN 配置

③ 默认路由配置。

默认路由配置如图 4-39 所示。

图 4-39　默认路由配置

④ VoIP 接口配置。

VoIP 接口配置如图 4-40 所示。

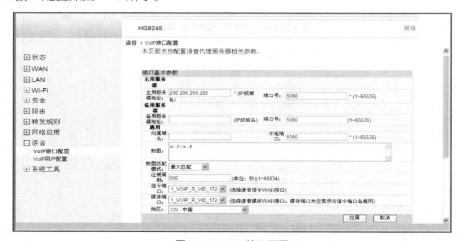

图 4-40　VoIP 接口配置

⑤ VoIP 用户配置。

VoIP 用户配置如图 4-41 所示。

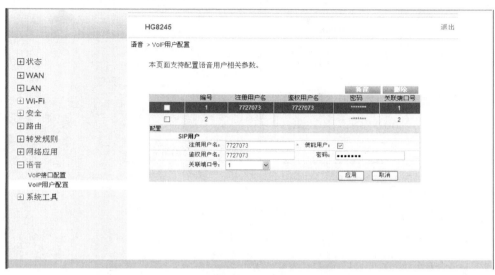

图 4-41　VoIP 用户配置

配置完成以后，可查看 VoIP 信息，如图 4-42 所示。提示注册成功后，用户可进行电话的接听和拨打。

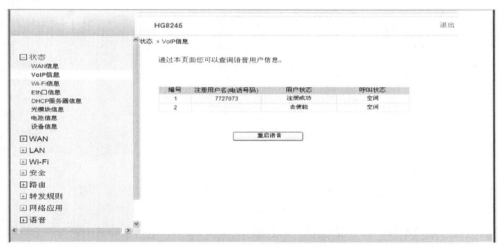

图 4-42　查看 VoIP 信息

3. FTTB VoIP 业务配置

FTTB VoIP 业务配置流程如图 4-43 所示。

（1）OLT 侧配置

① 配置前提：添加 ONT 成功，并建立带内管理通道。

配置 ONT 线路模板并添加 ONT 的步骤：增加 GEM Port ID 为 0 的 GEM Port 用于承载管理业务流，增加 GEM Port ID 为 2 的 GEM Port 用于承载语音业务流。将管理业务流（用户侧 VLAN ID 为 4000）映射到 GEM Port ID 为 0 的 GEM Port，将语音业务流（用户侧 VLAN ID 为 172）映射到 GEM Port ID 为 2 的 GEM Port，命令如下。

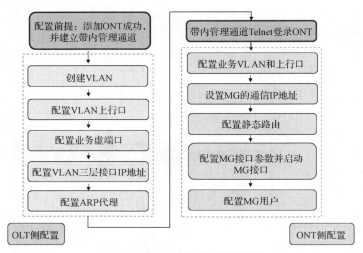

图 4-43　FTTB VoIP 业务配置流程

```
Huawei（config）#ont-lineprofile gpon profile-id 92 profile-name ma5620
Huawei（config-gpon-lineprofile-92）#gem add 0 eth tcont 0
Huawei（config-gpon-lineprofile-92）#gem mapping 0 0 vlan 4000
Huawei（config-gpon-lineprofile-92）#tcont 1 dba-profile-id 2
Huawei（config-gpon-lineprofile-92）#gem add 2 eth tcont 1
Huawei（config-gpon-lineprofile-92）#gem mapping 2 2 vlan 172
Huawei（config-gpon-lineprofile-92）#commit
Huawei（config-gpon-lineprofile-92）#quit
Huawei（config）#interface gpon 0/3
Huawei（config-if-gpon-0/3）# ONT confirm 0 ONTid 2 sn-auth 323031319C46B841 snmp
ONT-lineprofile-id  92
```

② 创建 VLAN。

创建管理 VLAN 4000，将上行口加入 VLAN 4000，命令如下。

```
Huawei（config）#vlan 4000 smart
Huawei（config）#port vlan 4000 0/19 0
```

③ 配置 VLAN 上行口。

配置带内管理 IP 地址为 172.16.246.140/16，命令如下。

```
Huawei（config）#interface vlanif 4000
Huawei（config-if-vlanif4000）#ip address 172.16.246.140 16
```

④ 配置业务虚端口。

配置业务虚端口的命令如下。

```
Huawei（config）#service-port vlan 4000 gpon 0/3/0 ONT 2 gemport 0 multi-service
user-vlan 4000
```

⑤ 配置 VLAN 三层接口 IP 地址。

配置 VLAN 三层接口 IP 地址的命令如下。

```
Huawei（config-if-gpon-0/8）#ONT ipconfig 0 2 static ip-address 172.16.246.2 mask
255.255.0.0 gateway 172.16.246.140 vlan 4000
```

⑥ 配置 ARP 代理。

创建业务 VLAN、增加业务 VLAN 上行口及配置业务虚端口，命令如下。

```
Huawei（config）#vlan 172 smart
Huawei（config）#port vlan 172 0/19 0
Huawei（config）# service-port vlan 172 gpon 0/3/0 ONT 2 gemport 2 multi-service
user-vlan 172
```

（2）ONT 侧配置

① 带内管理通道 Telnet 登录 ONT。

带内管理通道 Telnet 登录 ONT 的命令如下。

```
Telnet 登录 MA5620：
Huawei（config）#telnet 172.16.246.2
 连接 172.16.246.2
 成功连接到 172.16.246.2
>>User name: root
>>User password: mduadmin
```

② 配置业务 VLAN 和上行口。

创建业务 VLAN 并配置其上行口，业务 VLAN ID 为 172，类型为 Smart，将上行口 0/19/0 加入 VLAN 172 中。创建业务流，业务 VLAN ID 为 172，GEM Port ID 为 2，用户侧 VLAN ID 为 172。OLT 用户侧 VLAN（172）需要和 ONT 的上行业务 VLAN 保持一致。

建立一个 VLAN，命令如下。

```
MA5620G（config）# vlan 172
```

增加上行口，命令如下。

```
MA5620G（config）# port vlan 172 0/19/0 1
```

③ 设置 MG 的通信 IP 地址。

设置 MG 的通信 IP 地址的命令如下。

```
MA5620G（config-if-vlanif172）# ip address 17.248.42.15 8
```

在 VoIP 模式下增加地址池，命令如下。

```
MA5620G（config-voip）# ip address media 17.248.42.15 17.0.0.1
MA5620G（config-voip）# ip address signaling 17.248.42.15
```

④ 配置静态路由。

配置静态路由的命令如下。

```
MA5620G（config）# ip route-static 200.200.200.0 24 17.0.0.1
```

⑤ 配置 MG 接口参数并启动 MG 接口。

配置 MG 接口参数并启动 MG 接口的命令如下。

```
MA5620G（config）#interface sip 35
MA5620G（config-if-sip-35）#if-sip attribute basic media-ip 17.1.1.35 signal-ip
17.1.1.35 signal-port 5060 transfer udp primary-proxy-ip1 200.200.200.200
primary-proxy-port 5060 home-domain Huawei
MA5620G（config-if-sip-35）#reset
```

⑥ 配置 MG 用户。

配置 0/2 槽位的 PSTN 用户数据，增加单个用户或者批量用户，命令如下。

```
MA5620 （config）#esl user
MA5620 （config-esl-user）#sippstnuser add 0/2/1 35 telno 7727035
MA5620 （config-esl-user）#sippstnuser batadd 0/2/2 0/2/24 35 telno 7727035
```

使用 SIP 时的 SIP 终端 IP 地址为 17.1.1.35/8，网关为 17.0.0.1，用户号码、用户名为 7727035，密码为 7727000。

SIP 接口的注册方式为 IP 地址（默认）或者域名，需要和软交换侧严格一致。只要使用 protocol support 命令就可以实现协议转换。

#sippstnuser add：在同一个 SIP 接口内，用户的 MG ID 不能重复。

4. VoIP 业务维护

（1）信息查询

可查询 VoIP 接口是否正常、查看 VoIP 接口数据、查询 SIP 接口的基本运行信息等，命令如下。

```
MA5620G(config)#display if-sip all
```

使用 display if-sip all 命令时，系统按 SIP 接口标识从小到大的顺序显示所有支持 SIP 的接口的简要信息。未配置的接口属性显示为"-"。

查询指定 SIP 接口的属性配置信息，命令如下。

```
MA5620G(config)#display if-sip attribute
```

display if-sip attribute 命令用于查询指定 SIP 接口的属性配置信息，包括接口必选属性、可选属性的配置信息。当需要查询某 SIP 接口属性配置信息时，可使用此命令。

查询 PSTN 用户状态，命令如下。

```
MA5620G#display pstn state 0/2
-----------------------------------------------------------------------
 F /S /P   PTPSrvState  PTPAdmState   CTPSrvState CTPAdmState LineState
-----------------------------------------------------------------------
 0  /2 /0  Normal       NoLoop, NoTest   -           -         Normal
 0  /2 /1  Normal       NoLoop, NoTest   -           -         Normal
 0  /2 /2  Normal       NoLoop, NoTest   Idle        StartSvc  Normal
 0  /2 /3  Normal       NoLoop, NoTest   -           -         Normal
 0  /2 /4  Normal       NoLoop, NoTest   -           -         Normal
 0  /2 /5  Normal       NoLoop, NoTest   -           -         Normal
 0  /2 /6  Normal       NoLoop, NoTest   -           -         Normal
```

F /S /P：该端口对应的机框号/槽位号/端口号。

PTPSrvState：该端口的物理层运行状态。可能的查询结果如下。

- Normal：正常；
- PowerDeny：低功耗；
- Fault：故障。

PTPAdmState：该端口的物理层管理状态。可能的查询结果如下。

- NoLoop，NoTest：未环回，未测试；
- NoLoop，Test：未环回，正在测试；
- LLoop，NoTest：近端环回，未测试；
- LLoop，Test：近端环回，正在测试；
- RLoop，NoTest：远端环回，未测试；
- RLoop，Test：远端环回，正在测试。

CTPSrvState：该端口对应的业务运行状态。可能的查询结果如下。

- Idle：空闲；
- Offhook：摘机；
- Locked：锁定；
- Ringing：振铃；
- Fault：故障；

- -：未配置用户。

CTPAdmState：该端口对应的业务管理状态。可能的查询结果如下。

- LBlock：本地阻塞；
- RBlock：远端阻塞；
- StartSvc：启动服务；
- -：未配置用户。

LineState：用户线路状态。

- Normal：状态正常；
- Down：故障。

（2）删除 VoIP 业务

删除 VoIP 业务可删除各种接口等，其流程如图 4-44 所示。

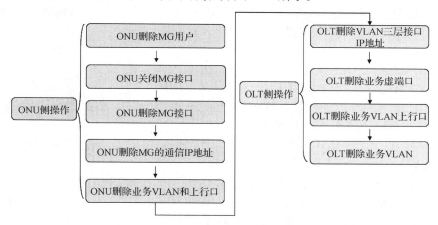

图 4-44　删除 VoIP 业务流程

【思考与练习】

一、单选题

1. OLT 向 ONT 下发命令的 OMCI 协议主要遵从（　　　　）。

    A. G984.1　　　　　　B. G984.2　　　　　　C. G984.3　　　　　　D. G984.4

2. GPON 系统支持的最大物理传输距离为（　　　　）km。

    A. 60　　　　　　　　B. 30　　　　　　　　C. 25　　　　　　　　D. 20

3. MA5680T 的业务板槽位数量为（　　　　）。

    A. 14　　　　　　　　B. 15　　　　　　　　C. 16　　　　　　　　D. 17

4. GPON 的组网方式为（　　　　）。

    A. 点对点　　　　　　B. 点对多点　　　　　C. 多点对多点　　　　D. 多点对点

5. GPON 下行数据流和上行数据流分别采用（　　　　）技术。

    A. 广播、单播　　　　　　　　　　　　　　B. 广播、时分复用

    C. 时分复用、广播　　　　　　　　　　　　D. 单播、广播

6. GPON 上行带宽调度的最小单位是（　　　　）。

    A. 以太网帧　　　　　B. GEM Port　　　　　C. TCONT　　　　　　D. ONU Port

7. DBA 带宽类型中，Type1 类型采用（　　　　）方式。

    A. 固定　　　　　　　B. 确保　　　　　　　C. 最大努力　　　　　D. 确保+最大努力

8. GPON 系统下行数据采用的加密技术是（　　　）。

    A. AES-128　　　　　B. MD5　　　　　　C. ECC　　　　　　D. IDEA

9. GPON 常见组网方式中 FTTB 是指（　　　）。

    A. 光纤到大楼　　　B. 光纤到路边　　　C. 光纤到用户　　　　D. 光纤到交接箱

10. 下列关于 GPON 技术描述不正确的是（　　　）。

    A. 常用传输速率为下行 2.5Gbit/s，上行 1.25Gbit/s

    B. 最大分光比为 1:265

    C. OLT 和 ONU 之间全程无源，使维护成本得到很好的控制

    D. GPON 更适用于语音、数据、视频业务，以及专线业务、无线基站承载等

11. GPON 中 ONU 首先用（　　　）来向 OLT 请求注册。

    A. MAC 地址　　　　B. IP 地址　　　　　C. 序列号　　　　　D. 端口号

12. GPON 系统 OLT 和 ONU 之间对数据进行 GEM 封装和解封装，GEM 帧是由帧头和载荷组成的，其中 GEM 帧头的长度是固定的（　　　）字节。

    A. 5　　　　　　　　B. 6　　　　　　　　C. 7　　　　　　　　D. 8

13. GPON 系统中 OLT 实现用户业务数据流承载的最小单元是（　　　）。

    A. GEM　　　　　　B. ETH　　　　　　C. DBA　　　　　　D. TCONT

14. 二级分光模式下，如果某个 PON 口对应的一级光分路器采用 1:16 分光比，二级光分路器采用 1:4 分光比，则该 PON 口最多可下挂（　　　）个用户。

    A. 16　　　　　　　B. 32　　　　　　　C. 64　　　　　　　D. 128

二、多选题

1. GPON 在 OLT 和 ONT 交互时，可以通过（　　　）通道实现 ONT 远端业务下发。

    A. PLOAM　　　　　B. OMCI　　　　　C. MPCP　　　　　D. IGMP

2. OLT 在测距过程中需要获取（　　　）参数。

    A. RTD　　　　　　B. RTC　　　　　　C. T1　　　　　　　D. EqD

3. 下列说法中正确的有（　　　）。

    A. 每个 TCONT 由一个或者多个 GEM Port 组成，每个 GEM Port 承载一个业务流。一个 TCONT 可以承载一种或者多种业务类型的数据流

    B. 每个 GEM Port 由唯一的 Port ID 来标识，Port ID 的范围为 0~4095，并且由 OLT 进行全局分配，即 OLT 下的每个 ONU/ONT 不能使用 Port ID 重复的 GEM Port

    C. GEM Port 标识的是 OLT 和 ONU/ONT 之间的业务虚通道，即承载业务流的通道，类似 ATM 虚连接中的 VPI/VCI

    D. 每个 GPON 端口支持最多 32 个 ONU/ONT

4. 在 TC 帧中我们可以封装数据净荷类型为（　　　）。

    A. ATM 信元　　　　B. GEM 帧　　　　C. 以太网帧　　　　D. E1

三、判断题

1. GPON 为了避免数据冲突并提高网络利用率，下行方向采用 TDMA 接入方式。（　　　）

2. ODN 在 OLT 和 ONU 间提供光通道。（　　　）

3. GPDB 业务单板有 4 个 PON 端口。（　　　）

4. GPON 支持的最大分光比为 1:64。（　　　）

5. GPON 在 NGN 体系结构中属于边缘接入层。（　　　）

四、简答题

1. 请简述什么是 DBA 及 DBA 的作用。

2. GPON 的优势有哪些?

3. DBA 中 TCONT 的带宽类型有哪几种?

4. 请从标准、速率、分光比、承载、带宽效率的角度分析 GPON 与 EPON 的区别。

5. GPON 的关键技术有哪些?

6. 简述 GPON 上行帧的复用结构和映射关系。

7. 简述 GPON 测距技术原理。

8. GPON 的光纤保护倒换方式有哪些?

9. 试用 GPON 技术完成三网融合的功能和业务规划。

10. 以华为 MA5608T 为 OLT，简述采用 GPON 技术配置 IPTV 业务的重要指令。

05 模块 5　10G PON 技术

【学习目标】

- 了解 PON 的技术演进；
- 掌握 10G EPON 技术原理；
- 掌握 XG-PON 技术原理；
- 理解 10G EPON、XG(S)-PON 的优势；
- 掌握组播理论知识；
- 完成组播及视频监控业务配置；
- 提升认识世界的能力和培养爱国主义精神；
- 培养自主学习、独立思考问题的能力和创新精神。

【重点/难点】

- PON 技术演进；
- XG-PON 工作原理；
- XG-PON 技术；
- 组播业务原理；
- IPTV 业务配置；
- 视频监控业务配置。

【情境描述】

　　10G PON 技术包括 10G EPON 和 XG(S)-PON 两类，分别从 EPON 和 GPON 演进而来，与原技术一脉相承，并向多波长拓展，利用现有网络直接提速，满足电信运营商的带宽规划、网络性能提升以及多业务发展的需求。本模块"知识引入"部分对不同的 10G PON 技术原理进行介绍。"技能演练"部分以实现 IPTV、三网融合业务为工程背景，从设备认知、设备安装、数据配置等不同环节对岗位所需技能进行演练。为培养精益求精的工匠精神，适应信息技术发展，针对 IPTV、三网融合业务的核心技术，不仅要求掌握组播、VoIP 等基本工作原理和数据配置方法，也要求能循序渐进，举一反三，全面掌握多项技能。

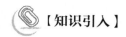 【知识引入】

5.1　10G EPON 技术

微课 5-1　10G
PON 技术的演进

　　10G PON 可以继承 EPON 或 GPON 大规模部署的成熟经验，并在不改变原 ODN 的情况下与 EPON 或 GPON 共存，为运营商节省投资。下面首先介绍 10G EPON 技术标准。

5.1.1　10G EPON 技术标准

　　10G EPON 遵循 IEEE 802.3av 标准，该标准定义了两种 10G EPON 技术：一种是非对称的，其下行传输速率为 10Gbit/s，上行传输速率为 1.25Gbit/s；另一种是对称的，其下行传输速率为 10Gbit/s，上行传输速率为 10Gbit/s。IEEE 802.3av 标准的核心点是：①扩大 EPON（802.3ah）的上下行带宽，达到 10Gbit/s 的传输速率；②10G EPON 与 EPON 的兼容性，即 10G EPON 的 ONU 可以与 EPON 的 ONU 共存在同一个 ODN 下。

　　PON 技术基于波分复用技术实现单纤双向传输，上下行波长各不相同。EPON 和 10G EPON 光谱分配如图 5-1 所示。

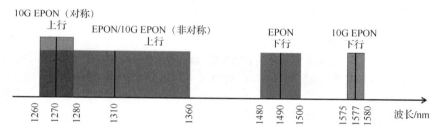

图 5-1　EPON 和 10G EPON 光谱分配

10G EPON 和 EPON 主要区别如表 5-1 所示。

表 5-1　　　　　　　　　　　　　10G EPON 和 EPON 主要区别

项目		EPON（802.3ah）	10G EPON（802.3av）	
			非对称	对称
速率/（Gbit·s^{-1}）		1.25 下行/1.25 上行	10 下行/1.25 上行	10 下行/10 上行
上行线路编码		8B/10B	8B/10B	64B/66B
分光比		1:64	1:128	1:128
波长/nm	下行	1490（1480~1500）	1577（1575~1580）	1577（1575~1580）
	上行	1310（1260~1360）	1310（1260~1360）	1270（1260~1280）
最大传输距离/km		20	20	20
光功率预算		PX 10/20（20+）	PRX 10/20/30/40/50	PR 10/20/30/40/50

　　在 EPON 向 10G EPON 演进过程中，可将 OLT 的 EPON 端口更换为对称/非对称的 10G EPON 端口，ONT 可以根据需求灵活选择，可以是 EPON ONT，也可以是非对称 10G EPON ONT 或对称 10G EPON ONT。10G EPON 技术演进如图 5-2 所示。

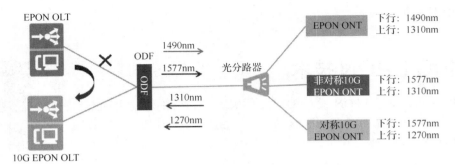

图 5-2　10G EPON 技术演进

5.1.2　10G EPON 技术原理

1. 基本概念

（1）10G EPON 数据复用方式

10G EPON 系统采用 WDM 技术实现单纤双向传输。为了分离同一根光纤上多个用户的信号，采用以下两种技术：下行数据流采用广播技术；上行数据流采用 TDMA 技术。

（2）10G EPON 下行数据流

下行方向，OLT 采用广播方式发送数据给 ONU，所有的 ONU 都能收到相同的数据，ONU 根据 LLID 信息判断是否接收数据。

（3）10G EPON 上行数据流

上行传输数据流采用 TDMA 技术。TDMA 即 OLT 统筹管理 ONU 发送上行信号的时刻，发出时隙分配帧。ONT 根据时隙分配帧，在 OLT 分配给它的时隙中发送自己的上行信号。

（4）10G EPON 帧

10G EPON 数据帧和 EPON 数据帧一样，基于 802.3 体系的以太网帧进行扩展，如图 5-3 所示。

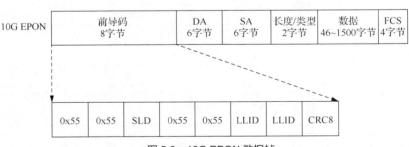

图 5-3　10G EPON 数据帧

2. 关键技术

（1）MPCP 测距

对 OLT 而言，各个不同的 ONU 到 OLT 的逻辑距离不相等，OLT 与 ONU 的 RTT 会随着时间和环境的变化而变化，因此在 ONU 以 TDMA 方式（也就是在同一时刻，OLT 一个 PON 口下的所有 ONU 中只有一个 ONU 在发送数据）发送上行信元时可能会出现碰撞冲突。

（2）测距原理

补偿因各 ONU 与 OLT 距离不同而产生的 RTT 差异：

- 在注册过程中，OLT 对新加入的 ONU 启动测距过程；
- OLT 使用 RTT 来调整每个 ONU 的授权时间；
- OLT 也可以在任何收到 MPCPDU 的时候启动测距功能。

避免注册冲突的方法：

在 10G EPON 系统中，解决 ONU 的注册冲突通常采用随机延迟时间法，其中带内开窗法是较为常用的方法。带内开窗法原理如图 5-4 所示。

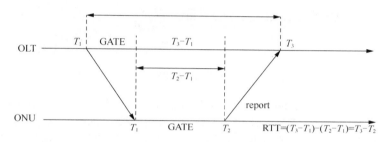

图 5-4　带内开窗法原理

下面重点介绍带内开窗法。

① OLT 和 ONU 都有每 16ns 增 1 的 32 位计数器，这些计数器提供一个本地时间戳。当任意 OLT 或 ONU 设备发送 MPCPDU 时，它将计数器的值映射入时间戳域。OLT 发送给 ONU 的 MPCPDU 的第一个字节的发送时间作为设定时间戳的参考时间。

② 当 ONU 接收到 MPCPDU 时，将根据所接收的 MPCPDU 的时间戳域的值来设置其计数器。

③ 当 OLT 接收到 MPCPDU 时，将根据所接收的时间戳来计算或校验 OLT 和 ONU 之间的 RTT。

④ RTT 等于 OLT 的定时器的值和接收到的时间戳之间的差。

⑤ 客户端的测距可利用该 RTT 来完成。

（3）突发光电技术

10G EPON 上行方向采用 TDMA 的方式工作，每个 ONU 必须在许可的时隙才能发送数据，在不属于自己的时隙必须关闭光模块，才不会影响其他 ONU 的正常工作。对 OLT 侧上行接收来讲，必须根据时隙突发接收每个 ONU 的上行数据。因此，为了保证系统的正常工作，ONU 侧的光模块必须支持突发发送功能，OLT 侧的光模块也必须支持突发接收功能。

① ONU 侧突发发送。测距保证不同 ONU 发送的信元在 OLT 端互不冲突，但测距精度有限，一般为正负 1 位，不同 ONU 发送的信元之间会有几位的防护时间（但不是位的整数倍），如果 ONU 侧的光模块不具备突发发送功能，则会导致发送信号叠加，信号会失真。

② OLT 侧突发接收。每个 ONU 到 OLT 的距离不同，所以光信号衰减对每个 ONU 来讲都是不同的，这就可能导致 OLT 在不同时隙接收到的报文的功率电平是不同的，如果 OLT 侧的光模块不具备光功率突变的快速处理功能，则会恢复错误的信号（高于阈值电平才认为有效，低于阈值电平则无法正确恢复）。动态调整阈值功能可以使 OLT 按照接收光信号的强弱动态调整接收光功率的阈值以保证所有 ONU 的信号都可以正确恢复。

（4）DBA

DBA 即动态带宽分配。OLT 根据 ONU 的上行突发业务量需求，动态地调整、分配上行带宽给 ONU，既满足了 ONU 上行带宽需求，也提高了 PON 系统带宽的利用率。DBA 原理如图 5-5 所示。

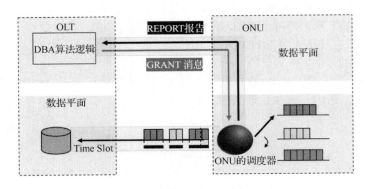

图 5-5　DBA 原理

DBA 采用集中控制方式，即所有的 ONU 的上行信息发送，都要向 OLT 申请带宽，OLT 根据 ONU 的请求按照一定的算法分配带宽（时隙）占用授权，ONU 根据分配的时隙发送信息。DBA 算法逻辑的基本思想是：各 ONU 利用上行可分割时隙反映信元到达的时间分布并请求带宽，OLT 根据各 ONU 的请求公平、合理地分配带宽，并同时考虑超载、信道有误码、有信元丢失等情况的处理。在周期 n-1，ONU 产生报告帧 REPORT，而 OLT 收集这些报告帧。在周期 n，DBA 算法做决定并产生 GRANT 消息，这些 GRANT 消息将在周期 n+1 有效。换句话说，在当前周期里，DBA 对前一周期收集到的信息进行计算，并做好下一周期有效的决定。这就形成了一个流水线过程。读者可以不关心内部算法的实现方法，但是对 DBA 的实现流程应有一个大概了解。

（5）线路加密

10G EPON 系统下行方向采用广播方式，恶意用户很容易截获系统中其他用户的信息。ONU 为了使自己的信息不被其他 ONU 读懂，要求 OLT 在发送数据信息前按每个 ONU 自己提供的密码（搅动键）在 TC 层进行搅动加密。为防止窃听者逐个试探解密，需要对搅动键进行定时更新，每个 ONU 的搅动键至少每秒更新一次。线路加密时，为了防止加密密钥被破解，使用密钥更换技术，不断更新加密密钥，提高安全性。线路加密算法不会增加载荷、不会占用带宽，也不会引起传输时延。对于线路安全要求较高的场景建议使用线路加密功能。线路加密原理如图 5-6 所示。

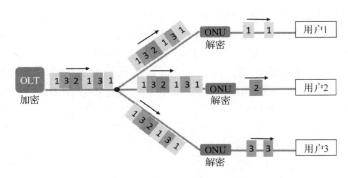

图 5-6　线路加密原理

（6）MPCP 兼容

华为技术有限公司提出的 MPCP 兼容适配机制，解决了 1.25G/10G ONU 在网络中共存问题。其技术特点如下。

① 发现窗（Discovery Window）增加了 1.25G 和 10G 的标志域，用于区分 1.25G 和 10G ONU。

② ONU 报告激光模块要求的开关时间（Laser ON/OFF Time）。

③ OLT 与 ONU 协商后，告知 ONU 光模块的实际开关时间。

5.1.3 10G EPON 典型应用组网

使用 10G EPON 技术组建的网络拓扑结构遵循 PON 的网络标准，采用与 EPON 的网络拓扑结构一样的 P2MP 架构。10G EPON 企业组网如图 5-7 所示。

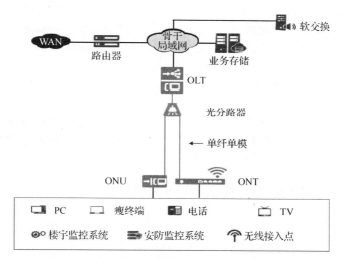

图 5-7 10G EPON 企业组网

当非对称 10G EPON ONU 和 EPON ONU 共存时，所有 ONU 共享 1.25Gbit/s 的上行带宽，每个时隙传输的数据量相同。

10G EPON 下行 PON 口具备 1490nm/1577nm 两个中心波长的发送能力，可满足 EPON 和 10G EPON 下行传输需求，传输方式均为广播方式，PON 口的总带宽为 EPON 下行带宽与 10G EPON 下行带宽之和。

5.2 XG(S)-PON 技术

5.2.1 XG(S)-PON 技术的发展

XG(S)-PON 是在已有 GPON 技术上演进的增强型下一代 GPON 技术，主要解决 GPON 的以下问题：不断发展高带宽业务类型对带宽有着更高的要求，GPON 技术不能提供足够的带宽来满足需求；用户侧接入技术不断创新，用户接入带宽不断提升。因为 XG-PON 和 XGS-PON 同属 XG(S)-PON 技术阶段，故本书中对其描述统称为 XG(S)-PON。如果两种技术有差异，则以具体名称体现。XG(S)-PON 标准进展如图 5-8 所示。

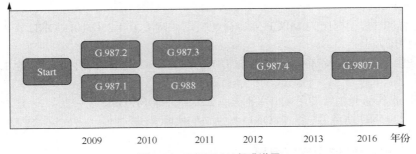

图 5-8   XG(S)-PON 标准进展

2004 年，ITU-T 的 Q2 组织开始同步研究和分析从 GPON 向下一代 PON 演进的可能性。

2007 年 9 月，Q2 组织正式发布了用于规范 GPON 和下一代 PON 系统共存的增强波长计划。

2007 年 11 月，Q2 组织正式确定 XG-PON 的标准化目标，并以"低成本，高容量，广覆盖，全业务，高互通"为目标，迅速推进下一代 PON 技术标准的研究和制定。

2009 年 10 月，Q2 组织在 SG15 全会期间正式发布了 XG-PON 标准的第一阶段文本，即下一代 PON 系统的总体需求（ITU-T G.987.1）和 PMD 层规范（ITU-T G.987.2）。

2010 年 6 月，发布了 XG-PON 的 TC 层规范（ITU-T G.987.3）和 OMCI 适配子层规范（ITU-T G.988）。

2012 年 6 月，发布了 XG-PON 关于扩展可达的 TC 层规范（ITU-T G.987.4）。

2016 年 6 月，ITU-T G.9807.1 定义了 XGS-PON（10-Gigabit-capable symmetric passive optical network，10G 比特无源光接入网）规范。

5.2.2　GPON 和 XG(S)-PON 主要技术规格差异

GPON 和 XG(S)-PON 主要技术规格差异如表 5-2 所示。

表 5-2　　　　　　　　　　　GPON 和 XG(S)-PON 主要技术规格差异

项目	GPON	XG(S)-PON	
		XG-PON	XGS-PON
波长范围/nm	下行：1480～1500 上行：1290～1330	下行：1575～1580 上行：1260～1280	下行：1575～1580 上行：1260～1280
中心波长/nm	下行：1490 上行：1310	下行：1577 上行：1270	下行：1577 上行：1270
最大线路速率/（Gbit·s^{-1}）	下行：2.488 上行：1.244	下行：9.953 上行：2.488	下行：9.953 上行：9.953
帧结构	GEM	XGEM	XGEM

5.2.3　网络结构

XG(S)-PON 和 GPON 的网络结构一样，同样遵循标准 PON 的 P2MP 架构，XG(S)-PON 由 OLT、ONU、ODN 等组成。OLT 是放置在局端的终结 PON 协议的汇聚设备；ONU 是位于客户端的给用户提供各种接口的用户侧单元或终端；ODN 由光纤、一个或多个无源光分路器（Passive Optical Splitter，POS）组成，用于连接 OLT 和 ONU。XG(S)-PON 的网络结构如图 5-9 所示。

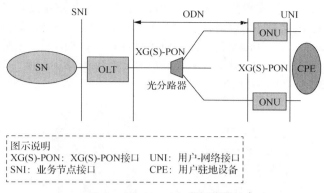

图 5-9　XG(S)-PON 的网络结构

5.2.4　XG(S)-PON 工作原理

1.　业务复用

GEM Port 和 TCONT 是 PON 中实现业务复用的虚拟连接单位，XG(S)-PON 系统业务复用原理如图 5-10 所示。GEM Port 是 GEM 中复用成 TCONT 的单位。一个 TCONT 可定义一个或多个 GEM Port。一个 ONU 可支持多个 TCONT，并为之配置不同的业务类型。

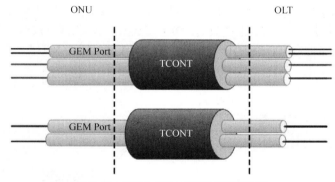

图 5-10　XG(S)-PON 系统业务复用原理

2.　GEM Port

GEM Port 标识的是 XG(S)-PON 系统中 OLT 和 ONU 之间的业务虚通道，即承载业务流的通道，类似 ATM 虚连接中的 VPI/VCI。每个 GEM Port 由唯一的 XGEM Port-ID 来标识，XGEM Port-ID 由 OLT 基于 XG(S)-PON 端口分配，一个 GEM Port 可以承载一种业务，也可以承载多种业务。

3.　TCONT

TCONT 是 XG(S)-PON 系统中上行业务流最基本的控制单元，是 XG(S)-PON 上行方向业务的载体，所有的 GEM Port 都要映射到 TCONT 中，由 OLT 通过 DBA 调度的方式进行数据上行传输。TCONT 根据用户具体配置可以承载多个或者一个 GEM Port；每个 TCONT 由 Alloc-ID 来唯一标识；Alloc-ID 由 OLT 基于 XG(S)-PON 端口分配；每个 ONU 支持多个 TCONT，并可以将其配置为不同的业务类型。

4.　以太网业务在 XG(S)-PON 中的映射方式

以太网帧直接承载在 XGEM 帧载荷中进行传输。IEEE 802.2 前导码和 SFD 在 XGEM 帧封装之前被丢弃。PLI 表示净荷大小，为 14 位。XGEM 帧头后的 XGEM 净荷中 SDU 或 SDU 分片的长度为 0 到 16383 的整数，可以对扩展的以太网帧（最多 2000 字节）和巨型以太网帧（最大 9000 字节）进行编码。Key Index 为 2 位。XGEM 净荷下行加密使用加密密钥，全零表示不加密传输净荷。Port ID 为 16 位，表示该帧所属的 GEM Port。Options 为 18 位，LF 为 1 位，HEC 为 13 位。XGEM 帧如图 5-11 所示。

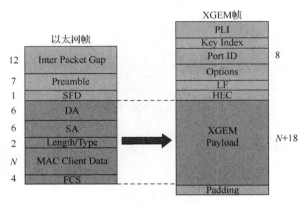

图 5-11　XGEM 帧

5. 系统传输原理

XG(S)-PON 采用波分复用技术通过不同波长在同一个 ODN 上进行单纤双向数据传输，如图 5-12 所示。下行通过广播的方式发送数据，OLT 将数据广播到所有的 ONU 上，ONU 选择接收属于自身的数据，将其他数据直接丢弃；上行通过 TDMA 的方式，ONU 按照时隙进行数据传输。

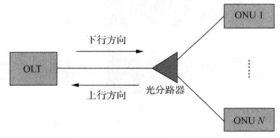

图 5-12　XG(S)-PON 传输原理

6. 业务流转发流程

下行方向，在 OLT 上，数据流在业务处理单元中被封装到 GEM Port 中。OLT 将封装到 GEM Port 中的数据广播给所有 ONU。ONU 接收到 OLT 发送的数据后，根据 XGEM Port-ID 判断是对数据流进行处理还是进行丢弃。下行业务流转发流程如图 5-13 所示。

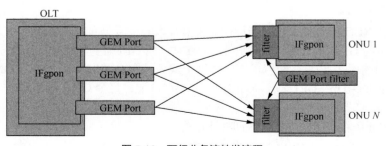

图 5-13　下行业务流转发流程

上行方向，在 ONU 上，数据流被封装到相应的 GEM Port 中，然后映射到相应的 TCONT 中。OLT 通过 TCONT 调度数据流，ONU 按照调度发送数据流到 OLT。OLT 将 GEM Port 中数据流解封装后送入相应业务单元。上行业务流转发流程如图 5-14 所示。

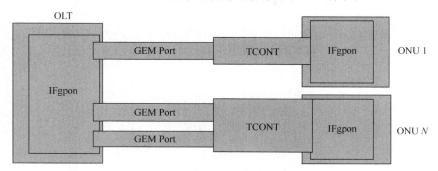

图 5-14　上行业务流转发流程

5.2.5　XG(S)-PON 安全策略

XG(S)-PON 关键技术与 GPON 关键技术基本相同，如测距技术、突发光电技术、DBA 技术等。相比 GPON，XG(S)-PON 技术在线路加密技术、ONU 认证上有所提高。

1. 线路加密技术

XG(S)-PON 的线路加密技术相比 GPON 的有所提高，可以防止非法接入的设备窃取信息，消除安全隐患。XG(S)-PON 线路加密技术支持上行方向和下行方向双向加密，确保数据报文双向安全传输。线路加密过程如图 5-15 所示。将明文传输的数据报文通过加密算法（如 AES-CTR 加密算法）进行密文传输，提高安全性。另外，为了规避密钥被破解带来的风险，可使用密钥更换技术，不断更新密钥，进一步提高安全性。

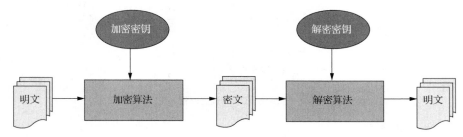

图 5-15　线路加密过程

2. ONU 认证

PON 系统的 P2MP 架构中下行数据采用广播方式发送到所有的 ONU 上，这样无疑会给非法接入的 ONU 提供接收数据报文的机会，为了解决这个问题，PON 系统通过认证技术，确保接入的 ONU 的合法性。ONU 认证流程包括 6 个状态和 2 个计时器。6 个状态包括：O1 初始状态、O2 和 O3 序列号状态、O4 测距状态、O5 操作状态、O6 下行同步丢失间歇状态、O7 紧急停止状态。通过这些状态的反馈，确保接入的 ONU 合法。ONU 上电以后，或者 ONU 收到失效的 PLOAM 消息以后，或者从 O7 状态出来后，都要先进入初始状态 O1。在获得同步以后，ONU 就可以接收 OLT 下行数据流的数据了。为了正确地接收 ONU 的序列号信息，OLT 定义了一个静默窗口，在这个窗口，所有正常工作的 ONU 都不能发送上行数据，需要上报序列号，即进入序列号状态 O2、O3。OLT 收到序列号后，会给 ONU 分配一个 ONU-ID，进入测距状态

O4。在 O4 状态，OLT 发送一个调整时间的命令给一个 ONU，同时进入延迟测量状态。ONU 收到这条消息后，会发送一条注册消息给 OLT。OLT 根据收到的时间，计算出链路均衡延迟，并将延迟时间通过回环消息发给 ONU，这时候 ONU 就获得了上行同步。进入操作状态 O5，ONU 可以根据 OLT 的调度正常收发数据。在 O5 状态，如果下行同步丢失，则进入间歇状态 O6，如果 O6 状态持续时间超过了时间限制（如 100ms），则进入 O1 状态。O7 为紧急停止的特殊状态，如果在 O7 状态 SN 请求启动，则进入 O1 状态。整个 ONU 认证流程如图 5-16 所示。

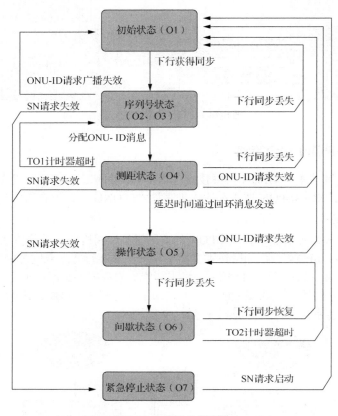

图 5-16　ONU 认证流程

3. 长发光 ONU 检测

PON 遵循 P2MP 的网络架构，上行方向采用 TDMA 方式，ONU 必须按照 OLT 分配的时隙向上行方向发送数据才能保证数据依次上行到 OLT 设备而不产生冲突。不按照分配的时隙向上行方向发送光信号的 ONU 叫长发光 ONU。长发光 ONU 又名长发光流氓 ONU，是指任意时刻都在发光的 ONU。当系统出现长发光 ONU 时，如果该 ONU 已上线，会导致同一 PON 口下其他某个 ONU 或者所有 ONU 下线或者频繁上下线；如果该 ONU 未配置，会导致同一 PON 口下其他未配置的 ONU 不能被正常自动发现。

长发光 ONU 检测又名流氓 ONU 检测，用来检测系统中的长发光 ONU 并进行隔离处理，确保系统正常运行。针对长发光 ONU 的处理一般分为 3 个过程。

① 检测（Check）：检测就是定时对 PON 口进行测试，检查是否存在长发光 ONU。检测过程只能判断 PON 口下存在长发光 ONU，不能定位具体的 ONU。OLT 在上行方向开空窗，进行 ONU 上行光信号的检测，此时如果检测到上行还有收光，则进入长发光 ONU 排查流程。

② 排查（Detect）：排查过程就是确定具体哪个 ONU 是长发光 ONU 的过程。OLT 下发指

令逐个打开 ONU 的光模块，检测是否有上行光信号，并判断当打开某个 ONU 后是否会导致其他 ONU 下线，如果某个 ONU 打开后导致其他的 ONU 均下线，就说明该 ONU 为长发光 ONU。长发光 ONU 的排查流程将对该 PON 口上的所有 ONU 均排查一遍，确保将所有长发光 ONU 均排查出来。

③ 隔离（Isolate）：隔离就是 OLT 对 ONU 下发指令，关闭 ONU 的光模块，消除长发光 ONU 对同一 PON 口下其他 ONU 的影响。

一旦 ONU 光模块上行发光被 OLT 关断，这个关断将是永久性的，即 ONU 复位或掉电重启后其光模块的上行发光也是被关断的，除非 OLT 下发指令重新打开，该机制保障了长发光 ONU 被彻底隔离。

但是，OLT 对 PON 线路上行方向发光异常做判断和分析，只能针对非恶意用户识别并隔离长发光 ONU；对于人为破坏或不符合规定的 ONU，不在本特性解决范围。长发光 ONU 要能够解析下行 PLOAM 消息并正确响应。仅当 ONU 支持标准 PLOAM 消息，正确进行 ONU 光模块开关控制，才能保证在 OLT 判断 PON 口下存在长发光 ONU 后，快速定位具体的 ONU。当 PON 口上有未配置的 ONU 出现长发光状态，会导致该 PON 口下其他未配置的 ONU 不能被正常自动发现。

5.2.6　GPON 向 XG(S)–PON 的平滑演进

对于运营商现网已经部署的 GPON，XG(S)-PON 要满足 GPON 向 XG(S)-PON 的平滑演进。这是因为：随着业务的发展，用户的带宽需求是逐步提升的，这就会出现短期内只有部分用户需要升级到 XG(S)-PON，部分用户继续使用 GPON；对于运营商现网已经部署的 GPON，一次性全部割接到 XG(S)-PON 的工程量大，必须通过平滑演进逐步完成。

XG(S)-PON 有以下主要特征支撑 GPON 向 XG(S)-PON 的平滑演进：

* XG(S)-PON 的波长规划与 GPON 的波长规划不重叠，故 GPON 与 XG(S)-PON 可通过波分复用方式共享 ODN；

* OLT 平台支持 GPON 业务单板与 XG(S)-PON 业务单板共存；

* XG(S)-PON 与 GPON 在业务发放、业务部署方面操作基本相同，可以共享网管系统和业务发放系统。

1. XG(S)–PON Combo 介绍

PON Combo 就是通过一个 Combo 端口支持两种 PON 技术，实现一个 PON Combo 端口同时支持多种 ONU 类型，实现 GPON 和 XG(S)-PON 混合建网以及 GPON 向 XG(S)-PON 平滑演进。

华为 XG(S)-PON Combo 提供两种类型：XG-PON Combo 和 XGS-PON Combo。

种类一：XG-PON Combo。

XG-PON Combo 即 GPON 和 XG-PON 通过 Combo 方式集成在一个端口。

XG-PON Combo 支持接入 GPON ONU 和 XG-PON ONU。

种类二：XGS-PON Combo。

XGS-PON Combo 即 GPON 和 XGS-PON 通过 Combo 方式集成在一个端口。

XGS-PON Combo 支持接入 GPON ONU、XG-PON ONU 和 XGS-PON ONU。

2. XG(S)–PON Combo 工作原理

XG(S)-PON Combo 主要采用波分复用的基本工作原理，系统中通过引入该单板，可实现 GPON 与 XG(S)-PON 系统同时工作。其工作原理如图 5-17 所示。

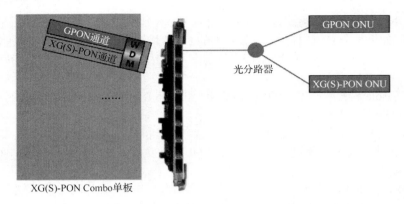

图 5-17　XG(S)-PON Combo 工作原理

① XG(S)-PON Combo 单板与 XG(S)-PON Combo 光模块配合，实现一个 XG(S)-PON Combo 端口同时支持 GPON ONU 和 XG(S)-PON ONU。

② XG(S)-PON Combo 光模块集成 GPON 光模块、XG(S)-PON 光模块、WDM 合波器于一体，实现共享 ODN 资源。

• 上行方向：上行信号进入 XG(S)-PON Combo 端口后，WDM 根据波长过滤 GPON 信号和 XG(S)-PON 信号，然后将信号送入通道；

• 下行方向：来自 GPON 通道和 XG(S)-PON 通道的信号通过 WDM 复用，混合信号通过 ODN 下行到 ONU，由于波长不相同，GPON ONU 和 XG(S)-PON ONU 通过内部的波长滤波器按照各自所需的波长来接收信号。

3. XG(S)–PON Combo 演进方案

下面介绍通过 XG(S)-PON Combo 业务单板方式实现 GPON 向 XG(S)-PON Combo 平滑演进。

（1）演进前

GPON FTTx 组网演进前如图 5-18 所示，OLT 使用 GPON 业务单板接入 GPON ONU。

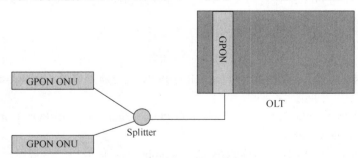

图 5-18　GPON FTTx 组网演进前

（2）演进方案

通过增加 XG(S)-PON Combo 业务单板方式实现 GPON 向 XG(S)-PON Combo 平滑演进，其方案如图 5-19 所示。

（3）操作步骤

① 在 OLT 设备中增加 XG(S)-PON Combo 业务单板。

② 切换光纤，将 GPON 端口的主干光纤切换到 XG(S)-PON Combo 端口。

③ 新增 XG(S)-PON ONU 或者替换 GPON ONU。

④ 业务配置，可参考相关厂商提供的 XG(S)-PON Combo 业务配置指导文件。

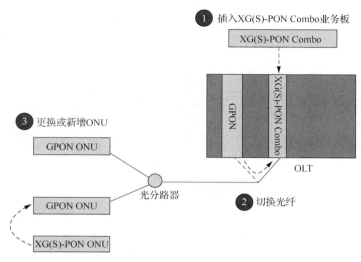

图 5-19　GPON 向 XG(S)-PON Combo 平滑演进方案

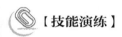【技能演练】

5.3　10G PON 硬件认知

5.3.1　OLT

现以华为 10G PON MA5800/EA5800 系列为例进行介绍。MA5800 系列分为大型（如 MA5800/EA5800-X17/X15）、中型 （如 MA5800/EA5800-X7）和小型（如 MA5800/EA5800-X2、EA5801）等。部分 OLT 设备外形如图 5-20 所示。

（a）MA5800/EA5800-X17　　　（b）MA5800/EA5800-X7　　　（c）MA5800/EA5800-X2

图 5-20　部分 OLT 设备外形

MA5800/EA5800 系列产品主要有 MA5800/EA5800-X17/X15、MA5800/EA5800-X7 和 MA5800/EA5800-X2 等，具有大带宽、大容量、高可靠性、智能等特点，可提供高密的超宽接入。

MA5800/EA5800-X17 业务框提供 22 个槽位，其中包括 2 个主控板槽位、2 个电源板槽位、1 个通用接口板槽位和 17 个业务板槽位，如图 5-21 所示。其中，主控板占据 9、10 号槽位，必须配置相同的主控板；业务板为 1～8、11～19 号槽位，支持业务板混配，支持上行接口板混配，但建议采用相同的上行接口板，主控板与上行接口板都可用于上行数据的传输，但建议将主控板用于上行数据的传输；通用接口板为 0 号槽位，电源板为 20、21 号槽位。

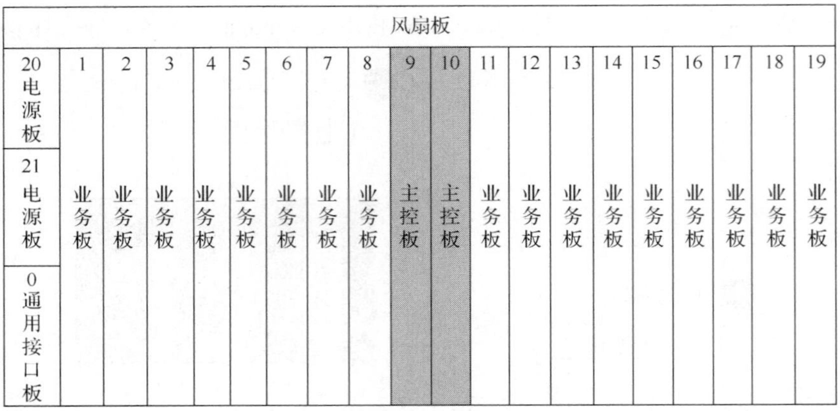

	风扇板																		
	1	2	3	4	5	6	7	8	9	10	11	12	13	14	15	16	17	18	19
20 电源板 / 21 电源板 / 0 通用接口板	业务板	业务板	业务板	业务板	业务板	业务板	业务板	业务板	主控板	主控板	业务板	业务板	业务板	业务板	业务板	业务板	业务板	业务板	业务板

图 5-21　MA5800/EA5800-X17 业务框

MA5800/EA5800-X15 业务框提供 20 个槽位，其中包括 2 个主控板槽位、2 个电源板槽位、1 个通用接口板槽位和 15 个业务板槽位，如图 5-22 所示。

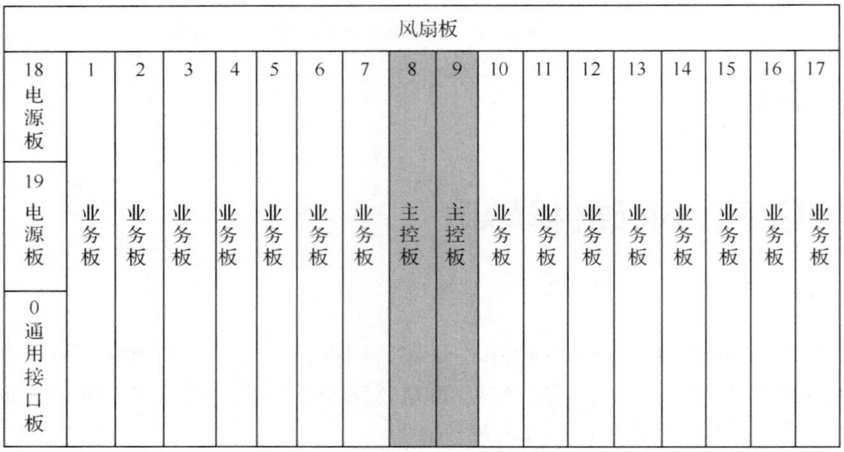

	风扇板																
	1	2	3	4	5	6	7	8	9	10	11	12	13	14	15	16	17
18 电源板 / 19 电源板 / 0 通用接口板	业务板	业务板	业务板	业务板	业务板	业务板	业务板	主控板	主控板	业务板	业务板	业务板	业务板	业务板	业务板	业务板	业务板

图 5-22　MA5800/EA5800-X15 业务框

MA5800/EA5800-X7 业务框共有 12 个槽位，其中包括 2 个主控板槽位、2 个电源板槽位、1 个通用接口板槽位和 7 个业务板槽位，如图 5-23 所示。

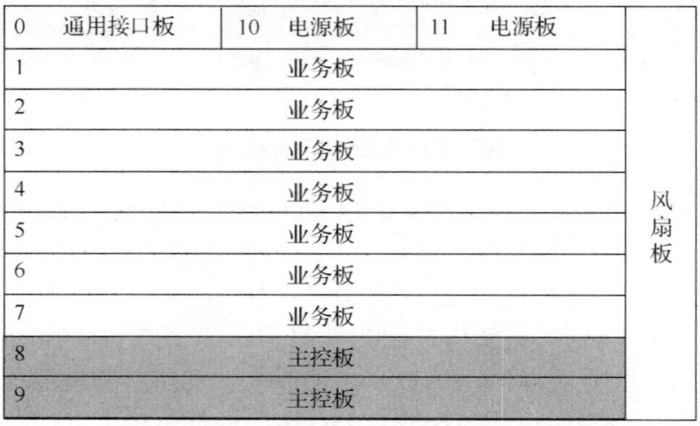

0 通用接口板	10 电源板	11 电源板	
1 业务板			风扇板
2 业务板			
3 业务板			
4 业务板			
5 业务板			
6 业务板			
7 业务板			
8 主控板			
9 主控板			

图 5-23　MA5800/EA5800-X7 业务框

MA5800/EA5800-X2 为小型业务框，共有 5 个槽位，其中包括 2 个主控板槽位、1 个电源板槽位和 2 个业务板槽位，如图 5-24 所示。

3　主控板	4　主控板	0　电源板	风扇板
1　　　　　　　　　业务板			
2　　　　　　　　　业务板			

图 5-24　MA5800/EA5800-X2 业务框

5.3.2　典型 OLT 单板简介

1. 主控板

主控板是系统控制、管理单元，完成对整个产品的配置、管理和控制，同时实现简单路由协议等功能，典型型号如 H903MPLA、H901MPLB 等。

H903MPLA、H901MPLB 是适用于 MA5800/EA5800 系列 OLT 的控制单元板，是系统控制和业务交换、汇聚的核心，也可以作为统一网管的管理、控制核心。H903MPLA 通过主从串口、带内的 GE/10GE 通道和业务板传递关键管理、控制信息，完成对整个产品的配置、管理和控制，同时实现简单路由协议等功能。主控板外观如图 5-25 和图 5-26 所示。

图 5-25　H903MPLA 外观

图 5-26　H901MPLB 外观

2. GPON 接口板

H901GPSF 单板是 16 端口 GPON 接口板，其和 ONU 设备配合，实现 GPON 业务的接入。H901GPSF 外观如图 5-27 所示。

图 5-27　H901GPSF 外观

3. XG-PON 接口板

XG-PON 接口板和 ONU 设备配合，实现 XG-PON 业务的接入，典型型号如 H901XGHD、H901XGSF 等。H901XGHD 是 8 端口 XG-PON 接口板，H901XGSF 是 16 端口 XG-PON 接口板。两种 XG-PON 接口板外观如图 5-28 和图 5-29 所示。

图 5-28　H901XGHD 外观

图 5-29　H901XGSF 外观

4. XGS–PON 接口板

XGS-PON 接口板和 ONU 设备配合，实现 XG(S)-PON 业务的接入，典型型号如 H901XSHF、H902XSHD 等。H901XSHF 是 16 端口 XGS-PON OLT 接口板，H902XSHD 是 8 端口 XGS-PON OLT 接口板。两种 XGS-PON 接口板外观如图 5-30 和图 5-31 所示。

图 5-30　H901XSHF 外观

图 5-31　H902XSHD 外观

5. PON Combo 接口板

PON Combo 接口板和 ONU 设备配合，实现 XG(S)-PON、GPON 业务的接入，典型型号如 H902CGHD、H901CGHF、H901CSHF、H902CSHD 等。H902CGHD 是 8 端口 XG-PON&GPON Combo OLT 接口板，H901CGHF 是 16 端口 XG-PON&GPON Combo OLT 接口板，它们和终端 ONU 设备配合，实现 XG-PON 和 GPON 业务的接入。H901CSHF 是 16 端口 XGS-PON&GPON Combo OLT 接口板，H902CSHD 是 8 端口 XGS-PON&GPON Combo OLT 接口板，它们和终端 ONU 设备配合，实现 XGS-PON 和 GPON 业务的接入。四种 PON Combo 接口板外观如图 5-32～图 5-35 所示。

图 5-32　H902CGHD 外观

图 5-33　H901CGHF 外观

图 5-34　H901CSHF 外观

图 5-35　H902CSHD 外观

6. EPON 接口板

EPON 接口板和 ONU 设备配合，实现 EPON 业务的接入，典型型号如 H901EPHF，它是 16 端口 EPON 接口板，外观如图 5-36 所示。

图 5-36　H901EPHF 外观

7. 10G EPON 接口板

10G EPON 接口板和 ONU 设备配合，实现 10G EPON（兼容 EPON）业务的接入，典型型号如 H901XEHD，它是 8 端口 10G EPON 接口板，外观如图 5-37 所示。

图 5-37　H901XEHD 外观

8. 上行接口板

H902NCEB 是 2 端口 100GE 光接口板，提供以太网光接入功能，外观如图 5-38 所示。H902NXED 为 8 端口 10GE/GE 光接口板，为增强型 10GE 上行接口板，外观如图 5-39 所示。

图 5-38　H902NCEB 外观

图 5-39　H902NXED 外观

5.3.3　ONU

ONU 即光网络单元，与 OLT 配合可以提供数据、视频、语音等多种业务。市场上 ONU 种类众多，主要有华为、中兴、烽火等多家厂商的产品。实际应用时通常选择与 OLT 相同的厂商，以避免通信的不兼容。按产品形态划分，ONU 可分为 MxU、ONT 等。MxU 是指多口的 ONU，ONT 是指终端设备。ONT 按其在网络中的功能又分为桥接型和网关型等多种类型。现选择部分典型产品进行介绍。

1. MxU

MxU 适用于 FTTB、FTTC 等多种场景。适用于 FTTC/B+DSL 场景的典型产品有 MA5818、MA5616、MA5622A 等；适用于 FTTB+LAN 场景的典型产品有 MA5620/5626、EA5821、MA5626、MA5820 等；适用于 Cable 及电网接入等应用场景的典型产品有 MA5633、MA5632、MA5621、MA5621A 等。典型 MxU 产品如图 5-40 所示。

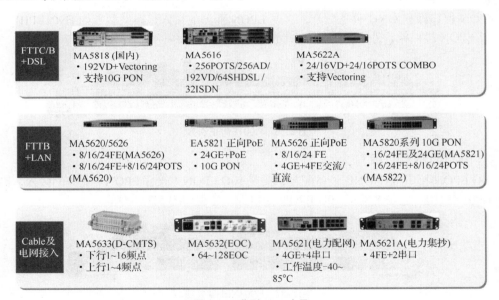

图 5-40　典型 MxU 产品

（1）MA5818

MA5818 多业务接入设备为 2U 高、19in 宽的灵活插卡式产品，有 4 个业务槽位，可灵活配置。MA5818 可用于 FTTC/FTTB 建设，也可用于 Mini DSLAM/Mini MSAN 建设，适用于楼道安装/机柜安装、室内应用/室外应用等多种场景。提供 ADSL2+、VDSL2、SHDSL、POTS、FE、P2P、ISDN、Combo 等 UNI 接口，提供双路 GPON/EPON/GE 自适应 UNI 接口。

（2）MA5821/MA5822

MA5821/MA5822 主要应用于 FTTB 或 FTTC 建设场景；MA5821 还可以应用于视频监控场景。

MA5821/MA5822 均提供一个 SFP 上行接口，支持 10G PON、10G EPON、GPON 或 EPON 上行方式，可以根据需求灵活选择上行方式；下行支持接入 8/16/24 路 FE 电接口或 24 路 GE 电接口。其中，MA5822 支持 POTS 接入。MA5822 具有语音功能，MA5821 不支持语音业务。

（3）EA5821

EA5821 共有 3 款：8GE、24GE、24GE+PoE。支持 10G PON 上行。智能 PoE 供电，供电方式更为简易，在通过以太网线传送数据的同时传送电源，可以有效地解决室内型接入点（Access Point，AP）等终端的电源供电问题。对这些终端而言不再需要考虑其电源系统布线的问题，在接入网络的同时就可以实现对设备供电。丰富的业务种类，EA5821 能实现数据、组播等多种业务以及业务质量保证方案，提供高性能的组播业务，支持 IPv6，具有完善的 QoS 能力。良好的维护管理功能，支持免现场软调、远程验收、远程升级打补丁、远程故障定位等多种良好的维护管理功能；支持一站式部署、离线部署、即插即用；可以自动从网管获取配置、配置自动生效，EA5821 上线自动上报网管。远程批量升级：支持自动批量升级，支持升级失败后恢复原来的版本和数据，安全性有保障；支持精确的故障定位和远程故障排除；支持全面的信息收集；支持设备自检和诊断；支持网络优化和用户监控；具有周密的可靠性设计。

（4）MA5616

MA5616 为 2U 高、19in 宽的灵活插卡式产品，提供超高带宽接入和灵活容量扩展功能。MA5616 由 6 个单板槽位和风扇框组成，并配置挂耳，用于安装、固定在 19in 的机柜或机架中。MA5616 通过配置不同的业务板，提供 ADSL2+、VDSL2、SHDSL、POTS、ISDN 用户接口，可满足 FTTB、FTTC、专线接入业务多种场景的应用需求，还可作为 Mini DSLAM、Mini MSAN，提供传统的语音、数据和视频业务。MA5616 的 0 号槽位配置主控板，1～4 号槽位配置业务板，5 号槽位配置电源板。P2P 以太网接入板 EIUD 只能配置在槽位 1 和槽位 2。MA5616 通过为主控板配置不同扣板，支持 XPON 和 GE 上行接口，其中 CCUE 主控板配置 XP1A 扣板时，可提供 10G PON 上行接口；MA5616 支持安装设备免现场软调，开通速度快；MA5616 支持远程故障定位、调测、信息收集、故障恢复；MA5616 支持风扇智能调速，有效降低闲时能耗；MA5616 支持交流和直流输入，其中交流输入方式支持蓄电池备电方案。

（5）MA5620/MA5626

MA5620/MA5626 主要应用于 FTTB 建设场景，为 1U 高盒式设备，支持多种设备形态。MA5620/MA5626 是华为为更好地满足客户对 FTTB 组网中 MDU 设备的需求而推出的远端光接入单元。MA5620/MA5626 与 OLT 配合提供高速率和高质量的数据、语音和视频业务，实现 FTTB 接入。MA5620/MA5626 的产品特点如下：MA5620/MA5626 支持 EPON、GPON、GE 上行；MA5620 支持基于 VoIP 的 POTS 接入，以及基于以太网的 LAN 接入；MA5626 支持基于以太网的 LAN 接入；MA5620/MA5626 提供 8 口、16 口、24 口 3 种规格，支持 AC 供电模式；MA5620 支持语音业务、传真业务和 Modem 业务等基本业务，三方通话、呼叫等待、呼叫转移、主叫号码显示、主叫号码限制等补充业务；MA5620/MA5626 支持即插即用、远程管理，无须人工现场配置；支持良好的管理、维护和监控功能，便于日常运营管理和故障诊断；MA5626 支持 PoE 供电。

（6）MA5612

MA5612 多业务接入设备支持数据、组播、语音等多种业务。MA5612 支持 GE/FE、POTS、E1/T1 接入方式和射频（Radio Frequency，RF）接口，主要应用于 FTTB 建设场景，也可满足部分专线接入业务的建设需求。MA5612 为 1U 半插卡式盒式设备，支持 2 个业务板，提供多种规格配置，不同配置的主要区别在于供电方式和上行接口。MA5612 采用自然散热设计，无噪声；MA5612 网络侧提供 GPON、EPON、GE 这 3 种接口，满足不同模式和带宽需求，上行口支持三模自适应；MA5612 支持 FE、POTS、RF 接口，可用于家庭用户接入；MA5612 支持 GE、FE、E1 接口，可用于企业用户接入和移动承载；MA5612 支持 AC、DC 供电；MA5612 支持新兴的节能备电技术，采用 POTS 短环路应用，节省电源消耗 5%；支持 12V 交流备电功能，节省备电成本 50%以上。

2. ONT

华为 ONT 产品有桥接型和网关型 2 类。桥接型 ONT 仅用作透传，由 LAN 侧设备自行获取公网 IP 地址。桥接型 ONT 无法作为家庭控制中心，需要下挂路由器。桥接型 ONT 在 Internet 业务中由 PC 直接通过 PPPoE 拨号获取公网 IP 地址上网，ONT 只进行透传；在 IPTV 业务中由 STB 直接通过 DHCP 获取公网 IP 地址点播节目，ONT 只进行透传；在 VoIP 业务中 ONT 作为 DHCP 客户端通过 DHCP 获取 IP 地址，多个 POTS 口共用一个 IP 地址。典型桥接型 ONT 型号主要有 EG8010H、EG8240H、HG8240H 等。典型桥接型 ONT 外形如图 5-41 所示。

| （a）EG8010H | （b）EG8240H | （c）HG8240H |

图 5-41　典型桥接型 ONT 外形

网关型 ONT 获取公网 IPv4 地址，并给 LAN 侧设备分配私网 IPv4 地址，通过 NAT 节省公网 IP 地址；网关型 ONT 作为家庭的互联中心，通过网线、Wi-Fi 等将家庭设备连接起来，可以作为智能家庭的入口。对于 Internet 业务，ONT 作为 PPPoE 客户端通过 PPPoE 拨号获取公网 IP 地址，同时 ONT 作为 DHCP 服务器给通过 L3 LAN 口和 Wi-Fi 接入的 PC 分配私网 IP 地址，通过 NAT 处理后，私网 PC 共享一个公网 IP 地址上网。典型网关型 ONT 型号主要有 EG8120、HG8245H、HG8247H 等。典型网关型 ONT 外形如图 5-42 所示。

| （a）EG8120 | （b）HG8245H | （c）HG8247H |

图 5-42　典型网关型 ONT 外形

5.4　10G PON 组网应用

目前，10G PON 已经成为我国运营商千兆建设的共同选择。据了解，中国电信的 EPON 区域新建以 10G EPON 为主，GPON 区域加快向 XG-PON 升级；中国移动的高端区域按需试点 10G PON，支撑市场发展，保障千兆接入；中国联通在 2021 年将 EPON 已全部升级为 10G EPON。PON 承载了宽带、语音、IPTV 直播、IPTV 点播和专线等多种业务，同时 PON 承载 PON 设备和家庭网关的网管信息，后续还可能承载移动的回传和前传等业务。本节通过单项 IPTV 业务案例介绍 10G PON 组网应用。

5.4.1　IPTV 业务配置

1. 技术原理简介

IPTV 业务的实现主要基于组播通信原理。通信的传输方式有 3 种，即单播、广播与组播，如图 5-43 所示。单播实现点对点传输，只有一个发送者和一个接收者；广播实现点到所有点传输，只有一个发送者和局域网内所有的可达接收者；组播是将单一的数据流同时发送给一组用户，相同的组播数据流在每一条链路上最多仅有一份。

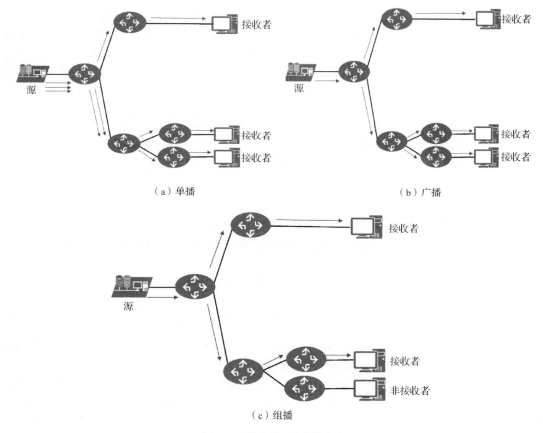

（a）单播　　　　　　　　　　　　　（b）广播

（c）组播

图 5-43　通信的 3 种传输方式

组播通信采用 IGMP 和协议无关多播（Protocol Independent Multicast，PIM）协议。IGMP 用于主机（组播成员）和组播路由器之间的管理工作，主要是主机使用 IGMP 报文向组播路由器申请加入或退出组播组，组播路由器通过 IGMP 查询网段上是否有组播组的成员。PIM 协议的主要任务是构建无环的分发树结构，建立和维护组播路由，并正确、高效地转发组播数据。

为了让组播源和组播组成员进行通信，需要提供网络层组播地址，即 IP 组播地址，同时必须存在一种技术将 IP 组播地址映射为数据链路层 MAC 组播地址。在 IPv4 地址空间中，D 类地址（224.0.0.0/4）被用于组播。组播 IP 地址代表一个接收者的集合。几种主要的组播地址如表 5-3 所示。

表 5-3 组播地址

地址	说明
224.0.0.0～224.0.0.255	永久组地址，该类组播地址只能在本地链路工作，IANA 将这些地址保留用于特殊用途。例如： 224.0.0.1 用于所有节点； 224.0.0.2 用于所有路由器； 224.0.0.5 用于 OSPF 路由器组播地址； 224.0.0.9 用于 RIPv2 路由器
224.0.1.0～238.255.255.255	用户组地址，这类组播地址全局有效
232.0.0.0～232.255.255.255	SSM（Source Specific Multicast，特定源组播）组地址
239.0.0.0～239.255.255.255	本地管理组地址，该范围内的地址类似私有地址

以太网传输单播 IP 报文的时候，目的 MAC 地址使用的是接收者的 MAC 地址。但是在传输组播报文时，传输目的地不再是一个具体的接收者，而是一个成员不确定的组，所以使用的是组播 MAC 地址。IANA 规定，组播 MAC 地址的高 25 位为 0x01005E，MAC 地址的低 23 位与组播 IP 地址的低 23 位相同。组播 MAC 地址如图 5-44 所示。

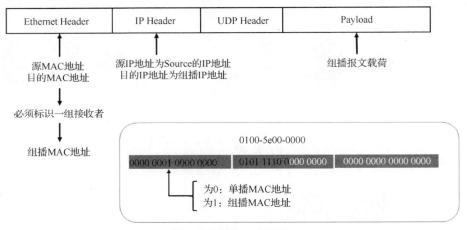

图 5-44 组播 MAC 地址

由于 IP 组播地址的前 4 位是 1110，代表组播标识，而后 28 位中只有 23 位被映射到 MAC 地址，这样 IP 地址中就有 5 位信息丢失，直接的结果是出现 32 个 IP 组播地址映射到同一 MAC 地址上。组播 MAC 地址第一个 8 位组的最后一位恒为 1，单播 MAC 地址第一个 8 位组的最后一位恒为 0，组播 IP 地址有 5 位被丢弃，因此组播 IP 地址与 MAC 地址的对应关系是 32:1。组播 IP 地址与 MAC 地址的映射关系如图 5-45 所示。

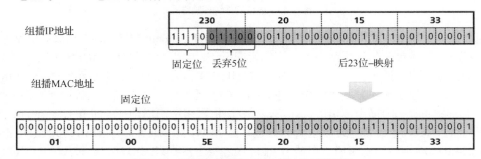

图 5-45 组播 IP 地址与 MAC 地址的映射关系

2. 组播业务实现

利用组播原理组建 IPTV 系统主要应用在 FTTB、FTTC、FTTH 场景以及设备用户端口直接接入组播用户的场景。以 IPTV 服务器作为视频信号源，利用 AAA 服务器作为授权、验证和计费服务器，干线利用传统 IP 网络，接入网通过 OLT 和各种 ONU 终端组成不同的网络，如 FTTH、FTTB、FTTC 等，满足高带宽、多业务接入需求。IPTV 系统组网如图 5-46 所示。

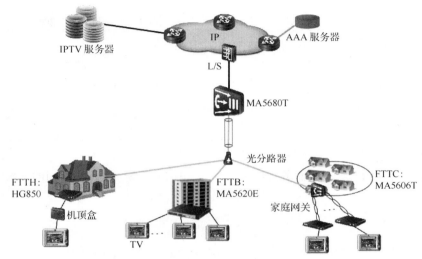

图 5-46　IPTV 系统组网

（1）网络拓扑结构设计

现以 FTTH 网络拓扑结构为例介绍 IPTV 业务配置。IPTV 业务实验组网如图 5-47 所示。

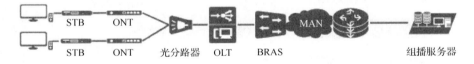

图 5-47　IPTV 业务实验组网

（2）数据规划

典型 FTTH ONT IPTV 业务数据规划如表 5-4 所示。

表 5-4　　　　　　　　　　　　典型 FTTH ONT IPTV 业务数据规划

配置项	参数
OLT 上行端口号	0/19/0
OLT GPON 端口号	0/3/0
ONT ID	0
DBA 模板	模板 ID：10； Assure：10M； Max：20M
线路模板	模板 ID：11； TCONT ID：2； Gem Port ID：0
业务模板	模板 ID：13； 组播转发模式：untag

续表

配置项	参数
VLAN	业务 VLAN：200； VLAN 类型：Smart； VLAN 属性：Common； 组播 VLAN：200； 用户 VLAN：200； ONT 端口 Native Vlan：200
ONT 下行端口号	ETH 2
组播用户鉴权模式	no-auth
IGMP	版本：V3； IGMP 模式：Proxy； 组播节目配置方式：disable
组播服务器	服务器 IP 地址：192.168.46.240； 组播组 IP 地址：224.1.1.1

（3）业务配置流程

业务配置包括 ONT 注册，业务 VLAN 配置，组播协议配置等，详细 IPTV 配置流程如图 5-48 所示。

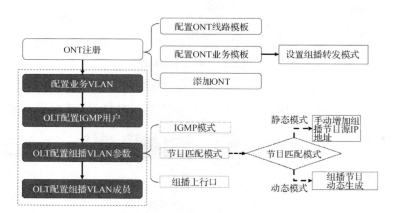

图 5-48　详细 IPTV 配置流程

（4）配置指令参考

现以 GPON 0/3/0 下的一个终端 HG8245，ONT ID 编号为 0，使用 ONT 上的 FE 端口 2 为例进行配置；用户 VLAN 编号为 10，组播 VLAN 编号为 200。配置指令参考如下。

① 增加一个新的 DBA 模板。

增加一个新的 DBA 模板的命令如下。

```
Huawei(config)#dba-profile add profile-id 10 profile-name HG8245 type3 assure
10240 max 20240
```

② 增加一个名为 IPTV 的 ONT 线路模板。

增加一个名为 IPTV 的 ONT 线路模板的命令如下。

```
Huawei(config)#ont-lineprofile gpon profile-name IPTV profile-id 11
Huawei(config-gpon-lineprofile-11)#TCONT 2 dba-profile-id 10
Huawei(config-gpon-lineprofile-11)#gem add 0 eth tcont 2
Huawei(config-gpon-lineprofile-11)#mapping-mode vlan
Huawei(config-gpon-lineprofile-11)#gem mapping 0 0 vlan 200
Huawei(config-gpon-lineprofile-11)#commit
Huawei(config-gpon-lineprofile-11)#quit
```

③ 配置业务模板。

配置业务模板的命令如下。

```
Huawei(config)#ont-srvprofile gpon profile-name IPTV profile-id 13
Huawei(config-gpon-srvprofile-13)#ont port eth 4 pots 2
Huawei(config-gpon-srvprofile-13)#port vlan eth 2 200
Huawei(config-gpon-srvprofile-13)#multicast-forward untag
Huawei(config-gpon-srvprofile-13)#commit
Huawei(config-gpon-srvprofile-13)#quit
```

④ 在 OLT 上添加 ONT。

GPON 与 XG-PON、XGS-PON 业务配置流程基本相同，区别仅在此步骤处。当配置 XG-PON、XGS-PON 业务时，如下发 ont add、ont confirm 命令需要增加对 ONT 网络侧接口类型（ont-type）参数的配置，根据实际使用的 ONT 能力或业务数据规划，选择相应取值（如 10G/2.5G）。这里是以 GPON 业务为例进行配置的，可以选择使用离线增加 ONT 或确认自动发现 ONT 两种方式。

a. 离线增加 ONT：在已经获悉 ONT 的密码的情况下，可以使用 ont add 命令离线增加 ONT。例如，在 GPON 端口 0/1/0 下接入两个 ONT，其 ONT ID 为 1 和 2，序列号为 3230313126595540 和 6877687714852901，password 为 0100000001 和 0100000002，密码认证的发现模式为 once-on，管理模式为 omci，绑定的 ONT 线路模板名称为 ftth，绑定的 ONT 业务模板名称为 ftth。

具体命令如下。

```
Huawei(config)#interface gpon 0/3
Huawei(config-if-gpon-0/1)#ont add 0 1 password-auth 0100000001 once-on no-aging
omci ont-lineprofile-name ftth ont-srvprofile-name ftth
Huawei(config-if-gpon-0/1)#ont add 0 2 password-auth 0100000002 once-on no-aging
omci ont-lineprofile-name ftth ont-srvprofile-name ftth
```

使能 GPON 端口自动发现功能：在 ONT 的密码或序列号未知的情况下，先在 GPON 模式下使用 port portid ont-auto-find enable 命令使能 GPON 端口的 ONT 自动发现功能，然后使用 ont confirm 命令确认 ONT。命令如下。

```
Huawei(config)# interface gpon 0/3
Huawei(config-if-gpon-0/3)# port 0 ont-auto-find enable
```

查询已发现的 ONT，命令如下。

```
Huawei(config)# display ont autofind
{ all<K>|time<K> }:all
 Command:
      display ont autofind all
    ------------------------------------------------------------
    Number   F/ S/ P       SN           Password
    ------------------------------------------------------------
     1       0/ 3/ 0   323031312E396341
     2       0/ 3/ 0   323031312E396A41
    ------------------------------------------------------------
```

b. 确认自动发现的 ONT（绑定 ONT 线路模板和业务模板）。

具体命令如下。

```
Huawei(config-if-gpon-0/3)#ont confirm
{ portid<U><0,7> }:0
{ all<K>|ontid<K>|password-auth<K>|sn-auth<K> }:ontid
{ ontid<U><0,127> }:0
{ password-auth<K>|sn-auth<K> }:sn-auth
{ sn<S><Length 13-16> }:323031312E396341
{ omci<K>|password-auth<K>|snmp<K> }:omci
{ ont-lineprofile-id<K>|ont-lineprofile-name<K> }:ont-lineprofile-id
```

```
{ profile-id<U><1,4096> }:11
{ ont-srvprofile-id<K>|ont-srvprofile-name<K> }:ont-srvprofile-id
{ profile-id<U><1,4096> }:13
{ <cr>|desc<K> }:
```

⑤ 建立 IGMP VLAN。

建立 IGMP VLAN 的命令如下。

```
Huawei(config)#vlan 200 smart
Huawei(config)#service-port 10 vlan 200 gpon 0/3/0 ont gemport 0 multi-service
user-vlan 200
```

⑥ 配置 ONT 的用户 VLAN（可选——当 STB 不能识别 VLAN 或者直连 PC 时需要配置）。

配置 ONT 的用户 VLAN 的命令如下。

```
Huawei(config-if-gpon-0/3)#ont port native-vlan 0 0 eth 2 vlan 200
```

⑦ 配置 IGMP 用户。

配置 IGMP 用户的命令如下。

```
Huawei(config)#btv
Huawei(config-btv)#igmp user add service-port 10 no-auth
Huawei(config)#quit
```

⑧ 配置组播。

配置组播的命令如下。

```
Huawei(config)#vlan 200 smart
Huawei(config)#port vlan 200 0/19/0
Huawei(config)#mutlcast-vlan 200
```

⑨ 建立组播上联口。

建立组播上联口的命令如下。

```
Huawei(config-mvlan200)#igmp uplink-port 0/19/0
```

⑩ 配置组播 VLAN 的 IGMP 版本。

配置组播 VLAN 的 IGMP 版本的命令如下。

```
Huawei(config-mvlan200)#igmp version v3
This operation will delete all programs in current multicast vlan
Are you sure to change current IGMP version? (y/n)[n]: y
```

⑪ 配置组播 VLAN 节目匹配模式。

配置组播 VLAN 节目匹配模式的命令如下。

```
Huawei(config-mvlan200)#igmp match mode disable
```

⑫ 配置组播 VLAN 的 IGMP 模式。

配置组播 VLAN 的 IGMP 模式的命令如下。

```
Huawei(config-mvlan200)#igmp mode proxy
Are you sure to change IGMP mode?(y/n)[n]:y
```

⑬ 配置组播 VLAN 成员。

配置组播 VLAN 成员的命令如下。

```
Huawei(config-mvlan200)#igmp multicast-vlan member service-port 10
```

（5）结果验证

配置结果是否正确，可通过以下 3 个步骤进行验证：

① 连接配置好组播业务的 ONT 的 FE 端口到 PC。

② 在 PC 上用 VLC 来模拟 IPTV，播放节目。

③ 根据实际网络服务器提供的组播节目源进行点播收看。

组播节目源配置如图 5-49 所示。

图 5-49　组播节目源配置

按照此方法可以顺利地收看服务器上的所有节目。

5.4.2　视频监控业务配置

高带宽的视频监控业务也是 PON 技术的主要应用之一。本节介绍典型视频监控业务配置方案。

1.　网络拓扑结构设计

基于 PON 技术的典型视频监控系统由监控中心、网络传输和前端系统 3 部分组成，如图 5-50 所示。网络传输部分与传统 PON 宽带业务相比，视频监控系统的 PON 部分上行带宽为保证带宽。前端系统使用网络摄像机，与 ONU 的以太网口连接。为方便供电，网络摄像机通常使用 PoE 方式，需要对 ONU 相应接口进行 PON 使能。

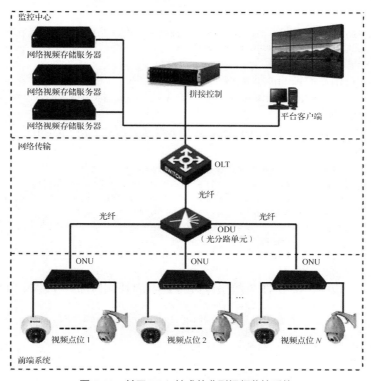

图 5-50　基于 PON 技术的典型视频监控系统

2. 数据规划

典型监控业务数据规划如表 5-5 所示。

表 5-5 　　　　　　　　　　　　　　　　典型监控业务数据规划

配置项	参数
OLT 上行端口号	0/19/0
OLT GPON 端口号	0/3/0
ONT ID	0
DBA 模板	模板 ID：11； 保证传输速率：10Mbit/s； 最高传输速率：20Mbit/s；
线路模板	模板 ID：11； TCONT ID：2； Gem Port ID：15；
业务模板	模板 ID：11
VLAN	业务 VLAN：400； VLAN 类型：Smart； VLAN 属性：Common； 用户 VLAN：400； ONT 端口 Native VLAN：400
ONT 下行端口号	ETH 2

3. 配置命令参考

（1）创建流量模板

创建视频监控业务通道流量模板，模板名称为 traffic_table_jk，保证传输速率为 10Mbit/s，最大传输速率为 20Mbit/s。

创建命令如下。

```
Huawei(config)#traffic table ip name traffic_table_jk cir 10240 pir 20480 priority
user-cos 5 priority-policy local-Setting
```

（2）增加一个新的 DBA 模板

增加一个新的 DBA 模板的命令如下。

```
Huawei(config)#dba-profile add profile-id 11 type3 assure 10240 max 20480
```

（3）创建线路模板

在 ONT 线路模板中，将用户侧 VLAN 400 的业务流映射到 GEM Port ID 为 15 的 GEM 端口。具体命令如下。

```
Huawei(config)#ont-lineprofile gpon profile-id 11
Huawei(config-gpon-lineprofile-11)#TCONT 2 dba-profile-id 11
Huawei(config-gpon-lineprofile-11)#gem add 15 eth tcont 2
Huawei(config-gpon-lineprofile-11)#mapping-mode vlan
Huawei(config-gpon-lineprofile-11)#gem mapping 15 1 vlan 400
Huawei(config-gpon-lineprofile-11)#commit
Huawei(config-gpon-lineprofile-11)#quit
```

（4）创建业务模板

在 ONT 业务模板中，将 ONT 连接摄像头的 1 号 ETH 端口加入 VLAN 400 中，命令如下。

```
Huawei(config)#ont-srvprofile gpon profile-id 11
Huawei(config-gpon-srvprofile-11)#port vlan eth 2 400
Huawei(config-gpon-srvprofile-11)#commit
Huawei(config-gpon-srvprofile-11)#quit
```

（5）添加 ONT

添加 ONT 的命令如下。

```
Huawei(config)#interface gpon 0/3
Huawei(config-if-gpon-0/3)#ont add 0 1 password-auth 0100000001 once-on no-aging
omci ont-lineprofile-id 11 ont-srvprofile-id 11
```

（6）配置 ONT 用户 VLAN

配置 ONT 用户 VLAN 的命令如下。

```
Huawei(config-if-gpon-0/3)#ont port native-vlan 0 0 eth 2 vlan 200
```

（7）使能 ONT ETH 端口的 PoE 功能

使能 ETH 端口（ONU ID 为 1，ONT 下行端口号为 2）的 PoE 功能，配置最大供电等级为 class3，命令如下。

```
Huawei(config)#interface gpon 0/8
Huawei(config-if-gpon-0/3)#ont port poe 0 0 eth 2 enable max-power-class class3
Huawei(config-if-gpon-0/3)#quit
```

（8）创建业务 VLAN 400

创建业务 VLAN 400 的命令如下。

```
Huawei(congig)#vlan 400 smart
```

（9）将上行端口 0/19/0 加入 VLAN 400 中

将上行端口 0/19/0 加入 VLAN 400 的命令如下。

```
Huawei(config)#port vlan 400 0/19/0
```

（10）添加业务虚端口

业务 VLAN 编号为 400，GEM Port ID 号为 15，用户侧 VLAN 编号为 400，使用的流量模板名称为 traffic_table_ap，命令如下。

```
Huawei(config)#service-port vlan 400 gpon 0/8/0 ont 0 gemport 15 multi-service
user-vlan 400 tag-transform translate inbound traffic-table name traffic_table_jk
outbound traffic-table name traffic_table_jk
```

4. 业务验证

配置结果是否正确，可通过以下步骤进行验证：

① 连接配置好业务的 ONT 和网络摄像机。

② 连接网络视频服务器和监控器，测试视频监控是否运行正常。

【思考与练习】

一、单选题

1. XGS-PON 的上下行传输速率分别为（   ）

  A. 1.25Gbit/s、10Gbit/s   B. 2.5Gbit/s、10Gbit/s

  C. 10Gbit/s、10Gbit/s   D. 10Gbit/s、2.5Gbit/s

2. 10G PON 支持的最大分光比是（   ）。

  A. 1:32   B. 1:64   C. 1:128   D. 1:256

3. 在 10G PON 中，下面描述正确的是（   ）。

  A. 不同的 ONU 用 ONU ID 标识

  B. 不同的 ONU 用 Port-ID 标识

  C. 不同的 GEM PORT 用 Alloc-ID 标识

  D. 不同的 TCONT 用 Port-ID 标识

4. 下面关于 DBA 的描述，错误的是（   ）。

  A. DBA 用于分配下行带宽，确保服务质量

  B. DBA 用于分配上行带宽

C. DBA 可以提高带宽利用率

D. DBA 功能依靠绑定 DBA 模板到 TCONT 实现

二、多选题

1. PON 系统采用的复用技术有（　　　）。

    A. 广播　　　　　　　B. CDMA　　　　　　　C. TDMA　　　　　　　D. 组播

2. XG-PON 的上行波长包括（　　　）。

    A. 1270nm　　　　　　B. 1310nm　　　　　　C. 1490nm　　　　　　D. 1577nm

3. 10G EPON 非对称形式的上下行波长包括（　　　）。

    A. 1270nm　　　　　　B. 1310nm　　　　　　C. 1490nm　　　　　　D. 1577nm

4. 10G EPON 对称形式的上下行波长包括（　　　）。

    A. 1270nm　　　　　　B. 1310nm　　　　　　C. 1490nm　　　　　　D. 1577nm

三、判断题

1. XG(S)-PON 跟 GPON 的下行帧长都是固定的 125μs。（　　　）

2. XGEM 帧是 XG(S)-PON 技术中最小的业务承载单元，XGEM 帧头长度为 5 字节。
（　　　）

3. XG(S)-PON 只支持下行广播数据通过加密算法（AES-CTR 加密码算法）加密处理。
（　　　）

4. 10G EPON OLT 采用广播方式发送数据给 ONU，所有的 ONU 都能收到相同的数据，
ONU 根据 LLID 信息判断是否接收数据。（　　　）

四、简答题

1. 简述 EPON 与 10G EPON 的主要区别。

2. 简述 GPON 和 XG(S)PON 的区别。

3. 简述 10G EPON 的测距过程。

4. 请画出 XGEM 帧的帧结构。

5. XG-PON 的关键技术有哪些？

模块 6　WLAN 技术

【学习目标】

- 掌握 WLAN 的基本概念、系统结构和技术原理；
- 掌握典型 AP、AC 的设备组网方法；
- 理解 WLAN 不同的组网方案；
- 理解 WLAN 组网的业务配置；
- 培养学生良好的职业道德、具有家国情怀的工匠精神；
- 培养学生收集、分析、整理参考资料的技能。

【重点/难点】

- WLAN 的工作原理；
- AP 与 AC 的通信过程；
- AC 的配置；
- AC+AP 的组网配置。

【情境描述】

无线局域网通过无线的方式进行通信，与传统有线局域网相比，WLAN 具有速度快、可移动、易扩展、成本低等特点。近年来，WLAN 得到了快速的发展，成为宽带接入的主要技术之一。本模块主要介绍典型无线接入技术——WLAN 技术原理与应用。"知识引入"部分从无线通信 WLAN 的发展、协议标准、工作原理、关键技术以及 Wi-Fi 6 新技术等方面进行介绍，这些内容是 WLAN 工程应用的理论基础。"技能演练"部分根据不同的无线接入需求，从组网设计、设备认知、设备安装、数据配置、功能验证等不同工程环节对岗位所需技能进行演练。

【知识引入】

6.1　WLAN 技术原理

6.1.1　WLAN 的基本概念

无线网络根据覆盖范围可分为 WPAN、WLAN、WMAN

微课 6-1　WLAN 技术原理

和 WWAN。目前，通过无线方式上网已经成为常态，在一些高级酒店、咖啡厅等会提供免费的 Wi-Fi 网络；而在步行街、火车站、校园等会有电信、移动等运营商建设的 WLAN。在 WLAN 出现之前，人们主要通过有线局域网进行通信。这种有线网络需要复杂的网络布线，无论组建、拆装都非常困难，且成本和代价也非常高，不能满足人们移动上网的需求，于是无线网络应运而生。应该说，今天的无线网络已集聚了现代通信诸多新技术手段，且还在持续的发展中。WLAN 技术使今天很多专业技术人员都认为其很玄妙，而那些没有任何专业知识的人们则更认为它是神奇的"魔法"。

WLAN 是利用无线技术实现快速接入以太网的技术，可定义为使用射频、微波或红外线，在一个有限的地域范围内互连设备的通信系统。

WLAN 具有如下优点。

（1）灵活性和移动性

在 WLAN 中，网络设备的安放位置不受网络位置的限制，在无线信号覆盖区域内的任何一个位置都可以接入网络，同时，连接到 WLAN 的用户可以移动且能与网络保持连接。

（2）安装便捷

WLAN 可以免去或最大限度地减少网络布线的工作量，一般只要安装一个或多个接入点设备，就可建立覆盖整个区域的局域网。

（3）方便网络规划和调整

对有线网络来说，办公地点或网络拓扑结构的改变通常意味着重新建网，而重新布线建网是一个费时和琐碎的过程，WLAN 可以避免或减少以上情况的发生。

（4）故障定位容易

有线网络由于线路故障造成的网络中断，检修线路往往十分复杂。无线网络则仅需更换故障设备即可恢复网络连接。

（5）易于扩展

WLAN 有多种配置方式，可以很快地从只有几个用户的小型局域网扩展到有上千用户的大型网络，并且能够提供节点间"漫游"等有线网络无法实现的特性。由于 WLAN 有以上诸多优点，因此其发展十分迅速。最近几年，WLAN 已经在企业、医院、商店、工厂和学校等场合得到了广泛的应用。

WLAN 在便捷和实用的同时，也存在着一些缺陷。WLAN 的不足之处体现在以下几个方面。

（1）性能

WLAN 是依靠电磁波进行传输的。这些无线电波通过无线发射装置进行发射，而建筑物、车辆、树木和其他障碍物都可能阻碍电磁波的传输，所以会影响网络的性能。

（2）速率

无线信道的传输速率与有线信道的相比要低得多。市场上常见的 WLAN 设备最大传输速率为几十至几百 Mbit/s，新的设备有支持 1Gbit/s 左右传输速率的，适用于个人终端和小规模网络应用。

（3）安全性

由于无线信号是发散的，信号覆盖范围内所有终端或节点都能监听，在防范措施不到位的情况下，容易造成通信信息泄露。

WLAN 的应用领域主要有以下几个方面。

- 移动办公的环境：大型企业、医院等人员移动工作的环境；
- 难以布线的环境：历史建筑、校园、工厂车间、城市建筑群、大型的仓库等不能布线或者难于布线的环境；
- 频繁变化的环境：活动的办公室、零售商店、售票点、医院，以及野外勘测、试验、军事、公安和银行金融场所等流动办公、网络结构经常变化或者临时组建局域网的环境；

- 公共场所：机场、码头、展览和交易会场等场所；
- 小型网络用户：办公室、家庭办公室（SOHO）用户。

6.1.2 WLAN 的网络结构

根据不同的应用环境和业务需求，WLAN 由不同的网络结构组成。日常生活中，用一台手机作为热点，将手机或其他无线终端与其连接，就可以组建一个微型 WLAN，如图 6-1 所示。

在家中或宿舍中组建的 WLAN 通常以路由器为中心设备，终端设备可以是手机、台式计算机、笔记本电脑等，如图 6-2 所示。

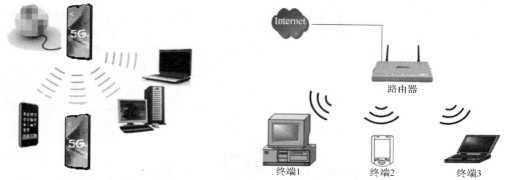

图 6-1　手机热点组成的 WLAN　　　　　图 6-2　路由器为中心组成的 WLAN

校园、火车站候车室、商业步行街等，通常采用 AC+AP 的组网结构。这是大型通信网络常见的 WLAN 组网结构，也是本书中重点讲解的组网结构，如图 6-3 所示。其中主要包括 3 种基本组件：AP、AC 和 STA。

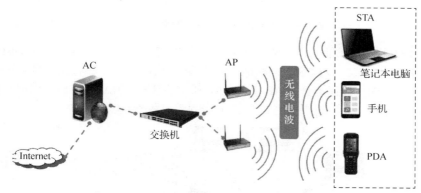

图 6-3　大型 WLAN 组网结构

接入点是无线设备（如手机、笔记本电脑等）进入通信网络的入口设备。按应用环境，AP 可分为室内型和室外型。按其技术性能，AP 又分为"胖 AP"和"瘦 AP"。最早的 WLAN 设备，将多种功能集于一身，如用户数据加密、用户的认证、QoS、安全策略、用户的管理及其他应用层功能。传统上将这类功能齐备、能独立工作的 AP 称为胖 AP。胖 AP 的特点是配置灵活、安装简单、性价比高，但 AP 之间相互独立，无法用于用户密度高、多个 AP 连续覆盖等环境复杂的场所。和胖 AP 对应的为瘦 AP，瘦 AP 仅负责无线接入和二层数据处理功能，不能独立工作，需要通过 AC 等设备来管理、控制，适合大规模部署。

接入控制器是 WLAN 的接入控制设备。在大型网络中，由于 AP 数量较多，为方便管理，引入 AC 来实行集中管理。WLAN 通过 AC 来管理多个 AP，其网管平台只需管理 AC，就可间接地管理轻量级 AP，这能够大大减轻网管平台的压力。从安全角度，AC 设备通常部署在机房，一般用户不可能接触到 AC 设备。AC 作为统一的认证点，将安全的管理和控制集中，因此安装在 AC 上的设备证书比安装在胖 AP 设备上的数字证书更安全。

STA（Station）为无线终端站点，是指每一个连接到无线网络中的终端，如手机、笔记本电脑、PDA 等。

按照逻辑拓扑结构，WLAN 的网络结构通常可分为无中心网络结构和有中心网络结构。有中心网络结构又分为单接入点基本服务集（Basic Service Set，BSS）、多接入点扩展服务集（Extended Service Set，ESS）和无线桥接等类型。

无中心对等网络结构也称为 Ad-hoc 网络。它全部由 STA 组成，用于一台 STA 和一台或多台其他 STA 的直接通信，该网络无法接入有线网络中，只能独立使用。无须 AP，安全由各个 STA 自行维护。采用这种拓扑结构的网络，各 STA 竞争公用信道，但 STA 数过多时，信道竞争成为限制网络性能的主要因素，因此，这种拓扑结构比较适合小规模、小范围的 WLAN 系统组网。点对点模式中的一个节点必须能同时"看"到网络中的其他节点，否则就认为网络中断。因此对等网络只能用于少数用户的组网环境，例如 4~8 个用户。WLAN 无中心对等网络结构如图 6-4 所示。

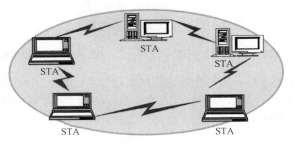

图 6-4　WLAN 无中心对等网络结构

WLAN 集中控制模式结构也称单接入点 BSS，由 AP、STA 以及分布式系统（Distributed System）构成，覆盖的区域称作 BSS，如图 6-5 所示。AP 用于在 STA 和有线网络之间接收、缓存和转发数据，所有的无线通信都由 AP 完成。AP 通常能够覆盖几十至几百个用户，覆盖半径达上百米。AP 可以连接到有线网络，实现无线网络和有线网络的互连。

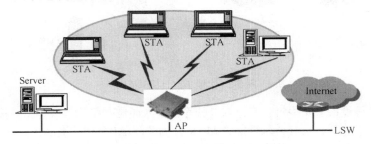

图 6-5　WLAN 集中控制模式结构

多接入点结构是由多个 AP 以及连接它们的分布式系统组成的基础架构模式网络结构，也称为 ESS，如图 6-6 所示。ESS 内的每个 AP 都是一个独立的无线网络 BSS，所有 AP 共享一个扩展服务区标识符（Extended Service Set Identifier，ESSID）。相同 ESSID 的无线网络间可以进行漫游，不同 ESSID 的无线网络形成逻辑子网。

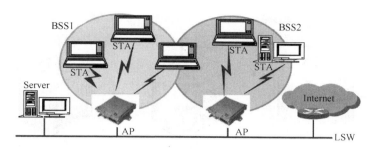

图 6-6　多接入点 ESS 结构

无线桥接结构的应用主要有以下几种：点对点型、点对多点型和中继模式等。

点对点型常用于固定的要联网的两个位置之间，是无线联网的常用方式，使用这种联网方式建成的网络，优点是传输距离远，传输速率高，受外界环境影响较小。如图 6-7 所示，A 大楼放置一台无线网桥，顶部放置一面定向天线；B 大楼同样放置一台无线网桥，顶部放置一面定向天线。两地的无线网桥分别通过馈线与本地天线连接后，两点的无线通信可迅速搭建起来。无线网桥分别通过超五类双绞线连接各地的网络交换机。这样两处的网络即可连为一体。在这种结构下，A、B 的 AP 在管理界面选择桥接模式，在远程桥接 MAC 地址中输入对端 MAC 地址，同时两 AP 的 IP 地址要在同一网段。

点对多点型常用于有一个中心点、多个远端点的情况。其最大优点是组建网络成本低、维护简单。其次，由于中心使用了全向天线，设备调试相对容易。这种网络的缺点也是因为使用了全向天线，波束的全向扩散使得功率大大衰减，网络传输速率低，对于较远距离的远端点，网络的可靠性不能得到保证。点对多点无线桥接典型组网如图 6-8 所示，O 为中心点，分别连接 A、B、C 不同的局域网。这时，所有 AP 要使用相同的服务集标识符（Service Set Identifier，SSID）、认证模式和密钥等。中心点可设为中继模式，不接入网络；也可设为 AP 模式，对客户端提供接入的服务。

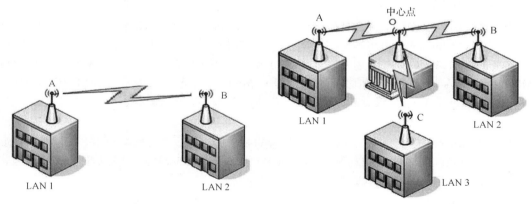

图 6-7　点对点无线桥接　　　　　　　图 6-8　点对多点无线桥接

无线中继模式用于所建网络中有远距离的点，或有被建筑物、山脉等阻挡的点。中继 AP 放置在需要连接的不同 AP 都能覆盖的位置。如图 6-9 所示，A、C 两栋建筑各有一个局域网 LAN1 和 LAN2，因为传输距离等原因无法连接，这时可在 B 建筑加入一个中继 AP 来达到连通的目的。此时，中继 AP 要设置成中继模式，A、C 两点连入各自交换机设置为点对点无线桥接模式。所有 AP 的 IP 地址在同一网段。

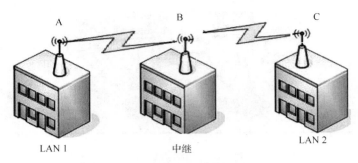

图 6-9　无线中继模式

6.1.3　WLAN 协议标准

WLAN 产业蓬勃发展和 WLAN 技术标准不断完善形成了良好的互动。WLAN 技术标准主要由 IEEE 802.11 工作组负责制定。第一个 802.11 协议标准诞生于 1997 年并于 1999 年完成修订，其规定的数据传输速率仅有 2Mbit/s，但这个标准的诞生改变了用户的接入方式，使人们从线缆的束缚中解脱出来。随着 WLAN 早期协议暴露的安全缺陷，用户应用不断地呼唤着更高的吞吐量，以及企业等应用对可管理性的要求，IEEE 802.11 工作组陆续地推出了 802.11a、802.11b、802.11g、802.11n、802.11ac 等大量标准。WLAN 标准正沿着更高带宽、更优接入性能方向发展。

1．802.11a 标准

802.11a 扩充了标准的物理层，频段为 5GHz，采用四相移相键控（Quaternary PSK，QPSK）调制方式，传输速率为 6M～54Mbit/s。它采用正交频分复用扩频技术，可提供 25Mbit/s 的无线 ATM 接口和 10Mbit/s 的以太网线帧结构接口，并支持语音、数据、图像业务。这样的速率完全能满足室内、室外的各种应用场合。

2．802.11b 标准

802.11b 采用 2.4GHz 频段和补码键控（Complementary Code Keying，CCK）调制方式。该标准可提供 11Mbit/s 的数据传输速率，大约是现有 IEEE 标准无线 LAN 速率的 5 倍。还能够支持 5.5Mbit/s 和 11Mbit/s 两个新速率，而且 802.11b 可以根据情况的变化，在 11Mbit/s、5.5Mbit/s、2Mbit/s、1Mbit/s 速率之间自动切换，并在使用 2Mbit/s、1Mbit/s 速率时与 IEEE802.11 兼容。它从根本上改变了 WLAN 设计和应用现状，扩大了 WLAN 的应用领域。

3．802.11g

802.11g 是一种混合标准，它既能适应传统的 802.11 标准，在 2.4GHz 频段下提供 11Mbit/s 的数据传输速率，也符合 802.11a 标准，在 5GHz 频段下提供 56Mbit/s 的数据传输速率。因此，现在大多数厂商生产的 WLAN 产品都基于 802.11g 标准。

4．802.11n

2009 年发布的 802.11n 是对 Wi-Fi 影响比较重大的标准。这个标准对 Wi-Fi 的传输和接入进行了重大改进，引入了 MIMO、安全加密等新概念和基于 MIMO 的一些高级功能（如波束成形、空间复用等），传输速率达到 600Mbit/s。此外，802.11n 也是第一个同时工作在 2.4 GHz 和 5 GHz 频段的 Wi-Fi 技术。

5．802.11ac

802.11ac Wave1 在 2013 年发布，是 802.11n 的继承者。802.11ac Wave1 标准引入了更宽的射频带宽（提升至 160MHz）和更高阶的调制技术（256-QAM），传输速率高达 1.73Gbit/s，进一步提升 Wi-Fi 网络吞吐量。另外，2015 年发布了 802.11ac wave2 标准，将波束成形和 MU-MIMO 等功能推向主流，提升了系统接入容量。但遗憾的是 802.11ac 仅支持 5GHz 频段的终端，削弱了 2.4GHz 频段下的用户体验。

6. 802.11ax

802.11ax 标准也就是现在所称的 Wi-Fi 6 的简称。随着 Wi-Fi 标准的演进，2019 年 9 月 16 日，国际 Wi-Fi 联盟组织（Wi-Fi Alliance，WFA）宣布启动 Wi-Fi 6 认证计划。该计划旨在使采用下一代 802.11ax Wi-Fi 无线通信技术的设备达到既定标准。Wi-Fi 联盟为了便于 Wi-Fi 用户和设备厂商轻松了解其设备连接或支持的 Wi-Fi 型号，选择使用数字序号来对 Wi-Fi 进行重新命名。另一方面，选择新一代命名方法也是为了更好地突出 Wi-Fi 技术的重大进步，它提供了大量新功能，包括增加的吞吐量和更快的速度、支持更多的并发连接等。根据 Wi-Fi 联盟的公告，现在的 Wi-Fi 命名及对应的 802.11 技术标准，如表 6-1 所示。

表 6-1　　　　　　　　　　　　802.11 标准与新命名

发布年份	802.11 标准	频段/GHz	新命名
2009	802.11n	2.4 或 5	Wi-Fi 4
2013	802.11ac wave1	5	Wi-Fi 5
2015	802.11ac wave2	5	
2019	802.11ax	2.4 或 5	Wi-Fi 6

Wi-Fi 6 主要使用了 OFDMA、MU-MIMO 等技术，MU-MIMO 技术允许路由器同时与多个设备通信，而不是依次进行通信。MU-MIMO 允许路由器一次与 4 个设备通信，Wi-Fi 6 将允许路由器与多达 8 个设备通信。Wi-Fi 6 还利用其他技术，如正交频分多址（Orthogonal Frequency Division Multiple Access，OFDMA）和发射波束成形，两者的作用分别是提高效率和网络容量。Wi-Fi 6 最高速率可达 9.6Gbit/s。Wi-Fi 6 与其他标准的性能对比如表 6-2 所示。

表 6-2　　　　　　　　　　　Wi-Fi 6 与其他标准的性能对比

分布时间	1999 年	1999 年	2003 年	2009 年	2013 年	2019 年
标准	802.11a	802.11b	802.11g	802.11n（Wi-Fi 4）	802.11ac（Wi-Fi 5）	802.11ax（Wi-Fi 6）
频段/GHz	5	2.4	2.4	2.4&5	5	2.4&5
频宽/MHz	20	20	20	20/40	20/40/80/80+80	20/40/80/80+80
速率/（Mbit·s^{-1}）	54	11	54	300/450/600	433/867/1730	最大 9608
协议兼容	802.11b/g	802.11g	802.11b	802.11b/a/g	—	802.11b/a/g/n/ac

日常生活中常有 Wi-Fi 的说法。其实 Wi-Fi 是 Wi-Fi 联盟的一个商标，使用该商标的商品互相之间可以合作，Wi-Fi 早期主要采用 802.11b 协议，现在已经扩展到只要遵行 802.11 标准，近距离范围的 WLAN 即可称为 Wi-Fi。从包含关系上来说，Wi-Fi 是 WLAN 的一个标准。Wi-Fi 的覆盖范围较小，半径在 90m 左右，而 WLAN 的覆盖范围可以达到几千米。

另一日常话题是 5G 是否能替代 Wi-Fi。运营商宣传的 5G 最重要的 3 个特征是高速度、大容量、低时延。其实最新一代 Wi-Fi 的速率比 5G 的还要快，最新的 802.11ax（Wi-Fi 6）单流峰值速率为 1.2Gbit/s，而 5G 网络峰值速率为 1Gbit/s。从应用场景来说，Wi-Fi 主要用于室内环境，而 5G 则是一种广域网技术；从网络覆盖范围来说，5G 网络技术采用超高频频谱，而频率越高信号衰弱越大。如果在大楼的内部或地下室，5G 网络覆盖效果会很差，无法取代区域性的 Wi-Fi 网络；从使用费用来说，5G 是运营商在经营，除非推出无限流量的套餐，否则是代替不了免费 Wi-Fi 的；从网络接入数量来看，随着"物联网时代"的到来，入网设备的数量在大幅提升，5G 网络需要配备一张 SIM 卡才可以上网，而目前众多的无线设备是没有的；从能源消耗来说，5G 通信对终端需要更大的耗电量，而 Wi-Fi 则要节省得多，且最新一代的 Wi-Fi 6

（802.11ax）支持目标唤醒时间（Target Wakeup Time，TWT）功能，可以在业务需要时自动唤醒，在业务不适用时自动休眠，进一步节省电量。因此，这些问题使 5G 还无法彻底取代 Wi-Fi，更多的是与 Wi-Fi 进行深度融合、和平共处。

6.1.4　WLAN 的接入过程

1.　STA 接入 AP 的流程

符合 802.11 标准的 STA 在完成启动初始化、开始正式使用 AP 传送数据帧前，要经过 3 个阶段，即扫描（Scan）、认证（Authentication）和关联（Association）。WLAN 接入过程如图 6-10 所示。

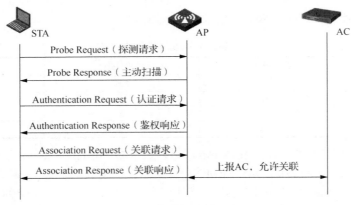

图 6-10　WLAN 接入过程

第一阶段为扫描阶段，它又分为两种方式，即主动扫描方式和被动扫描方式。主动扫描方式是 STA 依次在不同的信道发出探测请求，寻找与 STA 有相同 SSID 的 AP。被动扫描方式是指 STA 被动等待 AP 每隔一段时间定时送出的 Beacon 信标帧，该帧提供了 AP 及其所在 BSS 相关信息。图 6-10 显示主动扫描方式。

第二阶段为认证阶段。STA 发出认证请求，然后 AP 鉴权响应。当 STA 找到与其有相同 SSID 的 AP，根据收到的 AP 信号强度，选择一个信号最强的 AP，然后进入认证阶段。只有身份认证通过的 STA 才能进行无线接入访问。典型的认证方法主要有：共享密钥认证、WPA PSK 认证、802.1x EAP 认证等。

第三阶段为关联阶段。认证通过后，STA 向 AP 发送关联请求，然后 AP 向 STA 返回关联响应。

然后 AP 向 AC 上报，允许关联。至此，接入过程完成，STA 初始化完毕，可以开始向 AP 传送数据帧。

如果 STA 从一个小区移动到另一个小区，则需要重新关联，这称为漫游。漫游时，已有业务不中断，STA 的 SSID 不变。漫游又分为基本漫游和扩展漫游。基本漫游是指 STA 在一个 ESS 中从一个 BSS 移动到另一个 BSS；扩展漫游是指 STA 从一个 ESS 的 BSS 移动到另一个 ESS 的 BSS，802.11 标准并不保证这种漫游的上层连接。

2.　瘦 AP 发现 AC 的流程

瘦 AP 的 IP 地址既可以静态配置，也可以通过 DHCP 服务器动态获取。如果有预配置的静态 AC 列表，则 AP 直接启动 L3 发现，与指定的 AC 关联。在无 AC 列表时，先启动 L2 发现机制，成功则关联，否则进行 L3 发现机制。瘦 AP 发现 AC 的流程如图 6-11 所示。

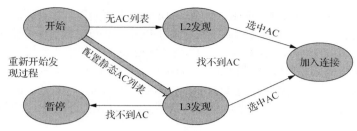

图 6-11　瘦 AP 发现 AC 的流程

当 AP 直连或通过二层网络连接时，AP 通过 DHCP 服务器获取 IP 地址，AP 发出二层广播的发现请求报文试图联系一个 AC。接收到发现请求报文的 AC 会检查该 AP 是否有接入本机的权限，如果有则回应发现响应报文。AP 从 AC 下载最新软件版本、配置，AP 开始正常工作和 AC 交换用户数据报文。

当 AP 通过三层网络连接采用的是 DHCP 的 Option 43 方式，此属性携带 AC 的 IP 地址时，AP 会从 Option 43 字段中获取 AC 的 IP 地址，然后向 AC 发送单播发现请求报文。接收到发现请求报文的 AC 会检查该 AP 是否有接入本机的权限，如有则回应发现响应报文，然后 AP 从 AC 下载最新软件版本、配置，AP 开始正常工作和 AC 交换用户数据报文。

AP 通过三层网络连接采用 DNS 方式时，AP 通过 DHCP 服务器获取 IP 地址、DNS 服务器地址、域名；AP 在多次尝试发送二层广播的发现请求报文无回应的情况下，会从 DNS 服务器获取 AC 对应域名的 IP 地址，AP 向 AC 发送单播发现请求报文。

6.1.5　WLAN 的关键技术

1. 物理层关键技术

随着 WLAN 的应用日渐广泛，用户对数据传输速率的要求越来越高，WLAN 标准在不断演进，其物理层关键技术也不断推陈出新，主要有：扩频调制（Direct Sequence Spread Spectrum，DSSS）技术、正交频分复用技术、多输入多输出技术、信道捆绑技术等。

微课 6-2　WLAN 的关键技术

（1）扩频调制技术

无线信号的传输在不同的应用场景有不同的技术。固定频率传输是在一个特定的频段范围内传输信号的方式。通过此方式传输的信号通常要求高功率的信号发射器并且要具有使用许可证，该方式通常用于广播电视；跳频技术（Frequency-Hopping Spread Spectrum，FHSS）使用发射器和接收器都已知的伪随机序列，在一定频率信道内快速跳变以发射无线电信号；DSSS是在发射信号前，先附加"扩频码"实现扩频传输，接收器在解调制的过程中将干扰剔除并解扩。在 802.11a、802.11b 标准中，主要应用的调制技术就是 DSSS。

DSSS 利用高速率的扩频码序列在发射端扩展信号的频谱，而在接收端用相同的扩频码序列进行解扩，把展开的扩频信号还原成原来的信号。在设备的特定的发射频率内以广播形式发射信号。用户数据在空间传送之前，先附加扩频码，即用高速率的伪噪声码序列与信息码序列模二加（波形相乘）后的复合码序列去控制载波的相位而获得直接序列扩频信号，将原来较高功率、较窄的频率变成具有较宽频的低功率频率，以在无线通信领域获得令人满意的抗噪声能力，从而实现扩频传输。接收器在解调制的过程中将干扰剔除。通过去除扩频码、提取有效信号，噪声信号被剔除。典型 DSSS 波形变化过程如图 6-12 所示。

基于 DSSS 的调制技术有 3 种。最初 IEEE 802.11 标准规定在 1Mbit/s 数据传输速率下采用 DBPSK。如提供 2Mbit/s 的数据传输速率，则要采用 DQPSK，这种方法每次处理两个比特码元，即双比特。第 3 种是基于 CCK 的 QPSK，是 802.11b 标准采用的基本数据调制方式。它采用了补码序列与 DSSS 技术，是一种单载波调制技术，通过 PSK 方式传输数据，传输速率分为 1Mbit/s、2Mbit/s、5.5Mbit/s 和 11Mbit/s。CCK 通过与接收端的 Rake 接收机配合使用，能够在高效率地传输数据的同时有效地克服多径效应。IEEE 802.11b 使用了 CCK 调制技术来提高数据传输速率，最高可达 11Mbit/s。但是传输速率超过 11Mbit/s，CCK 为了对抗多径效应，需要更复杂的均衡及调制，实现起来非常困难。因此，802.11 工作组为了推动 WLAN 的发展，又引入新的调制技术。

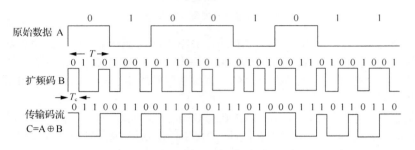

图 6-12 典型 DSSS 波形变化过程

（2）正交频分复用技术

OFDM 同时在多个子载波频率上以广播形式发射信号，每个子载波的带宽都很窄，可以承载高速数据信号。OFDM 中的各个载波是相互正交的，每个载波在一个符号时间内有整数个载波周期，每个载波的频谱零点和相邻载波的零点重叠，这样可减小载波间的干扰。

由于载波间有部分重叠，所以它比传统的多载波调制技术 FDM（Frequency Division Multiplexing，频分多路复用）频带利用率更高，如图 6-13 所示。

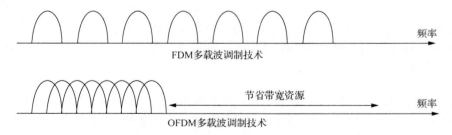

图 6-13 OFDM 与 FDM 技术比较

OFDM 技术优点较多，其频带利用率高、抗噪声特性好，并可以对那些在传输过程中遭到破坏的信号数据位进行自动重建；在传输过程中不容易被窃听，从而保证信号传送具有更高的安全性；对传输线路上的多径效应有较强的抵抗力，它不仅可以克服信号传输的障碍，还能提高传输的速度；具有良好的抗信号衰落性能，可增加传输距离；能够克服传输介质中外界信号的干扰，提供高通信质量的传输信道。

OFDM 的应用从 802.11a、802.11g 就开始了。它们把宽度为 20MHz 的信道分成 52 个子载波，其中 48 个为数据子载波，4 个为导频子载波。对于 802.11n 标准，20MHz 的信道被分成 56 个子载波，其中 52 个用于数据传输；40MHz 的信道被分成 114 个子载波，其中 108 个用于数据传输，数据传输速率提升到 121.5Mbit/s。对于 802.11ac/ad 标准，80MHz 的信道被分成 242 个子载波，其中 234 个用于数据传输；160MHz 的信道被分成 484 个子载波，其中 468 个用于数据传输。从而，使得传输速率大大提高。

（3）多输入多输出技术

MIMO 技术是指在发射端和接收端分别使用多根发射天线和接收天线，使信号通过发射端与接收端的多根天线传送和接收。MIMO 多根天线同时收发，形成多个空间流并行传送数据报，可极大地提升数据传输速率。典型 MIMO 系统如图 6-14 所示。它能充分利用空间资源，通过多根天线实现多发多收，在不增加频谱资源和天线发射功率的情况下，可以成倍地提高系统信道容量，在 WLAN 系统中显示出明显的优势。

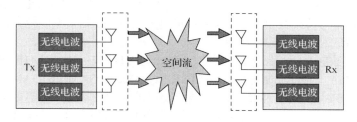

图 6-14　典型 MIMO 系统

MIMO 天线常用 $M \times N{:}n$ 来表述，其中 M 指的是发射天线根数，N 表示接收天线根数，n 表示支持的空间流数。空间流数与天线根数可以一致，也可以不一致，但是天线根数必须不小于空间流数，如两个空间流数至少需要两根接收（或发射）的天线来支持。

MIMO 与 OFDM 技术结合产生了 MIMO OFDM 技术，将高速码流拆分成多个低速码流，每个低速码流在相同的频点上分别由不同的天线同时发送，在传送过程中，会因多种多样的直接、反射或穿透等引起信号到达接收天线的时间不同步，可在接收端采用多重天线接收，通过 MIMO 处理器，利用频谱相位差进行计算处理，恢复原始数据。

MIMO 的应用始于 802.11n，它定义的空间流数最高为 4，即支持 4×4:4。1 个独立空间流最高速率可达 150Mbit/s，4 个独立空间流最高速率可达 600Mbit/s。不过出于成本考虑，市场上常见 1×1、1×2 或 1×3 等规格的天线。802.11ac 定义了空间流数最高为 8 的 MIMO 技术，802.11ad 定义了空间流数最高为 10 的 MIMO 技术。

（4）信道捆绑技术

高的信息速率肯定需要高带宽，高带宽可以通过信道捆绑获得。802.11 标准信道带宽为 20MHz。802.11n 通过把相邻的 20MHz 带宽信道捆绑在一起组成 40MHz 带宽的信道，将速率翻倍。信道捆绑示意如图 6-15 所示。在实际收发数据时既可以作为一个 40MHz 的信道工作，也可以作为独立的 20MHz 的信道使用。

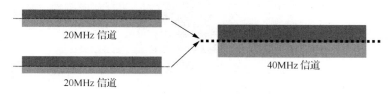

图 6-15　信道捆绑示意

同理，可将两个 40MHz 带宽的信道捆绑成一个 80MHz 信道，将两个 80MHz 信道捆绑成一个 160MHz 信道，每次捆绑均可将速率翻倍。802.11ac/ad 支持更大有信道带宽，40MHz 和 80MHz 为必备，160MHz 为可选。

不过宽的信道会面临信道布局挑战。我国 2.4GHz 频段（2.412G～2.484GHz）只有约 83.5MHz 可用频谱，运营商通常使用 3 个不重叠的 20MHz 信道，这导致部署 40MHz 信道有点困难。5GHz

比 2.4GHz 有更多可用的信道，目前我国使用 5G 频段（5.725G～5.85GHz）可提供 5 个不重叠的 20MHz 信道，部署两个不重叠的 40MHz 信道没有问题，但是部署 80MHz 信道有点困难。故 802.11ac/ad 的工作频段除了 5GHz，还包括频谱资源更为丰富的 60GHz。

（5）自适应调制编码技术

信息速率除了与信道宽度、空间流数、数据子载波数相关，调制方式和编码效率也是决定性因素。其计算方法一般为：

信息速率=空间流数×数据子载波数×子载波传输数位×编码效率/OFDM 符号持续时间

其中，OFDM 符号持续时间与信道宽度和调制方式有关，信道宽度越大，调制方式效率越高，OFDM 符号持续时间越短。

新的标准通常要能适应或优于原有标准。例如，802.11n 支持比 802.11b、802.11g 更高阶的调制和编码。802.11n 支持的调制方式包括 BPSK、QPSK、16QAM、64QAM，信道编码效率包括 1/2、2/3、3/4、5/6 等多挡。802.1lac/ad 支持更高的频谱效率必然需要更高阶的调制，达到 256QAM。在其他参数一定时，256QAM（每个 OFDM 符号代表 8 位信息）是 64QAM（每个 OFDM 符号代表 6 位信息）信息速率的 4/3 倍。在无线环境良好时，使用高阶调制和高效编码是提升速率的有效手段。

2. MAC 层关键技术

（1）802.11 标准的 MAC 层

802.11 标准设计了独特的 MAC 层，如图 6-16 所示。它通过协调功能来确定在 BBS 中 STA 在什么时间能发送数据或接收数据。802.11 的 MAC 层在物理层的上面，它包括两个子层。

① 分布式协调功能（Distributed Coordination Function，DCF）子层。DCF 子层不采用任何中心控制，而是在每一个 STA 使用 CSMA 机制的分布式接入算法，让各个 STA 通过争用信道来获取发送数据权。因此 DCF 子层向上提供争用服务。802.11 协议规定，所有的实现都必须有 DCF 功能。

② 点协调功能（Point Coordination Function，PCF）子层。PCF 子层是选用的，用 AP 集中控制整个 BBS 内的活动，因此自组网络没有 PCF 子层。PCF 子层使用集中控制的接入算法，用类似探询的方法把发送数据权轮流授予各个 STA，从而避免碰撞的产生。对于时间敏感的业务，如分组语音业务，就应使用提供无争用服务的 PCF 子层。

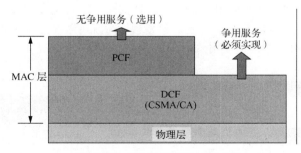

图 6-16　802.11 标准的 MAC 层

（2）帧间空隙

为了尽量避免碰撞，802.11 规定，所有的 STA 在发送一帧后，必须再等待一段很短的时间（继续监听）才能发送下一帧。这段时间的通称为帧间空隙（Inter-Frame Space，IFS）。帧间空隙的长短取决于该站要发送的帧的类型。高优先级的帧需要等待的时间较短，因此可以优先获得发送权，但低优先级帧必须等待较长的时间。若低优先级帧还没来得及发送而其他高优先级帧已发送到媒体，则媒体变为忙态导致低优先级帧只能再推迟发送。这样就减少了发生碰撞的机会。802.11 定义的帧间空隙主要如下。

① 短的帧间空隙（Short Inter-Frame Space，SIFS）为最短帧间空隙，使用 SIFS 的帧优先级最高，用于需要立即响应的服务，如 ACK 帧、CTS 帧和控制帧等。

② 点协调功能帧间空隙（Point Coordination Function Interframe Space，PIFS）是 PCF 方式下节点使用的帧间空隙，用于获得在无竞争访问周期启动时访问信道的优先权。

③ 分布式帧间空隙（Distributed Inter-Frame Spacing，DIFS）为 DCF 方式下节点使用的帧间空隙，用于发送数据帧和管理帧。

（3）CSMA/CA 协议

在以太网通信中，采用一种称为 CSMA/CD 的协议来解决在以太网上的各个 STA 的数据如何在线缆上进行传输的问题。利用它可以检测和避免当两个或两个以上的网络设备需要进行数据传送时网络上的冲突。在无线通信中，由于传输介质为无线电波、无线覆盖的区域复杂性，冲突的检测存在一定的问题，这个问题称为 "Near/Far" 现象，这是由于要检测冲突，设备必须能够一边接收数据信号，一边传送数据信号，而这在无线系统中是无法办到的。鉴于这个差异，802.11 对 CSMA/CD 进行了一些调整，把碰撞检测改为碰撞避免，采用带冲突避免的载波感应多路访问（Carrier Sense Multiple Access with Collision Avoidance，CSMA/CA）协议。CSMA/CA 采用多种机制如帧间空隙、信道预约、停止等待等，减少碰撞发生的概率。停止等待协议是利用 ACK 机制实现的，但这种方式增加了额外的负担，所以 802.11 网络比与其类似的以太网在性能上还是稍逊一筹的。

CSMA/CA 协议工作原理较为复杂，先介绍简单网络的工作过程，如图 6-17 所示。

① 首先检测信道是否有 STA 在使用，如果检测出信道空闲，则等待 DIFS 时间后，才发送数据。

② 目的 STA 如果正确收到此帧，则经过 SIFS 时间后，向源 STA 发送确认帧 ACK。

③ 源 STA 收到 ACK 帧，确定数据正确传输，在经历 DIFS 时间后，会出现一段空闲时间，称为争用窗口，表明会出现各 STA 争用信道的情况。

④ 如果检测信道时发现信道正在使用，STA 使用 CSMA/CA 协议的退避算法。冻结退避计时器。只要信道空闲，退避计时器就进行倒计时。当退避计时器减少到零时，STA 就发送帧并等待确认。如果没有收到 ACK 帧，就必须重传此帧。

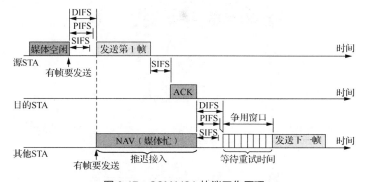

图 6-17　CSMA/CA 协议工作原理

对于复杂网络情况，例如区域内有多个站点，如图 6-18（a）所示，可能会出现隐蔽站或暴露站等问题。所谓隐蔽站问题是指假设无线通信区域有 A、B、C、D、E，其中 A、B、C、E 在 A 的作用范围内，A、B、D、E 在 B 的作用范围内。如果 C 正在向 A 传送数据，而 A 也试图向 D 传送数据。此时，C 不能够监听到 D 正在忙。如果 A 向 D 传送数据，则将出现碰撞，导致错误。所谓暴露站问题是指 C 正在向 A 传送数据，而 B 希望向 D 发送数据，但由于 A 与

B 在同一作用区域，会监测到信道正忙，于是停止向 D 发送数据。其实 C 向 A 传送数据并不影响 B 向 D 发送数据。

如何解决以上问题呢？CSMA/CA 协议定义了开销较小的预约控制帧（Request To Send，RTS）和控制响应帧（Clear To Send，CTS），利用它们首先进行信道预约。当 A 要给 B 发送数据时，过程如下：

① A 先向 B 发送一个预约控制帧 RTS，它包含源地址、目的地址和这次通信所需的持续时间，如图 6-18（b）所示；

② B 在空闲情况下，会发送一个响应控制帧 CTS，它包含这次通信所需的持续时间（从 RTS 中复制），如图 6-18（c）所示；

③ A 接收到 B 发送的 CTS 帧就开始发送数据帧。

再看区域内其他站的情况。

C 处于 A 的作用范围，但不在 B 的作用范围。因此 C 能收到 A 发送的 RTS 帧，但收不到 B 发送的 CTS 帧。A 向 B 发送数据时，C 也可将自己的数据发给其他站，而不会干扰 A、B。

D 也不会干扰 B 接收 A 发来的数据。

E 能收到 A 和 B 发送的 RTS 帧和 CTS 帧，在 A 发送数据和 B 发送 ACK 帧的过程中，都不会发送数据。

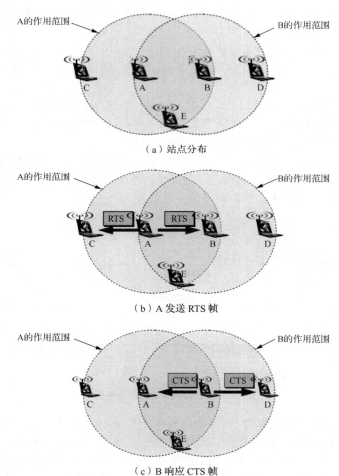

（a）站点分布

（b）A 发送 RTS 帧

（c）B 响应 CTS 帧

图 6-18　CSMA/CA 协议的信道预约

3．WLAN 的安全技术

由于无线信号在传输过程中完全暴露在空中，因此无线网络相对有线网络更容易被入侵或侦听。WLAN 面临的安全威胁主要有：网络窃听、非法 AP 欺骗、有线等效保密破解、MAC 地址欺骗等。早期的无线网络标准的安全性并不完善，随着技术的进步和研究的深入，WLAN 出现了更多、更好的安全技术。目前应用于 WLAN 的安全技术主要有：SSID 匹配、MAC 地址过滤、有线等效保密（Wired Equivalent Privacy，WEP）加密、端口访问控制技术（IEEE 802.1x）、WPA（Wi-Fi Protected Access，Wi-Fi 保护接入）、IEEE 802.11i 等。

（1）SSID 匹配

SSID 将一个无线网络分为几个不同的子网络，每一个子网络都有不同的 SSID，只有无线终端设置了配对的 SSID 才能接入相应的子网络。可以认为 SSID 是一种简单的口令，通过口令认证机制，实现一定的安全性。但这种口令很容易被无线终端探测，只能作为不同服务区的标识，不能作为可靠的安全保障。

（2）MAC 地址过滤

MAC 地址过滤就是通过对 AP 的设定，将指定的无线网卡的物理地址（48 位 MAC 地址）输入 AP 中。而 AP 对收到的每个数据包都会进行判断，只有符合设定标准的才能被转发，否则将会被丢弃。这种方式简化了访问控制，但管理复杂，而且不能支持大量的移动客户端。另外，如果有用户盗取合法的 MAC 地址信息，仍可以通过各种方法使用假冒的 MAC 地址登录网络。一般 SOHO、小型企业工作室可以采用该安全手段。

（3）WEP 加密

所有经过 Wi-Fi 认证的设备都支持 WEP 安全协定。采用 64 位或 128 位加密密钥的 RC4 加密算法，保证传输数据不会以明文方式被截获。该方法需要在每套移动设备和 AP 上配置密码，部署比较麻烦；使用静态非交换式密钥的安全性也受到了业界的质疑，但是它仍然可以阻挡一般的数据截获攻击。

（4）802.1x 协议

802.1x 协议由 IEEE 定义，用于以太网和 WLAN 中的端口访问与控制。802.1x 引入了 PPP 定义的可扩展认证协议（Extensible Authentication Protocol，EAP）。EAP 可以采用 MD5、一次性口令、智能卡、公共密钥等许多的认证机制，从而提供更高级别的安全性。在用户认证方面，802.1x 的客户端认证请求也可以由外部的 RADIUS 服务器进行。该认证属于过渡期方法且各厂商实现方法各有不同，可能造成兼容问题。该方法需要专业知识和 RADIUS 服务器支持，费用偏高，一般用于企业无线网络部署。

（5）802.11i 标准与 WPA、WPA2 协议

802.11i 是 IEEE 802.11i 工作组开发的新一代的无线安全标准，据说可以彻底解决无线网络的安全问题，草案中包含 AES 与时限密钥完整性协议（Temporal Key Integrity Protocol，TKIP），以及认证协议 IEEE 802.1x。2004 年 6 月 802.11i 标准制定完毕。

由于市场对安全需求十分迫切，802.11i 的进展不能满足该需求，Wi-Fi 联盟制定了 Wi-Fi 保护访问（Wi-Fi Protected Access，WPA）标准。WPA 针对 WEP 加密机制的各种缺陷进行了改进，提供了一个临时性解决方案。它使用 802.1x 和 TKIP 来实现对 WLAN 的访问控制、密钥管理与数据加密。这项技术作为 802.11i 的一个子集，可大幅解决 802.11 原先使用 WEP 所隐藏的安全问题。

由于现网中很多客户端和 AP 并不支持 WPA 协议，而且 TKIP 加密仍不能满足高端企业和政府的加密需求，Wi-Fi 联盟经过修订，推出了具有与 802.11i 标准相同功能的 WPA2，实现了 802.11i 的强制性元素，特别是 Michael 算法由公认安全的计数器模式密码块链消息完整码协议（Counter CBC-MAC Protocol，CCMP）信息认证码所取代，而 RC4 也被 AES 取代。

4. Wi–Fi 6 核心技术

Wi-Fi 6 的卓越性能促进其应用得越来越广泛。它继承了 Wi-Fi 5 以前所有先进 MIMO 特性，并新增了许多针对高密部署场景的新特性。Wi-Fi 6 的核心技术主要有：OFDMA 技术、DL/UL MU-MIMO 技术、更高阶的调制技术（1024-QAM）、空分复用（Space Division Multiplexing，SDM）技术& BSS Coloring 着色机制、扩展覆盖范围等。

（1）OFDMA 技术

802.11ax 之前，数据传输采用的是 OFDM 模式，用户是通过不同时间片段区分出来的。每一个时间片段，一个用户完整占据所有的子载波，并且发送一个完整的数据包，如图 6-19 所示。

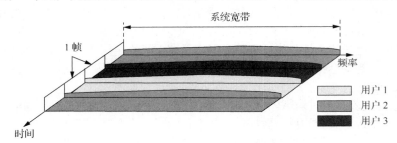

图 6-19　OFDM 工作模式

802.11ax 中引入了 OFDMA 这种更高效的数据传输模式，因为 802.11ax 支持上下行多用户模式，因此可称为 MU-OFDMA，如图 6-20 所示。它通过将子载波分配给不同用户并在 OFDM 系统中添加多址的方法来实现多用户复用信道资源。目前，它已被许多无线技术采用，如 3GPP LTE。此外，802.11ax 标准也仿效 LTE，将最小的子信道称为资源单位（Resource Unit，RU），每个 RU 中至少包含 26 个子载波，用户是根据时频 RU 区分出来的。相比 OFDM，OFDMA 提供了更精细的信道资源分配，可根据信道质量选择最优 RU 来进行数据传输。OFDMA 减少了节点接入的时延，可以提供更好的 QoS 保证；OFDMA 将整个信道资源划分成多个子载波（也可称为子信道），子载波又按不同 RU 类型被分成若干组，每个用户可以占用一组或多组 RU 以满足不同业务的带宽需求，因此可以提供更多的用户并发及更高的用户带宽。

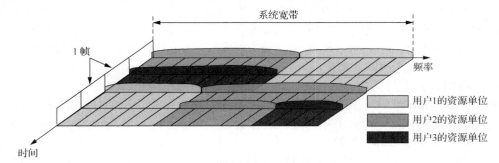

图 6-20　OFDMA 工作模式

（2）DL/UL MU-MIMO 技术

MU-MIMO 使用信道的空间分集来在相同带宽上发送独立的数据流，与 OFDMA 不同，所有用户都使用全部带宽，从而带来多路复用增益。终端受天线数量、尺寸等限制，一般来说只有 1 个或 2 个空间流（天线），比 AP 的空间流（天线）要少，因此，在 AP 中引入 MU-MIMO 技术，同一时刻就可以实现 AP 与多个终端之间同时传输数据，大大提升了吞吐量。

MU-MIMO 在 802.11ac 就已经引入，但只支持下行 DL 4x4 MU-MIMO。在 802.11ax 中

进一步增加了 MU-MIMO 数量，可支持 DL 8x8 MU-MIMO，借助 DL OFDMA 技术，可同时进行 MU-MIMO 传输和分配不同 RU 进行多用户多址传输，既增加了系统并发接入量，又均衡了吞吐量。DL MU-MIMO 工作模式如图 6-21 所示。

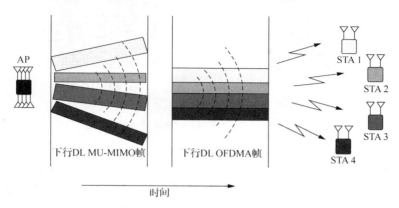

图 6-21　DL MU-MIMO 工作模式

　　UL MU-MIMO 通过发射机和接收机多天线技术使用相同的信道资源在多个空间流上同时传输数据，其多个数据流来自多个用户。802.11ac 及之前的 802.11 标准都采用上行 SU-MIMO 技术，即只能接收一个用户发来的数据，多用户并发场景效率较低，UL MU-MIMO 同时进行 MU-MIMO 传输和分配不同 RU 进行多用户多址传输，提升多用户并发场景效率，大大降低了应用时延。UL MU-MIMO 工作模式如图 6-22 所示。

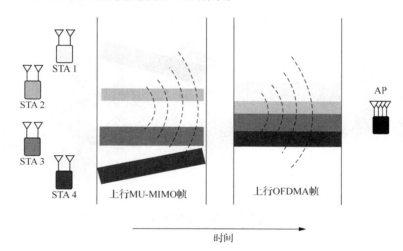

图 6-22　UL MU-MIMO 工作模式

（3）更高阶的调制技术

　　802.11ac 采用 256-QAM 正交幅度调制，每个符号传输 8 位数据（2^8=256），802.11ax 将采用 1024-QAM 正交幅度调制，每个符号位传输 10 位数据（2^{10}=1024），从 8 到 10 的提升是 25%，也就是相对于 802.11ac，802.11ax 的单条空间流数据吞吐量提高了 25%。256-QAM 与 1024-QAM 的星座图对比如图 6-23 所示。高阶的调制技术需要更高的信道条件，更密的星座点距离需要更强大的误差向量幅度（Error Vector Magnitude，EVM）和接收灵敏度，并且信道质量要高于其他调制类型。

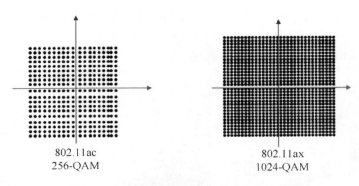

图 6-23　256-QAM 与 1024-QAM 的星座图对比

（4）空分复用技术& BSS Coloring 着色机制

802.11ac 及之前的标准，通常采用动态调整空闲信道评估（Clear Channel Assessment，CCA）门限的机制来改善同频信道间的干扰，通过识别同频干扰强度，动态调整 CCA 门限，忽略同频弱干扰信号实现同频并发传输，提升系统吞吐量。802.11ax 中引入了一种新的同频传输识别机制，叫 BSS Coloring 着色机制，在物理层数据报文头中添加 BSS Color 字段对来自不同 BSS 的数据进行"染色"，为每个通道分配一种颜色，该颜色标识一组不应干扰的 BSS，接收端可以及早识别同频传输干扰信号并停止接收，避免浪费收发机时间。如果颜色相同，则认为是同一 BSS 内的干扰信号，发送将推迟；如果颜色不同，则认为两者之间无干扰，两个 Wi-Fi 设备可同信道同频并行传输。以这种方式设计的网络，具有相同颜色的信道彼此相距很远，此时我们再利用动态 CCA 机制将这种信号设置为不敏感，事实上它们之间也不太可能会相互干扰。无 BSS Color 机制与有 BSS Color 机制对比如图 6-24 所示。

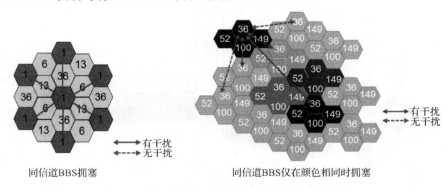

同信道BBS拥塞　　　　　　　　　　　　　同信道BBS仅在颜色相同时拥塞

图 6-24　无 BSS Color 机制与有 BSS Color 机制对比

（5）扩展覆盖范围

由于 802.11ax 标准采用的是 Long OFDM Symbol 发送机制，每次数据发送持续时间从原来的 3.2μs 提升到 12.8μs，更长的发送时间可降低终端丢包率；另外 802.11ax 最小可使用 2MHz 带宽进行窄带传输，有效降低频段噪声干扰，提升终端接收灵敏度，增加覆盖距离，如图 6-25 所示。

图 6-25　Long OFDM Symbol 与窄带传输带来覆盖距离提升

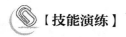

【技能演练】

6.2　WLAN 的组网设计

微课 6-3　WLAN
的组网设计

WLAN 系统为"信息时代"提供了方便、自由的网络空间。WLAN 的应用场景很多，可能是宿舍或家，可能是大学校园、商业步行街、火车站候车室等。对于不同的应用场景，该如何进行工程设计呢？首先要进行工程勘察。

6.2.1　WLAN 的工程勘察

工程勘察简称工勘，是在进行工程设计与施工前必不可少的一项工程任务，它可以为工程建设时的设备选型提供准确依据。工勘为市场人员报价和产品采购提供依据；同时，可为技术方案设计提供准确依据，为技术人员设计合理的网络结构及技术方案提供依据；还可以为工程实施提供准确依据、准确确定设备型号及数量、设备具体安装位置，为后期工程实施提供依据。

工勘前要做好一些准备工作，例如应获取并熟悉覆盖区域平面图，室内项目可要求业主提供平面图；室外项目还可通过已有地图或通过权威可靠的地图软件等途径获取。应初步了解用户接入需求，如：用户接入速率、用户的无线终端类型；初步了解用户现网情况，确定用户方项目负责人的联系方式等。勘测工具包括无线终端（笔记本电脑、无线网卡、PDA、Wi-Fi Phone）、AP 及（或）交换机、数码相机、长距离测距尺、各种增益天线、各种长度及类型的馈线、后备电源（包括 PoE 电源）、无线分析平台等。勘测软件要准备信号测试软件、流量测试软件、线路测软件、无线抓包软件等。

现场勘测时，应根据客户要求，确定需覆盖的热点区域，详细了解终端数量和数据流量；完成频谱扫描、分析工作，了解电磁环境及频率资源状况，从而进行合理的频率规划，避免设备互相干扰；记录建筑结构、现场人流量、预估 WLAN 业务需求量，使 AP 安装后能够满足客户的需求。确定用户分布及具体覆盖范围，提供现场数据，满足方案设计需求，达到预期覆盖效果，确定覆盖方式、天线布放方式，确定 AP 类型、数量、安装位置、使用频点、上行传输及供电方式等。对于混合网络，要根据覆盖范围和合路 AP 的安装位置，对不同网络的接收功率进行合理的计算，从而确定部分有源器件的安装位置。若系统功率欠缺，有必要对系统原先的传输馈线进行更换或使用大功率 AP 或加入功率放大器直接进行合路。

6.2.2　WLAN 组网方案选择

工勘后就可以进行工程组网设计了。首先要对 WLAN 组网方案进行选择。

WLAN 系统的基本组件有 3 种，即 AC、AP 和 STA。这 3 种组件可以有多种组合来构成WLAN。

全部使用 STA 可构成无中心的网络结构，即 Ad-hoc 网络。它仅适用于小规模、小范围的WLAN 组网，例如 4～8 个用户的组网环境。如果增加 1 种组件，即采用 AP+STA 的组网方案。这里的 AP 需要采用胖 AP，即无线路由器。它适用于家庭或宿舍等小范围组网。由于无线路由器具有接入功能，允许共享一个 ISP 的单一 IP 地址为多台计算机提供服务。如果再增加 AC，使用瘦 AP，就可采用 AC+AP+STA 的组网方案。在大型 WLAN 组网中，主要采用此种方案。根据该方案中 AC 在网络中的不同位置，又有以下几种常见的组网方案：方案 1，AC 位于城域网；方案 2，AC 旁挂 BRAS；方案 3，二层直连。下面对这 3 种方案进行重点分析。

1. AC 位于城域网

AC 位于城域网方案如图 6-26 所示。整个城域网中 AP 共用 AC，AP 与 AC 之间为三层组网。BRAS 接入认证完成后，启动 DHCP 服务功能，给 AP 分配 IP 地址。AP 通过 DNS 的方式发现 AC。其优点是可以快速部署，无须对 BRAS 之下的网络进行改造；缺点是一般要求数据流为独立转发模式，如果采用 AC 集中转发则数据流会有迂回。数据流独立转发时，不支持漫游切换。这种组网方案适合 WLAN 部署初期，AP 热点分散，数量不多，希望 AC 集中部署，减少设备投资，简化维护的场景。随着 AP 规模部署后，这种组网方式很少使用。

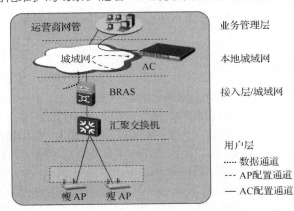

图 6-26　AC 位于城域网方案

2. AC 旁挂 BRAS

AC 旁挂 BRAS 方案中 AP 与 AC 之间为三层组网，如图 6-27 所示。BRAS 管辖区域内的瘦 AP 都有旁挂的 AC 管理。BRAS 接入认证完成后，启动 DHCP 服务功能，AC 给 AP 分配 IP 地址。AP 通过 DNS 的方式发现 AC。其优点是相比城域骨干部署方式，AC 管理 AP 的区域范围缩小，可完成相对密集的 AP 快速部署，无须对 BRAS 之下的网络进行改造；缺点是一般要求数据流为独立转发模式，且不支持漫游切换，若采用 AC 集中转发会导致流量瓶颈和网络带宽浪费，不适合支撑非常密集的 AP 部署。这种组网方案适合于 AC 部署相对集中而 AP 部署比较分散的情况。

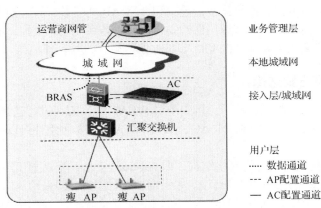

图 6-27　AC 旁挂 BRAS 方案

3. 二层直连

二层直连方案如图 6-28 所示。该方案中 AC 位于汇聚交换机下。AP 与 AC 之间为二层组网，BRAS 启动 DHCP 服务器功能，给 AP 分配 IP 地址。AP 通过二层发现协议发现 AC，AC 集中管理少量 AP，对 AC 性能要求不高，可以采用基于数据链路交换架构的 AC，成本低，可快速部署。数据转发模式可采用集中转发或者独立转发模式。这种组网方案比较适合校园网、企业网等 AP 部署区域相对集中，且相对独立的组网应用。缺点是 AC 数量多，管理不便。

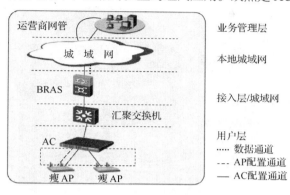

图 6-28　二层直连方案

6.2.3　WLAN 的频率规划

在进行频率规划时，由于频率资源有限，可以配合空间交错实现频率复用，从而增加网络容量。同信道干扰在无线通信组网中是主要的干扰源，频率规划应做到同频最小化重叠。2.4GHz 频段可用频率范围为 2.412G～2.484GHz，共 14 个子信道，我国主要使用 1～13 子信道，如图 6-29 所示。5GHz 频段的信道采用 20MHz 间隔的非重叠信道，我国使用 149、153、157、161、165 信道，如图 6-30 所示。在实际网络设置中，同一区域要注意信道的合理划分，为保证信道之间不相互干扰，2.4GHz 频段要求两个信道的中心频率间隔不能低于 25 MHz，信道要求交错使用。

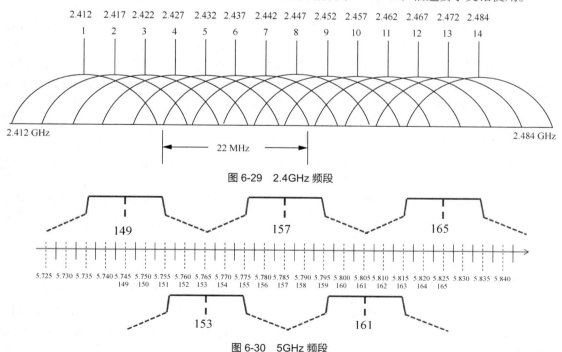

图 6-29　2.4GHz 频段

图 6-30　5GHz 频段

在分楼层的立体空间，典型频率规划方法如图 6-31 所示。我国可以使用的信道标识与对应中心频率如表 6-3 所示。

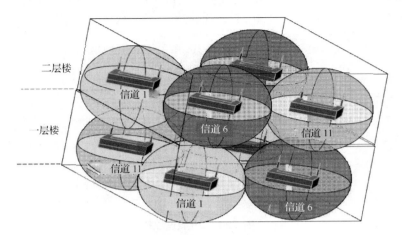

图 6-31　典型频率规划方法

表 6-3　　　　　　　　　　　　　信道标识与对应中心频率

信道标识	1	2	3	4	5	6	7	8	9
中心频率/MHz	2412	2417	2422	2427	2432	2437	2442	2447	2452
信道标识	10	11	12	13	149	153	157	161	165
中心频率/MHz	2457	2462	2467	2472	5745	5765	5785	5805	5825

6.2.4　WLAN 的覆盖设计

AP 的覆盖范围大小取决于 AP 发送功率、天线增益、天线指向性、接收灵敏度、穿透损耗、信噪比等因素。距离 AP 越近，STA 信号强度、质量越好，获得的无线连接速率越高；在同样的发射功率和获得同样连接速率的情况下，2.4GHz 和 5GHz 频段的覆盖范围有一些差别，5GHz 覆盖范围小于 2.4GHz；覆盖质量与周边信噪比相关，信噪比大于 28dB 比较理想，工勘时需测定周边的干扰源；覆盖范围与信号的穿透能力相关，需根据安装环境统一规划链路预算，避免 AP 天线与覆盖区域之间有较大的损耗。

1. 覆盖方式的选择

不同的应用场景应选择不同的覆盖方式，如室内放装型、室外覆盖型、室分混合型等。还需要确定能否共享存在的室内分布系统，以及共享的方案。并且根据建筑的情况设计室分系统的拓扑结构、路由等。要根据建筑的面积、用途、结构特点，确定信号源和具体的覆盖方案。确定 AP 数量和安装位置以及功分器、合路器、天线的射频器件。绘制 WLAN 室分系统的系统原理图（拓扑结构图）需要基于建筑的图纸、墙体结构基础。

（1）室内放装

室内放装型 AP 加全向天线，是常用的一种无线信号覆盖方式。其特点是布放方式简单、灵活，施工成本低。同时每个 AP 独立工作、方便根据布放区域需求灵活调整 AP 数量，满足用户不同带宽需求。室内放装型 AP 多用在面积较小、用户相对集中、对容量需求较大的区域。例如会议室、办公室、老式建筑、酒吧、休闲中心、VIP 候机厅、商铺等场景宜选用室内放装型 AP 设备。WLAN 室内放装覆盖如图 6-32 所示。

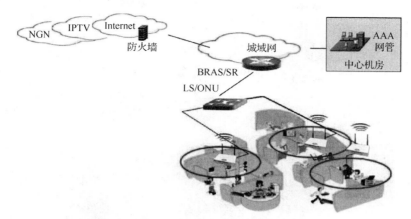

图 6-32 WLAN 室内放装覆盖

WLAN 室内覆盖区域按区域半径分为大于 AP 覆盖半径区域和小于 AP 覆盖半径区域。按接入用户数量分为高密度用户区域、低密度用户区域。对于大区域、低密度无线覆盖，可以将整个大区域依据一定的原则（如隔断、房间、墙壁等）分隔成多个小区域，然后依据小区域、低密度覆盖原则进行规划，但各区域间需考虑 AP 间的信道隔离和功率调整。对于大区域、高密度无线覆盖，可参考小区域、高密度覆盖原则，但需从整体考虑并严格按照蜂窝覆盖技术来进行信道规划，同时在施工过程中还需要根据现场情况进行功率调整，避免 AP 间的干扰。

在进行 WLAN 连续覆盖时需注意通过合理规划信道及调整功率来减小 AP 间的射频干扰。当 AP 选择安装在吊顶上时，需安装在吊顶的检测口附近。对于金属类吊顶，禁止将天线安装在吊顶内进行覆盖。办公大楼类场景一般室内环境比较开阔，遮挡物主要为承重柱和隔断墙。走廊吸顶天线覆盖可以满足标准办公室覆盖需求，开阔办公区域可以适当减少 AP 布放数量。酒店类场景根据现场环境和客户需求可以采用房间内覆盖或者走廊覆盖。对于标准客房，采取走廊吸顶天线覆盖即可；对于会议厅、咖啡厅、有特殊覆盖要求的房间，建议使用房间内壁挂或者吸顶覆盖。在室内分布式应用中，等效全向辐射强度（发射功率＋天线增益－线路损耗）达到 12dBm 左右可以保证室内 50m 无遮挡覆盖，因此，室内分布式系统设计要符合这一基本原则。信号功率太大会干扰同楼层或相邻楼层的 AP，造成流量下降；信号功率太小，会影响覆盖效果，因此，在满足基本覆盖的情况下，要利用 AP 本身的功率调节能力，合理调整发射功率，优化网络覆盖。大功率 AP 可以解决低成本、大范围覆盖的问题，如果用户密度较高，则需要增加小功率 AP。

（2）室外覆盖

室外覆盖适用于公共广场、居民小区、学校、宿舍、园区、室外人口较为聚集的空旷地带以及对无线数据业务有较大需求的商业步行街等室外场合。有些应用场景需要无线回传，如楼宇间的无线网桥、2.4GHz 接入等应用。室外覆盖中多采用大功率室外型 AP，或远距离小区桥接覆盖，如图 6-33 所示。其覆盖情况受发射功率、天线形态和增益、放置高度、障碍等多种因素影响。此外，建网时还需综合考虑系统容量与 AP 数量、天线增益与覆盖角度、信号穿透能力与功率预算、防护等级等问题。

室外空旷区域总体宜按照蜂窝网状布局执行，尽量提高频率复用效率，将信号均匀分布，控制每个 AP 覆盖区域的重叠区域。AP（或天线）宜布放在高处，减少人员走动等环境变化对信号传播的影响，改善 AP 的接收性能。根据覆盖区业务需求和地貌，选择合适的天线类型，天线安装位置需远离大功率电子设备。了解在此区域的可能的用户的特点以及覆盖区域的建筑结构特点，根据现场模拟测试结果确定 AP（或天线）的安装位置。

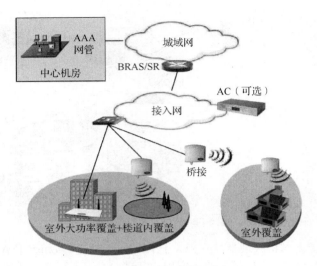

图 6-33　WLAN 室外覆盖

（3）WLAN 的室内分布系统

WLAN 信号可以通过合路器馈入原有移动通信室内覆盖天馈系统，以实现多网共用室分系统。WLAN 室内分布系统如图 6-34 所示。WLAN 利用带宽优势，起到对移动通信数据业务的分流作用。实际应用中 CDMA800、GSM900、GSM1800、CDMA1900、WCDMA、TD-SCDMA 等都可能与 WLAN AP 共用室分系统。WLAN 室内分布系统建设需综合考虑系统容量、信道分配、拓扑结构、功率预算、场强覆盖、干扰与隔离、馈电方式等方面因素。

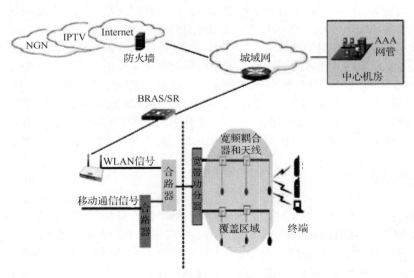

图 6-34　WLAN 室内分布系统

WLAN 与移动通信共用室内分布系统，可以降低 WLAN 部署成本、站址获取难度。在室内热点区域，可用于分担数据业务流量，降低网络扩容升级成本，例如星级酒店、商务中心、交通枢纽、大型场馆、休闲娱乐场所等。WLAN 部署在室内时并非全覆盖，只是针对热点区域和有投资回报的区域。WLAN 用户少，投资回报率低，除非业主强烈要求，否则可不进行覆盖。需现场勘测以确定 WLAN 的覆盖方式。不同场景的建筑结构、功能区分布、覆盖需求、宽带资源、无线环境等情况不一样，WLAN 的部署情况可能会有很大区别。

（4）混合组网

在实际应用组网中，还会有各种混合组网，如应用于机场、车站、会展中心、商业广场等的组网。通常室外采用大功率覆盖，室内采用放装覆盖，如图 6-35 所示。

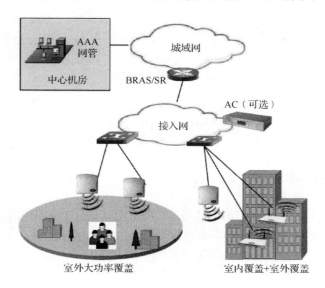

室外大功率覆盖　　　　　　　室内覆盖+室外覆盖

图 6-35　WLAN 混合组网

2. 覆盖面积或距离的设计

覆盖设计与站址勘测过程是紧密关联的。在网络规划过程中，覆盖设计通常并不是一次就可以达到网络规划目标的，可能需结合现场测试获得的基础数据进行若干次的反复调整。

室内小功率 AP 通常采用全向天线，设 AP 覆盖半径为 R，由于室内建筑的覆盖区域通常为矩形，设其边长为 Z，如图 6-36 所示，则单 AP 覆盖区域面积计算公式：

$$S=Z^2=(1.414\times R)^2$$

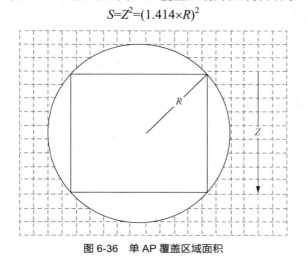

图 6-36　单 AP 覆盖区域面积

对于室外大面积定向覆盖，需要对天线方向进行计算。它主要与天线的下倾角和天线半功率波瓣角有关，如图 6-37 所示。

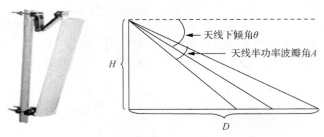

图 6-37　天线的方向

从图 6-37 的几何关系可以推算下倾角：

$$\theta=\arctan(H/D) + A/2$$

式中：

H 为天线安装高度；

D 为覆盖半径（距离外边缘）；

A 为天线半功率波瓣角。

如图 6-38 所示，天线的覆盖距离可以用近端覆盖距离和远端覆盖距离来描述，它们与天线安装高度、天线下倾角以及天线半功率波瓣角有关。

$$近端覆盖距离=H/\tan(\theta+A/2)$$
$$远端覆盖距离=H/\tan(\theta-A/2)$$

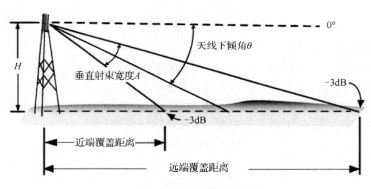

图 6-38　天线的覆盖距离

6.2.5　WLAN 的容量规划

1．功率预算

WLAN 的工程设计要满足容量规划要求，主要是满足功率预算公式：

发送功率+Tx 天线增益−路径损耗+Rx 天线增益>边缘场强

式中：

- 天线的发送功率主要由 AP 自身决定，例如 8～17dBm，以 12～17dBm 为佳；
- Tx 天线增益由出厂技术参数决定；
- 路径损耗需要通过工勘核实，包括空间损耗、电缆、阻隔等损耗，后文进一步讨论；
- Rx 天线增益与不同的终端设备有关，无法确定每个终端的接收天线增益，一般为 2～3dB；
- 边缘场强是指所需覆盖区域边缘的信号强度。WLAN 边缘场强要结合通信终端的接收灵敏度和边缘带宽需求确定，一般 WLAN 设备在接收方向会内置低噪声放大器（Low Noise

Amplifier，LNA），可提升10～15dB的接收增益，用于提高接收灵敏度。因此设备的实际接收灵敏度往往优于标准要求。边缘场强至少大于-80dBm，最好能大于-75dBm。

2. 路径损耗计算

路径损耗是空间损耗、电缆、阻隔等损耗的总和。

（1）空间损耗计算

计算空间损耗时，对于室内覆盖场景，理论上可选择自由空间损耗模型公式计算；对于室外覆盖场景，可选择COTS231-HATA模型修正公式计算。

室内信号模型符合自由空间损耗模型，基于不同的变量单位，具体公式如下。

$$20\lg f + 20\lg d - 28 \quad （f的单位为MHz；d的单位为m）$$
$$20\lg f + 20\lg d + 32.4 \quad （f的单位为MHz；d的单位为km）$$
$$20\lg f + 20\lg d + 92.4 \quad （f的单位为GHz；d的单位为km）$$

室外信号覆盖场景是在传统的HATA模型基础上增加Cm修正参数，用于2.4GHz频段的信道模型信号衰减量PL的计算经验公式为：

$$PL = 46.3 + 33.9\lg f - 13.82\lg(Hb) - a(Hm) + [44.9 - 6.55\lg(Hb)]\lg d + Cm$$

其中，Hb是基站天线的高度（m）；Hm是移动台天线的高度（m）；f为工作频率（MHz）；d为传输距离（km）；$a(Hm)$为天线修正因子，是覆盖区大小的函数：

密集城区/中小城市 $a(Hm) = 3.2\lg2(11.75\ Hm) - 4.97$

建筑物/树木较分散的地区/农村 $a(Hm) = (1.1\lg f - 0.7)Hm - (1.56\lg f - 0.8)$

Cm修正参数在密集城区取-3；中小城市取-6；建筑物和树木较分散的地区取-12；农村取-20。

这些参数需要在工勘和工程设计方案中考虑，并计算覆盖距离。

实际工程中，传播距离损耗计算数据如表6-4所示。

表6-4　　　　　　　　　　　　　　传播距离损耗计算数据

传播距离（d）/m	5	10	15	20	30	40	50	60	200	300
损耗/MHz	54.02	60.04	63.56	66.06	69.58	72.08	74.02	75.61	86.06	89.58

（2）馈线损耗计算

各种馈线分别在900MHz、2000MHz、2400MHz等不同工作频率下的损耗计算数据如表6-5所示。

表6-5　　　　　　　　　　　　　　馈线损耗计算数据

名称	传输损耗（900MHz）/（dB/100m）	传输损耗（2100MHz）/（dB/100m）	传输损耗（2400MHz）/（dB/100m）	备注
1/2″馈线	7.04	9.91	12.5	馈线越粗，频段越低，传输损耗越小；每种馈线都有相应的频段范围
7/8″馈线	4.02	5.48	6.8	
5/4″馈线	3.12	3.76	3.76	
13/8″馈线	2.53	2.87	2.87	
8D馈线	14.0	23	26	
10D馈线	11.1	18	21	

（3）穿透损耗计算

室内环境中多径效应影响非常明显，室内放装型AP有效覆盖范围因其受到很大限制。由于WLAN信号的穿透性和衍射能力很差，一旦遇到障碍物，信号强度会严重衰减。2.4GHz微波对各种材质的穿透损耗的实测经验值如表6-6所示。

表 6-6　　　　　　　　　　　2.4GHz 微波对各种材质的穿透损耗实测经验值

障碍物类型	8mm 木板	38mm 木板	40mm 门	12mm 玻璃	250mm 水泥墙	砖墙	楼层阻挡	电梯阻挡
损耗经验值/dB	1～1.8	1.5～3	2～3	2～3	15～28	6～8	30 以上	20～40

（4）器件损耗和接头损耗

射频器件都会有一定的插入损耗，如电缆连接器、功分器、耦合器、合路器、滤波器等，典型接头损耗一般在 0.1～0.2dB。各种器件参数可参考器件说明书，也可参考下列各表。表 6-7 为功分器的插损（即插入损耗）参数，表 6-8 为耦合器的技术参数，表 6-9 为合路器指标参数。

表 6-7　　　　　　　　　　　　　功分器的插损参数

名称	插损（含分配损耗）/dB	接头类型	功能
二功分器	≤3.5	N（Female）	将 1 路输入分为等功率的多路输出
三功分器	≤5.1	N（Female）	
四功分器	≤6.4	N（Female）	

表 6-8　　　　　　　　　　　　　耦合器的技术参数

名称	耦合度	插损/dB	接头类型	功能
5dB 耦合器	5+0.5	≤2.0	N（Female）	将 1 路输入分为不等功率的 2 路输出，以满足其不同功率的需求
7dB 耦合器	7+0.5	≤1.4	N（Female）	
10dB 耦合器	10+0.5	≤0.9	N（Female）	
15dB 耦合器	15+0.5	≤0.6	N（Female）	
20dB 耦合器	20+0.5	≤0.5	N（Female）	

表 6-9　　　　　　　　　　　　　合路器指标参数

指标项目	GSM	DCS&3G	WLAN
工作频率/MHz	800～960	1710～2170	2400～2500
插损/dB	≤0.5	≤0.5	≤0.6
带内波动/dB	≤0.2	≤0.4	≤0.3
驻波比	≤1.2	≤1.2	≤1.2
三阶互调/dBc	≤-120		
功率容量/W	100		
带外抑制/dB	≥90（频带范围 1710M～2170MHz）	≥90（频带范围 800M～960MHz）	≥90（频带范围 800M～960MHz）
	≥90（频带范围 2400M～2500MHz）	≥80（频带范围 2400M～2500MHz）	≥80(频带范围 1710M～2170MHz）
接头类型	N 型母头		
尺寸/mm	190×96×51（不含接头、调谐螺钉和安装板）		
工作温度/℃	-40～+55		

3. 容量计算

AP 的数量决定了系统容量。

- 根据用户数量决定 AP 数量：AP 采用 CSMA 协议，一个 AP 可以接入很多用户，如果接入用户数目过多，会导致每个用户的接入性能下降，一般每个 AP 接入 20～30 个用户为宜。当每 AP 用户数量超过 AP 容量限制时，需通过增加 AP 数量方式扩容；
- 根据覆盖区决定 AP 数量：当覆盖需求大于一个 AP 覆盖范围时，需采用多个 AP 增加覆盖区域面积，每个 AP 只覆盖指定的区域；室分系统可采用多天线方式扩展覆盖区域，但这没有提高系统容量；

- 根据带宽需求决定 AP 数量；当某个区域用户数较多，并对带宽有很大需求时，可增加 AP 数量进行流量分担均衡；同一区域的 AP 之间需采用非重叠信道覆盖。

如果一个楼层布放 3 个 AP，供 180 个用户使用，则 60 用户共享 1 个 AP 的带宽，需要每个 AP 发送功率为 50mW 才能满足覆盖需求；如果一个楼层布放 12 个 AP，供 180 个用户使用，则 15 用户共享 1 个 AP 的带宽，需要每个 AP 发送功率仅为 12.5mW。

6.3   WLAN 设备的安装与配置

6.3.1   WLAN 常用设备

WLAN 组网的常用设备包括：BRAS、AP、AC、天线、路由器等。

1. BRAS

BRAS 是面向宽带网络应用的新型接入网关，它位于骨干网的边缘层，可以完成用户带宽的 IP/ATM 网的数据接入（接入手段包括基于 xDSL/Cable Modem/高速以太网技术/无线宽带数据接入等），实现用户的宽带上网、基于 IPSec 的 IP VPN 服务、构建企业内部 Intranet、支持 ISP 向用户批发业务等应用。典型 BRAS 如图 6-39 所示。

图 6-39   典型 BRAS

2. AP

AP 是 WLAN 的核心设备，是 WLAN 用户设备进入有线网络的接入点，它也称无线网桥、无线网关等。每个 AP 基本上都有一个以太网口，用于实现无线与有线网络的连接。

AP 可以设置为胖 AP 和瘦 AP 两种不同的模式。典型 AP 设备如图 6-40 所示。

（a）胖 AP　　　　　　（b）中兴瘦 AP　　　　　　（c）华为瘦 AP

图 6-40   典型 AP 设备

3. AC

在大型网络中，由于 AP 数量较多，为方便管理，引入 AC 来实行集中管理。AC 又称为无线交换机，是 WLAN 的接入控制设备。使用 AC 时 AP 只保留物理层、数据链路层和 MAC 功能，提供可靠、高性能的射频管理，包括基于 802.11 协议的无线连接；AC 集中所有的上层功能，包括安全、控制和管理等功能。

AC 集用户控制管理、安全机制、移动管理、射频管理、超强 QoS 和高速数据处理等功能于一身，具有高可靠性、业务类型丰富的特点。AC 还可集成 BRAS 和 AAA 功能，提升产品的适应性，不必额外配置 BRAS/AAA，从而降低建网和运营成本。BRAS 模块支持 WPA/WPA2 和 802.1x 认证协议及 AES、TKIP 等先进空口加密算法以增强网络安全性，支持层三用户漫游，可使业务在子网间切换时不中断，极大提升用户体验。典型 AC 设备如图 6-41 所示。

（a）中兴 AC   （b）华为 AC

图 6-41　典型 AC 设备

4. 天线

天线用于发射和接收信号。无线设备本身的天线由于国家对其功率有一定的限制，因此只能传输较短的距离，当超出一定范围，可通过独立的天线来增强无线信号。天线相当于一个信号放大器，可以延伸传输的距离。天线的参数主要有频率范围、增益值和极化方式等。频率范围是指天线工作的频段，如 802.11b 标准的无线设备需要频段为 2.4GHz 左右的天线来匹配；增益值表示天线功率放大的倍数，该数值越大，表示放大的倍数越大，信号越强，通常以 dBi 为单位；极化方向表示电磁波的传输方向，是指天线辐射时形成的电场强度方向，包括水平极化、垂直极化等。根据其方向性，天线可分为全向天线、定向天线等。典型天线如图 6-42 所示。

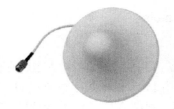

天线增益dBi	3
覆盖方向	全向
覆盖频段/MHz	824~960/1710~2500
输入接头	N（Female）
应用场景	室内分布系统

图 6-42　典型天线

5. 无线路由器

无线路由器是一种带路由功能的无线 AP，在家庭及中小企业中经常使用。无线路由器具备无线 AP 所有的功能，如支持 DHCP、防火墙、加密等，同时提供路由功能。无线宽带路由器如图 6-43 所示。其集路由器、无线 AP、四口交换机、防火墙的功能于一体。

图 6-43　无线宽带路由器

6.3.2　AP 的硬件安装

AirEngine 5761-11 是华为技术有限公司发布的支持 Wi-Fi 6 标准的无线 AP 产品；支持 2.4GHz（2×2）和 5GHz（2×2）双频同时提供业务，整机传输速率可达 1.775Gbit/s。内置智能天线，信号随用户而动，可极大地增强用户对无线网络的使用体验。适用于中小型企业办公室、医院、咖啡厅等室内覆盖场景。

AirEngine 5761-11 的各接口和按键说明如表 6-10 所示。

表 6-10　　　　　　　　　　AirEngine 5761-11 的各接口和按键说明

名称/标识	描述
DC 12V	直流电源接口，用来连接 12V 电源适配器
Default	复位按钮，长按超过 3s 恢复出厂默认值并重新启动
GE/PoE_IN	10Mbit/s、100Mbit/s、1000Mbit/s，用于连接有线以太网，支持 PoE 输入
USB	用于连接配套 IoT 设备，从而扩展实现物联网应用。支持 USB2.0 标准
防盗锁孔	连接防盗锁

AP 有如下 3 种硬件安装方法。

① 当通过标配的外置电源适配器直接供电，安装方法如图 6-44（a）所示；

② 在交换机不支持 PoE 供电情况下，通过标配的 PoE 模块，实现 48V 以太网远程供电，安装方法如图 6-44（b）所示；

③ 当支持标准 PoE 供电的交换机直接供电时，安装方法如图 6-44（c）所示。

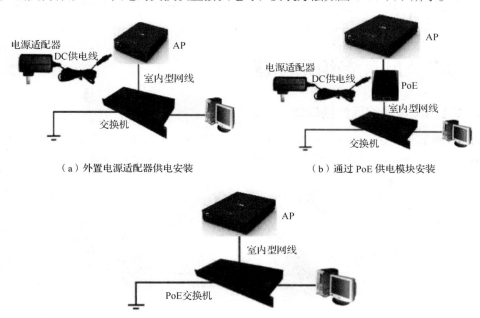

（a）外置电源适配器供电安装　　　　　　　（b）通过 PoE 供电模块安装

（c）PoE 交换机供电安装

图 6-44　AP 供电安装

当需要对 AP 进行管理时，可按以下步骤登录到 AP。在管理 PC 上打开浏览器。在浏览器的地址栏输入 AP 的 IP 地址，并按"Enter"键。AP 的默认 IP 地址是 169.254.1.1。如果出现 Windows 安全警告对话框，则单击"OK"/"Yes"按钮，直到出现登录页面。

6.3.3 AC 的硬件安装

现以华为 AC6508 为例进行介绍。AC6508 采用标准 800mm 深机柜安装时，需要使用带挂耳的型号，AC 的硬件安装如图 6-45 所示。

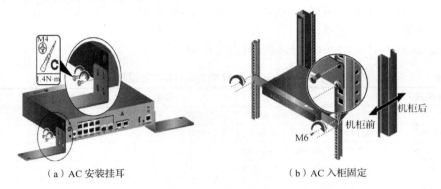

（a）AC 安装挂耳　　　　　　　　　　（b）AC 入柜固定

图 6-45　AC 的硬件安装

安装步骤如下。

① 在机柜前面两侧各有一列安装定位立柱，可根据实际容量需求灵活安排 AC6508 在机柜中的位置。

② 在安装时，使用十字螺丝刀，用 M4 的螺钉将挂耳固定在设备两侧。

③ 将设备抬起并移到机柜中，使用十字螺丝刀安装 M6 螺钉，将设备通过挂耳固定到机柜中。

6.4　WLAN 设备组网配置

6.4.1　WLAN 设备组网数据规划

WLAN 典型组网如图 6-46 所示。此场景下，采用瘦 AP 本地转发模式，AC 仅管理 AP，采用 AC 旁挂 BRAS 组网方案，AC 作为 DHCP 服务器给 AP 分配 IP 地址。

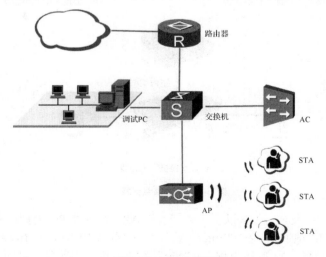

图 6-46　WLAN 典型组网

WLAN 组网的 IP 地址规划如表 6-11 所示。

表 6-11　　　　　　　　　　　　　　　IP 地址规划

规划内容	IP 地址需求
OMC 网管 IP 地址	VLANIF 1：169.254.1.1
AC 业务地址	VLANIF 101：10.23.101.1/24
AC 下联口地址	VLANIF 100：10.23.100.1/24

6.4.2　WLAN 设备组网配置流程

以华为设备为例，AC 作为 DHCP 服务器为 AP 分配 IP 地址，AP 无须进行任何配置，因此只需对周边设备与 AC 进行配置。

1.　交换机配置

配置接入交换机的 GE0/0/1 和 GE0/0/2 接口加入 VLAN 100 和 VLAN 101，GE0/0/3 接口加入 VLAN 101，GE0/0/1 接口的默认 VLAN 为 VLAN 100。配置如下：

```
<Huawei> system-view
[Huawei] sysname SwitchA
[SwitchA] vlan batch 100 101
[SwitchA] interface gigabitethernet 0/0/1
[SwitchA-GigabitEthernet0/0/1] port link-type trunk
[SwitchA-GigabitEthernet0/0/1] port trunk pvid vlan 100
[SwitchA-GigabitEthernet0/0/1] port trunk allow-pass vlan 100 101
[SwitchA-GigabitEthernet0/0/1] port-isolate enable
[SwitchA-GigabitEthernet0/0/1] quit
[SwitchA] interface gigabitethernet 0/0/2
[SwitchA-GigabitEthernet0/0/2] port link-type trunk
[SwitchA-GigabitEthernet0/0/2] port trunk allow-pass vlan 100 101
[SwitchA-GigabitEthernet0/0/2] quit
[SwitchA] interface gigabitethernet 0/0/3
[SwitchA-GigabitEthernet0/0/3] port link-type trunk
[SwitchA-GigabitEthernet0/0/3] port trunk allow-pass vlan 101
[SwitchA-GigabitEthernet0/0/3] quit
```

2.　路由器配置

配置路由器的 GE1/0/0 接口加入 VLAN 101，创建接口 VLANIF 101 并配置其 IP 地址为 10.23.101.2/24。配置如下：

```
<Huawei> system-view
[Huawei] sysname Router
[Router] vlan batch 101
[Router] interface gigabitethernet 1/0/0
[Router-GigabitEthernet1/0/0] port link-type trunk
[Router-GigabitEthernet1/0/0] port trunk allow-pass vlan 101
[Router-GigabitEthernet1/0/0] quit
[Router] interface vlanif 101
[Router-Vlanif101] ip address 10.23.101.2 24
[Router-Vlanif101] quit
```

3.　AC 配置

（1）登录 AC

华为 AC6508 OMC 网管 IP 地址默认为 169.254.1.1。此处不对网管 IP 地址进行修改。将 PC 网卡地址设置为同网段地址，打开浏览器，输入 https://169.254.1.1，默认用户名为 admin，密码为 Huawei@123。

（2）配置 AC 系统参数

① 配置 AC 基本参数

配置入口："配置向导" → "AC"。

完成 AC 基本参数配置如图 6-47 所示。

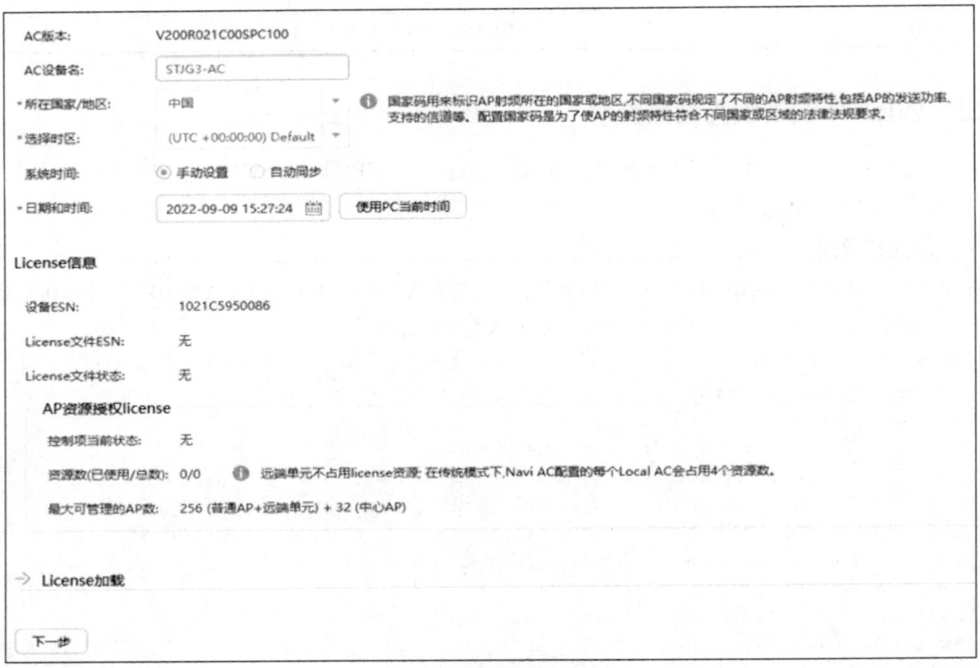

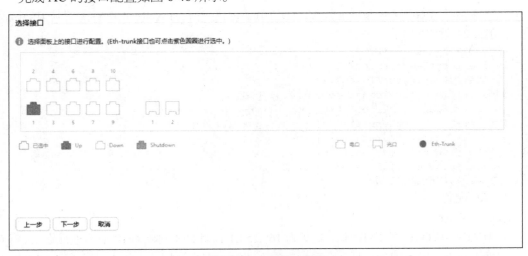

图 6-47　AC 基本参数配置

单击"下一步"按钮，进入"选择接口"界面。

② 配置接口

配置入口："配置向导" → "AC" → "选择接口"。

完成 AC 的接口配置如图 6-48 所示。

图 6-48　AC 的接口配置

单击"下一步"按钮，进入"新建接口配置"界面。

③ 新建接口配置

配置入口："配置向导"→"AC"→"新建接口配置"。

完成新建接口配置如图 6-49 所示。

图 6-49 新建接口配置

以同样方式配置接口 VLANIF 101 的 IP 地址为 10.23.101.3/24。

完成 DHCPv4 地址池配置如图 6-50 所示。

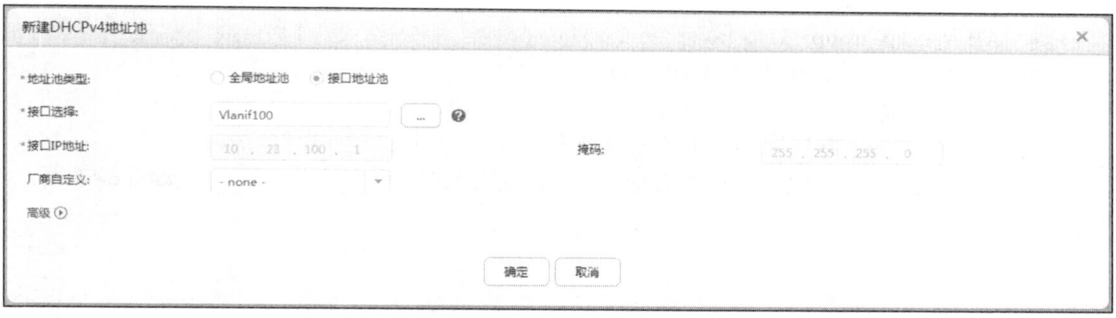

图 6-50 DHCPv4 地址池配置

单击"确定"按钮，进入"配置 AC 源地址"界面。

④ 配置 AC 源地址

配置入口："配置向导"→"AC"→"配置 AC 源地址"。

完成 AC 源地址配置如图 6-51 所示。

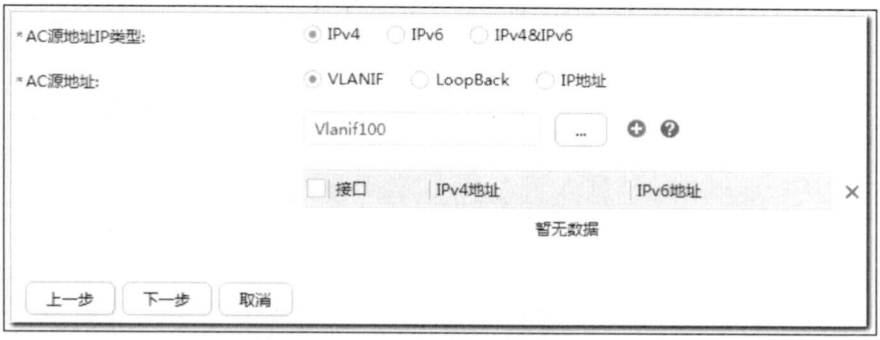

图 6-51 AC 源地址配置

确认配置，单击"下一步"按钮并继续配置 AP 上线。

（3）配置 AP 上线

配置入口："配置向导"→"配置 AP 上线"。

单击"批量导入"按钮，进入"批量导入"界面，如图 6-52 所示。

图 6-52　"批量导入"界面

单击"下载 AP 文件模板"按钮，下载、批量添加 AP 模板文件到本地。

在 AP 模板文件中填写 AP 信息，示例如下。如需添加多个 AP，可以参照该示例在 AP 模板文件中填写多条 AP 信息。

- AP MAC 地址：60de-4476-e360；
- AP SN：210235419610CB002287；
- AP 名称：area_1；
- AP 组：ap-group1。

导入 AP 模板文件，单击"确定"按钮。

（4）配置无线业务

配置入口："配置向导"→"配置无线业务"。

单击"新建"按钮，进入"基本信息"界面，完成无线业务基本信息配置，如图 6-53 所示。

图 6-53　无线业务基本信息配置

单击"下一步"按钮，完成安全认证配置，如图 6-54 所示。

图 6-54　安全认证配置

单击"下一步"按钮，进入"接入控制"界面，选择"绑定 AP 组"为"AP-group1"，单击"完成"按钮，如图 6-55 所示。

图 6-55　绑定 AP 组

（5）配置 AP 的信道和功率

配置入口："配置"→"AP 配置"→"AP 信息"。

完成 AP 的信道和功率配置，如图 6-56 所示。

图 6-56　AP 的信道和功率配置

（6）检查配置结果

① 选择"监控"→"SSID"→"VAP"，在"VAP 列表"中查看 VAP 状态，可以看到 SSID 为"wlan-net"对应的 VAP 状态正常。

② 无线用户可以搜索到 SSID 为"wlan-net"的无线网络。

③ 无线用户可以关联到该无线网络中，获取到的 IP 地址为 10.23.101.x/24，网关为 10.23.101.2。

【思考与练习】

一、单选题

1. 当 WLAN 工作在 2.4GHz 时，为保证信道之间不相互干扰，要求两个信道的中心频率间隔不能低于 25MHz，此时存在（　　）互不干扰的工作信道。

　　A．3 个　　　　　　　　B．5 个　　　　　　　　C．13 个　　　　　　　　D．1 个

2. WLAN 系统中，采用（　　　）解决隐藏站的问题。

    A．CSMA/CD   B．CSMA/CA   C．CDMA   D．RTS/CTS

3. 与 IEEE 802.11a 相比较，IEEE 802.11b 的信号覆盖范围和数据传输速率为（　　　）。

    A．覆盖大、速率高   B．覆盖小、速率高

    C．覆盖大、速率低   D．覆盖小、速率低

4. 工程中需要将 WLAN 射频信号与其他系统如 GSM、TD-SCDMA 信号共同在室内分布系统中传输，这时需要使用（　　　）将各系统的信号进行合并。

    A．合路器   B．功分器   C．耦合器   D．衰减器

5. IEEE 802.11n 定义的最高空间流数为（　　　）。

    A．5   B．4   C．3   D．2

6. WLAN 系统中，（　　　）标准可支持的理论峰值传输速率最高。

    A．802.11b   B．802.11g   C．802.11n   D．802.11a

7. 功分器是一种将一路输入信号能量分成两路或多路输出相等能量的器件。一个 10dB 的信号经过二功分器后，信号电平变成（　　　）dB。

    A．10   B．17   C．3   D．7

8. Wi-Fi 6 的技术标准是（　　　）。

    A．802.11ac   B．802.11g   C．802.11n   D．802.11ax

二、多选题

1. WLAN 主要由（　　　）等组成。

    A．AP   B．AC   C．PoE   D．HISS 系统

2. 常用的 WLAN 标准有（　　　）。

    A．802.11g   B．802.11s   C．802.11a   D．802.11n

3. 802.11n 中独有的关键技术有（　　　）。

    A．MIMO   B．CSMA/CA   C．RTS/CTS   D．Short GI

4. 工程中 WLAN 室内分布系统用到的无源器件有（　　　）。

    A．直放站   B．功分器   C．耦合器   D．放大器

5. Wi-Fi 6 中新增的关键技术有（　　　）。

    A．MIMO   B．CSMA/CA   C．OFDMA   D．MU-MIMO

三、判断题

1. 接入网“最后一公里”就是说接入网距离用户终端有 1km 距离。（　　　）

2. WLAN 无线覆盖信号强度设计要求信号边缘场强大于等于−75dBm。（　　　）

3. 为了尽量减少数据的传输碰撞和重试发送，防止各站点无序地争用信道，WLAN 中采用了载波监听多路访问/冲突避免协议。（　　　）

4. IEEE 802.11n 标准兼容 802.11a、802.71b、802.1g。（　　　）

5. 工程中需要将 WLAN 射频信号与其他系统如 GSM、TD-SCDMA 信号共同在室内分布系统中传输，这时需要使用功分器将各系统的信号进行合并。（　　　）

6. IEEE 802.11b 理论上最高数据传输速率可以达到 54Mbit/s。（　　　）

7. WLAN 系统中，馈线用于射频信号的传输，实现 WLAN 信源和天线、耦合器、功分器、功率放大器等器件之间的连接，一般直径越大，同等长度馈线的信号衰减就越小。（　　　）

8. 采用室内放装的建设方式时，一般使用 AP 自带的全向鞭状天线。（　　　）

四、简答题

1. 什么是 WLAN？

2. WLAN 的技术标准有哪些？

3. WLAN 由哪些设备组成？

4. 什么是 AC？

5. 什么是 AP？

6. OFDMA 与 OFDM 技术有什么区别？

7. WLAN 有哪些应用场景？举例说明。

8. WLAN 有哪些网络结构？

9. 简述 AC 的配置流程。

10. 进行中小企业 WLAN 组网配置，不要求认证、计费、授权。试完成 AC+AP 的 WLAN 组网设计，并完成数据配置。

07 模块 7 ODN 工程实施与运维

【学习目标】

- 了解 ODN 的概念、ODN 的组件；
- 掌握光纤光缆、光分路器、光纤连接器的工作原理；
- 掌握 ODN 工程实施中勘测、工程设计、土建实施、光缆布放、设备安装、光纤成端的方法和技能；
- 掌握 ODN 工程测试验收中土建施工验收、光缆布放检查、器件安装检查、链路测试验收等；
- 培养团队合作能力，及在团队中发挥作用的能力；
- 培养学生安全生产、文明生产的能力；
- 培养学生爱护公共设施、保护人民财产的家国情怀。

【重点/难点】

- ODN 的不同应用场景的设计、分析；
- ODN 工程实施与运维及故障处理。

【情境描述】

在光接入网工程中，ODN 工程具有重要的地位，是构建光接入网系统必不可少的一部分。为适应工程建设的需要，本模块将介绍有关无源光网络的工程实施与运维的技术、技能。"知识引入"部分主要对 ODN 的组成、不同的应用场景进行介绍，是完成通信接入网工程项目的基础。"技能演练"部分以典型无源光网络的建设为工程背景，对勘测、工程设计、土建实施、光缆布放、设备安装、光纤成端、土建施工验收、光缆布放检查、器件安装检查、链路测试验收等不同岗位所需技能进行演练。

【知识引入】

7.1 ODN 简介

7.1.1 ODN 的应用场景

微课 7-1 OND
组成与应用

1. ODN 概念与组成

ODN 为 OLT 与 ONU 提供光传输通道。其主要组成为跳纤、配线架、光缆、尾纤、光分路器和其他 ODN 连接设备，如图 7-1 所示。

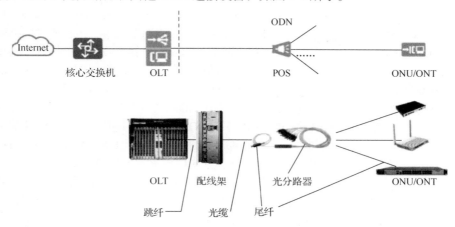

图 7-1　ODN 的组成

2. ODN 的不同应用场景

FTTx 表示 PON 光接入的各种应用场景。在 FTTH 场景中，ODN 从局端到用户端可分为"两点三段"，分别为光分配点、用户接入点、馈线光缆、配线光缆和入户光缆。而在 POL 场景中，ODN 被归纳为"四点三线"，即 OLT 所在的综合汇聚点、信息汇聚点、信息分配点、ONT 所在的信息接入点、馈线光缆、配线光缆和接入光缆。在各种 FTTx 网络建设中，都含有 ODN 部分。其中 FTTH 场景涉及的 ODN 部分最多。在 FTTC 场景中，ODN 设备的使用场景为中心机房、管道、人井、户外地下和户外街边等；工程实施时，光缆通过人井入口在管道中敷设、接续或端接等；在 FTTB 场景中，ODN 设备的使用场景增加了楼内设备间等；在 FTTH 场景中，ODN 设备的使用场景增加了户外抱杆、挂墙、楼内竖井和室内场景。馈线光缆、配线光缆和入户光缆（接入光缆）分别起到主干、分支、末梢接入的作用，覆盖的范围由大到小。光分配点（信息汇聚点）将主干光缆分发到不同方向的区域，用户接入点（信息分配点）将分支光缆再次分发，实现一个或多个用户的接入。ONT 或 ONU 实现 POL 场景中各信息节点的接入，因此，被命名为 ODN 的信息接入点。同理，OLT 实现园区所有信息的汇聚，被命名为 ODN 的综合汇聚点。在 POL 场景中，若园区规模较大，且包含室外场景，其 ODN 结构与 FTTH 场景的相似；若园区规模小，如单栋且建筑面积较小的建筑，OLT 可能直连 ONT，ODN 结构中无中间两个节点，以及馈线光缆和配线光缆。因此，POL 场景中的 ODN 的结构与园区规模和场景相关，可能不具备完整的四点三线结构。在 FTTx 不同场景中的 ODN 如图 7-2 所示。

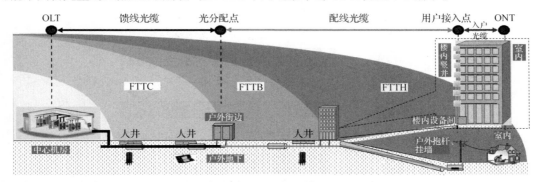

图 7-2　在 FTTx 不同场景中的 ODN

　　ODN 具有不同应用场景，工程实施区别较大，下面列举典型场景部署实施方式。微型园区的 ODN 中上架型光分路器、插框式熔配一体光纤配线架（Optical Distribution Frame，ODF）共柜，部署室内型光缆至 ONU。从 OLT 部署跳纤连接光分路器输入端，再从光分路器输出端部署跳纤连接 ODF 适配器端口。室内型光缆在熔配一体 ODF 内剥纤后与跳纤熔接，熔接后的连接器与 ODF 适配器相连。光缆部署至 ONU 信息箱内，在信息箱内熔接尾纤，熔接后的连接器可直接与 ONU 相连，也可通过适配器转接。ONU 信息箱内采用适配器的目的在于若有冗余光纤时可灵活调整 ONU 对接光纤。此时部署的光缆在 ODN 结构中被称为入户光缆（接入光缆）。

　　在中小型园区 ODN 中，OLT、插框式熔配一体 ODF 共柜或共机房，在弱电井部署室内垂直型光缆作为 ODN 配线段，各楼层弱电井内部署光纤接入终端（Fiber Access Terminal，FAT）光分纤箱作为用户接入点（信息分配点），分纤、分光后部署室内型光缆至 ONU。

　　大型园区、FTTH 场景中通常 ONU 数量众多，此时，在中心机房部署机柜式 ODF 才能满足需求。从中心机房到光分配点/信息汇聚点通常在室外，可根据地下直埋、地下管道、架空等不同安装场景选择不同类型的光缆作为馈线光缆。光分配点/信息汇聚点选定在室外时可采用室外型光纤分配终端（Fiber Distribution Terminal，FDT）光缆交接箱，若选定在建筑内部，可选择机柜式 ODF。FTTH 场景常采用二级分光，一级光分路器置于光分配点，二级光分路器置于用户接入点。大型园区场景可根据需要选择一级分光模式或二级分光模式。

7.1.2　ODN 组件

1. 光纤、光缆

　　光纤、光缆是 ODN 承载光信号的载体，相当于人体的"血管"。光纤由纤芯、包层和涂敷层组成，如图 7-3 所示。光纤的主要成分为二氧化硅。光波在光纤中的传输主要是基于全反射的基本原理，控制光线入微角，折射率高的纤芯与折射率低的包层在其界面发生全发射，从而将光信号从一端传输至另一端，如图 7-4 所示。

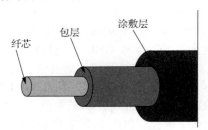

图 7-3　光纤的组成

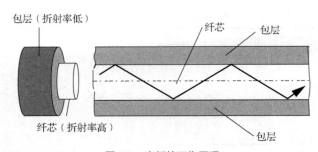

图 7-4　光纤的工作原理

　　光纤分为单模和多模两种。单模光纤只允许一种传输模式，对应于端面上入射光的某一特定入射角和入射方向。单模光纤芯径在 8～10μm，色散小，工作波长在 1310～1550nm，传输距离为数十千米左右，光纤颜色一般是黄色，光纤上会有 9/125 或 10/125 标识。多模光纤允许多个传输模式，对应于端面上入射光的多个入射角和入射方向。多模光纤芯径在 50～62.5μm，色散大，工作波长在 850～1310nm，传输距离为数千米，光纤颜色一般是橘色，光纤上会有 50/125 或 62.5/125 标识。

为使光纤达到工程应用的要求，通过套管、绞合、套塑、金属铠装等措施，将若干根光纤组合在一起，就构成了光缆，生产出的光缆通常盘绕成卷，如图 7-5（a）所示。光缆根据实际需要，有多种结构组成，典型结构主要由光纤、纤膏、松套管或填充绳、中心加强芯、缆膏、双面涂塑皱纹钢带、外护套等组成，如图 7-5（b）所示。

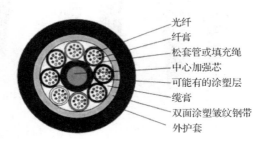

（a）光缆外形　　　　　　　　　　（b）典型光缆结构

图 7-5　光缆外形及典型结构

光缆的缆芯结构可分为 3 种，即层绞式结构、骨架式结构、中心束管式结构。通过变换光缆组成部件可适应不同的应用场景。根据使用环境的不同，光缆主要分为室内光缆和室外光缆。室内光缆有室内多芯光缆、蝶型入户缆等；室外光缆有直埋光缆、管道光缆、架空光缆、气吹光缆等。每一种光缆都有相应的特性。例如，室内多芯光缆为干式结构，重量轻，柔软性好，所谓干式结构，即光缆内没有液体，而一般的光缆都有缆膏和纤膏作为填充，干式结构光缆不含缆膏和纤膏；蝶型入户缆易开剥，易弯曲，方便室内使用；直埋光缆通常有双层护套，抗压性较强，因此适合直埋方式施工；管道光缆通常为单层护套，相比双层护套降低了成本；架空光缆有单层护套的，需要附挂在钢绞线上，也有自承式的，无须钢绞线就可以施工；气吹光缆通常直径小，重量轻，方便通过气吹方式进行施工。常见光缆型号如表 7-1 所示。

表 7-1　　　　　　　　　　　　　　　　常见光缆型号

结构	室外/室内	敷设方式	常见型号
层绞式	室外	管道	GYTA
	室外	直埋	GYTY53
	室外	自承式架空	GYTC8S
	室外	气吹	GCYFTY
	室内	垂直水平布线	GJBFJH
	室外	微槽	GLFXTS
中心束管式	室外/室内	任意敷设方式	GYXTW
骨架式	室外	管道	GYTA

2. 光纤连接器、跳纤与尾纤

光纤连接器用于光纤设备之间或不同 ODN 组件之间的连接，通常可插入光纤适配器实现光纤系统的连接。光纤连接器按外形可分为 SC、ST、FC 和 LC 等，SC 接头外壳为矩形，与 SC 耦合器相连接，采用直接插拔的方式连接，无需旋转；ST 接头外壳为圆形，带有卡口，与 ST 耦合器相连接，使用时需旋转大概 90°；FC 接头与 ST 接头类似，外形都为圆形，但 FC 接头内带有螺纹，通过旋转与 FC 耦合器相连接；LC 接头与 SC 接头相似，但较 SC 接头小一些，LC 接头用于连接 SFP 光纤模块。各种光纤连接器如图 7-6 所示。

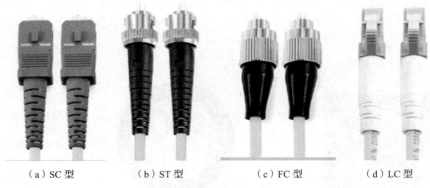

（a）SC 型　　　　（b）ST 型　　　　（c）FC 型　　　　（d）LC 型

图 7-6　各种光纤连接器

为了让两根光纤的端面能够更好地接触，光纤跳线的插芯端面通常被研磨成不同结构。常见的研磨方式主要有物理接触（Physical Contact，PC）、超物理端面（Ultra Physical Contact，UPC）、斜面物理接触（Angled Physical Contact，APC）等。PC 是微球面研磨抛光，插芯表面研磨成轻微球面，光纤纤芯位于弯曲最高点，这样可有效减少光纤组件之间的空气隙，使两个光纤端面达到物理接触。UPC 连接器端面不是完全平的，有一个轻微的弧度以达到更精准的对接。UPC 是在 PC 的基础上更加优化了端面抛光和表面光洁度，端面看起来更加呈圆顶状。APC 光纤端面通常研磨成 8° 角斜面。8° 角斜面让光纤端面更紧密，并且将光通过其斜面角度反射到包层而不是直接返回到光源处，提供了更好的连接性能。不同连接器颜色标识不同：UPC 和 PC 连接器为蓝色，APC 连接器通常是绿色的。不同连接器的性能指标，即回波损耗值也不同：PC≥40dB，UPC≥50dB，APC≥60dB。不同连接器应用场合也不同：PC 光纤连接器是最常见的研磨方式，被广泛应用于电信运营商设备上；UPC 主要用于以太网网络设备上；APC 一般用于 CATV 等高波长范围的光学射频应用。光纤连接器端面结构对比如图 7-7 所示。

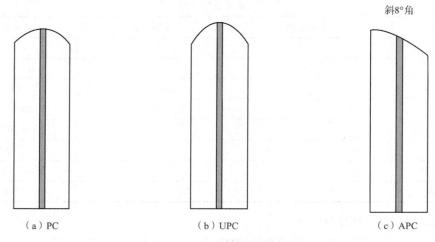

斜8°角

（a）PC　　　　　　　　（b）UPC　　　　　　　　（c）APC

图 7-7　光纤连接器端面结构对比

尾纤是指只有一端有光纤连接器的光纤。一般用于与裸光纤熔接，使原来的裸光纤具备光纤连接器，从而可与通信设备或无源光纤连接适配器相连。跳纤是指两端均有光纤连接器的光纤，一般用于设备与设备之间互联。不同规格的光纤连接器和不同的光纤端面相互组合，可组成不同的跳纤或尾纤，用于连接不同接口的光设备。各种跳纤如图 7-8 所示。

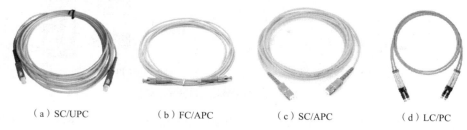

（a）SC/UPC　　　　（b）FC/APC　　　　（c）SC/APC　　　　（d）LC/PC

图 7-8　各种跳纤

不同类型的尾纤或跳纤相互连接要使用相应规格的适配器（也称法兰盘）。市场上有各种规格的适配器可供选择使用，各种光纤连接器适配器如图 7-9 所示。

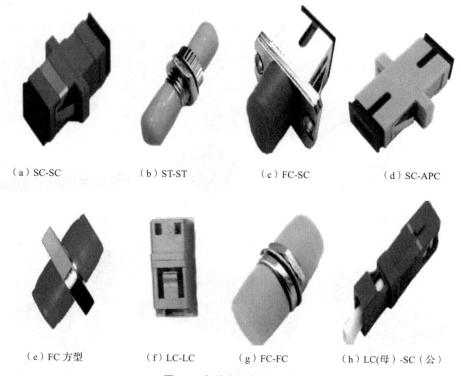

（a）SC-SC　　　　（b）ST-ST　　　　（c）FC-SC　　　　（d）SC-APC

（e）FC 方型　　　（f）LC-LC　　　　（g）FC-FC　　　　（h）LC(母)-SC（公）

图 7-9　各种光纤连接器适配器

3. 光分路器

光分路器在 ODN 中用于对光信号进行光功率的分配，是光纤链路中重要的无源器件之一。

光分路器分类方式较多，按分光原理可以分为熔融拉锥型和平面波导型（PLC 型）两种，如图 7-10 所示。熔融拉锥就是将两根（或两根以上）除去涂覆层的光纤以一定的方法靠拢，在高温加热下熔融，同时向两侧拉伸，最终形成双锥体形式的特殊波导结构，通过控制光纤扭转的角度和拉伸的长度，可得到不同的分光比例。PLC 型光分路器采用半导体工艺（光刻、腐蚀、显影等技术）制作。光波导阵列位于芯片的上表面，分路功能集成在芯片上，也就是在一只芯片上实现 1:1 等分路；然后，在芯片两端分别耦合输入端以及输出端的多通道光纤阵列并进行封装。

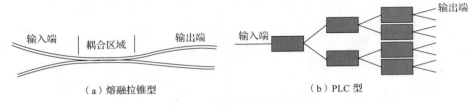

（a）熔融拉锥型　　　　　　　　　　（b）PLC 型

图 7-10　光分路器（按分光原理）

按产品的封装方式划分，光分路器可分为微型光分路器、盒式光分路器、上架型光分路器、插片式光分路器、托盘式光分路器、挂墙型光分路器等，如图 7-11 所示。微型光分路器体积小，使用灵活，有带连接器及不带连接器等不同形态，可满足不同场景需求；盒式光分路器为模块式结构，安装维护方便，尺寸小，容量大，广泛用于光缆交接箱、光分纤箱以及接头盒中，方便集中备货及后续扩容、维护；上架型光分路器采用模块化设计，兼容 19in、21in 标准机柜，并采用导轨托盘结构，方便维护；插片式光分路器为模块式结构，不同分光比光分路器采用相同模块叠加实现，免工具安装，安装、维护方便，配合分光分纤箱使用，可平滑扩容，自带连接端头；托盘式光分路器采用导轨安装方式，一般应用于光纤配线架与光缆交接箱中，可实现快速安装，导轨间距可调节；挂墙型光分路单元采用一体化设计，满足室内、室外挂墙等安装场景需求。

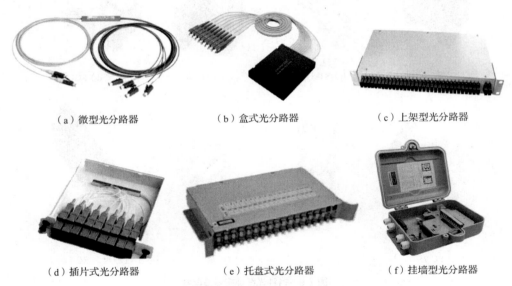

（a）微型光分路器　　　　　（b）盒式光分路器　　　　　（c）上架型光分路器

（d）插片式光分路器　　　　　（e）托盘式光分路器　　　　　（f）挂墙型光分路器

图 7-11　光分路器（按产品的封装方式）

按照输入输出关系，光分路器可定义为 $M:N$ 光分路器，其中 M 表示输入光纤路数，N 表示输出光纤路数。在 FTTx 系统中，M 可为 1 或 2，N 可为 2、4、8、16、32、64、128 等。

4. ODN 连接设备

采用 ODF，可实现主干光缆的连接、成端、分配和调度。配合光分路器，同时可实现分光功能。当远端机房（楼内设备间）需要进行大容量光纤处理工作时，在安装空间允许的前提下，也可以使用 ODF 设备。根据容量的不同，ODF 可分为柜式、插框式等形态。典型 ODF 如图 7-12 所示。

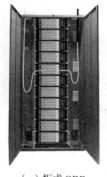
（a）柜式 ODF

（b）插框式 ODF

图 7-12　典型 ODF

管道或架空等干线光缆连接时可采用光缆接头盒设备来实现光缆的接续、分纤功能；配合光分路器，可实现分光功能；配合配线面板，可实现光缆成端、调配功能。光缆接头盒在不同的安装场景下有不同的形态，如立式、卧式等。典型光缆接头盒如图 7-13 所示。

（a）立式光缆接头盒

（b）卧式光缆接头盒

图 7-13　典型光缆接头盒

在户外街边场景常采用光缆交接箱实现馈线光缆和配线光缆的接续、成端、跳接功能。光缆引入光缆交接箱后，经固定、端接、配纤后，可使用跳纤将馈线光缆和配线光缆连通。光缆交接箱配合光分路器可实现分光功能。交接箱市场上通常按安装方式划分有壁挂式、落地式等，典型光缆交接箱如图 7-14 所示。

（a）壁挂式光缆交接箱

（b）落地式光缆交接箱

图 7-14　典型光缆交接箱

楼道竖井场景采用室内型光纤分纤箱，实现配线光缆与入户光缆的接续、分纤及配线等功能；配合光分路器，可实现分光功能。典型光纤分纤箱如图 7-15 所示。

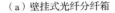

（a）壁挂式光纤分纤箱　　　　　　　　　　（b）抱杆式光纤分线箱

图 7-15　典型光纤分纤箱

室内场景采用客户终端设备进行光缆的成端和保护。客户终端设备根据使用场景划分，分为室内终端盒、弱电箱、信息箱等。室内终端盒用于室内入户光缆的成端，起到尾纤盘储和保护接头的作用，外形美观，适用于家居环境。弱电箱实现 ONT、入户光缆的熔接配线和 ODN 配电系统等产品的集成安装，起到完成集中管理和美化户内环境的作用。信息箱实现 ONU、配电、接入光缆的熔接配线、双绞线布线等的汇合安装，在 POL 场景中经常被采用，信息箱可采用 19in 标准机箱/柜，也可根据客户需求定制。典型客户终端设备如图 7-16 所示。

（a）室内终端盒　　　　　　　　（b）弱电箱　　　　　　　　（c）信息箱

图 7-16　典型客户终端设备

【技能演练】

7.2　ODN 工程实施

ODN 工程实施包括勘测、工程设计、土建实施、光缆布放、设备安装、光纤成端等环节。

7.2.1　勘测

ODN 工程实施的第一步是对室外网络设备进行现场勘测，也称室外网络设备（Outside Plant，OSP）勘测。外线工程指铜缆、光缆等站点外部连接的线路部分工程，即从一个站点线路侧的 ODF 或总配线架（Main Distribution Frame，MDF）到另一个站点线路侧的 ODF 或 MDF 的所有工程。勘测的工作内容包括基本信息搜集、网络信息勘测、路由勘测和 OSP 勘测输出。

1．基本信息搜集

基本信息搜集要求信息尽量全面和详细。包括覆盖目标区域及地图、目标区域状态、目标区域的未来规划（特别是有关运营商的 FTTx 规划和园区建设规划）、目标区域的覆盖对象密度及分布、目标区域的地理环境、目标区域类型、楼宇数量与分布、楼宇类型（按功能分是商用还是住宅等，按规模分是高层、低层还是别墅等）、楼内用户（即信息接入点）数量、楼宇状态（是新建还是旧楼）、楼宇业主基本信息、是否已经做了 FTTx 覆盖等。

2. 网络信息勘测

网络信息勘测的内容包括中心机房的位置及覆盖范围，外线工程现有管道、杆路数量及使用情况，外线工程的拓扑结构、组网方式、节点设备位置，现有 FDT/FAT 的类型及容量，现有光缆资源，楼内 ODF 等设施的基本信息，楼内现有网络设备信息（如 TB/ATB 类型、容量、数量、纤芯分配），楼内现有铜线资源信息（如电话线及网线的类型和使用情况），用户的业务类型（如数据、语音业务）等。

3. 路由勘测

外线路由勘测应注明路由位置、方式、距离，线杆或人手孔位置，旧资源情况（是否建有管道、杆线、人手孔、光缆、线架、机架等），接入方式是否为管道、架空、微槽等，是 FTTx 接入还是 POL 园区接入，是否有独立的电信间或 IT 机房，是否有主缆引入设施及管道，是否有弱电井，弱电井内是否有走线槽，每层弱电井是否有足够的 FAT 安装空间，水平路由是否有暗管等。

4. OSP 勘测输出

OSP 勘测完成后要以报告的形式输出，同时前期勘测还要考虑到后期工程实施的路权获取问题，在 FTTx 场景中路权获取由客户负责。

7.2.2　工程设计

1. 设计原则

ODN 工程设计要遵循以下原则。

① 经济性：控制建设成本，实现一定的经济性。

② 灵活性：设计要方便后期的扩容及线路调整。

③ 可靠性：要考虑线路的保护类型，保证 ODN 连接点可靠等。

④ 易部署：工程施工时容易布线、ODN 设备容易安装、光纤成端容易操作等。

⑤ 易维护：要保证后期方便维护、容易更换部件等。

⑥ 易管理：设计要保证线路容易查询、状态可视化等。

2. 设计准备

设计前要把工程相关信息准备完成，包括 FTTx 工程的用户信息，如楼宇类型、用户许可、需求预测、渗透率、目标楼宇清单等（需由客户提供）；POL 工程的接入信息点信息，如楼宇类型、业务类型、需求预测等；ODN 现网信息，如管道路由及光缆分配图，设备、光缆、物料选型清单，OSP & ISP 详细站点勘测信息等。

3. 设计实施

工程设计时，首先要考虑的是针对 FTTx 不同应用场景设计不同的覆盖方式；其次考虑分光策略，是采用一级分光还是二级分光，要结合光功率、线路距离和用户分布综合考虑；第三要考虑普通用户和 VIP 用户的拓扑结构；第四要考虑线路保护类型，确保路由安全及满足后续扩容需求。工程设计常采用的设计工具为 AutoCAD 软件。个别厂家会使用专用软件，如华为技术有限公司自主开发的一款适合 FTTx 场景的规划设计工具 SmartODN 等。

网络系统设计时分光比是光分路器的一个重要指标。不同系统分光比是不同的。GPON 最大支持 1∶128 分光，10G GPON 最大支持 1∶256 分光，FTTH 实际应用中通常采用 1∶32 或

1∶64 分光，POL 中常采用更小的分光比。ODN 组网推荐不超过两级分光。

在光链路的设计中，PON 设备采用不同的光模块，支持不同的 ODN 等级，提供正的光功率输出。光链路损耗为负的功率消耗，满足系统最小接收光功率的要求。从 OLT PON 口里出来的光通常为+3～+5dB，上行口为-7～-6dB。而 ONU 的光口灵敏度可达-28dB，但设计时通常取-20dB 以上，实践中-24～-23dB 也能工作。

EPON 光模块主要有 1000BASE-PX20、1000BASE-PX20+等。1000BASE-PX20 为早期设备型号，允许通道插损 24dB，支持最高光分路比为 1∶32。1000BASE-PX20+为典型 EPON 光模块，允许通道插损 28dB，支持最高光分路比为 1∶64。GPON 典型光模块主要有 Class B+、Class C+等。Class B+允许通道插损 28dB，支持最高光分路比为 1∶64；Class C+，允许通道插损 32dB，支持最高光分路比为 1∶128，目前应用广泛。在 FTTH 规模部署过程中，OLT 及 ONU 设备应采用不低于 PX20+（EPON）和 Class C+（GPON）等级的光模块，ODN 网络光功率全程衰耗应分别控制在 28dB 和 32dB 以内。PON 传输距离测算要参考距离，通常不考虑备份光链路保护引起的附加损耗。为保证 PON 系统有效传输距离，需严格控制活动连接头数量。当 GPON 与 XG-PON 共存组网时，可采用 Class C+模块并按最大 1∶64 设计。

光链路的损耗涉及光纤损耗、分光损耗、活动接头损耗等几项参数。光链路总损耗是以上其他几项损耗的总和，即：

$$光链路总损耗=光纤损耗+分光损耗+活动接头损耗（dB） \qquad （式 7-1）$$
$$分光比 K=某单路功率损耗/各路功率损耗总和 \qquad （式 7-2）$$

活动接头损耗可按定值 0.5dB/个计算；光分路器连接头损耗可按 0.25dB/个计取。

分光损耗是分光时光分路器自身消耗的光功率，常见光分路器的损耗可参考表 7-2。

表 7-2 常见光分路器损耗表

等比光分路器	工作波长/nm	分光比	插入损耗/dB
1∶2 熔融拉锥型			3.5
1∶4PLC 型			7.2
1∶8 PLC 型			10.2
1∶16 PLC 型			13.5
1∶32 PLC 型			16.6
1∶64 PLC 型	1310、1490、1550	均分	20
2∶2 熔融拉锥型			3.5
2∶4 PLC 型			7.4
2∶8 PLC 型			10.6
2∶16 PLC 型			14
2∶32 PLC 型			17.2
2∶64 PLC 型			20.4

实际工程设计时估算系统传输距离、设计分光比规划是十分重要的内容。光纤损耗对于 PON 上下行损耗是不同的，上行（ONU-OLT，1310nm）通常按 0.4 dB/km 计算；下行（OLT-ONU，1490nm）通常按 0.3dB/km 计算。网络设计时通常还要留有一定的线路维护余量，通常为 2.5dB。

下面给出两个工程案例。

例 1：某 GPON 系统组网，OLT 光模块采用 Class C+（支持最大插损 32dB），主干、配线光缆纤芯采用 G.652D，引入光缆纤芯 G.657A，采用 PLC 光分路器，二级分光，总分光比为 1∶128。试设计计算系统最远传输距离为多少？

解：采用二级分光，一级光分路器为 1∶8（插损 10.2dB），二级光分路器为 1∶16（插损

13.5dB)，光分路器总插损 23.7dB，活动接头总损耗（含光分路器连接头损耗）为 0.5dB×4 + 0.25dB×4 = 3dB。

主干、配线光缆纤按上行方向（1310nm）光纤衰减系数 0.4dB/km 测算，可得：线路维护余量为 2.5dB，链路总损耗为 10.2dB +13.5dB=23.7dB，传输距离 $L \leqslant$（32dB-23.7dB-3dB-2.5dB）/（0.4dB/km）=7km。

因此，系统最远传输距离为 7km。

例 2：某 GPON 网络的 ODN 采用二级分光，分光比规划如图 7-17 所示。请问此组网是否满足设计要求？

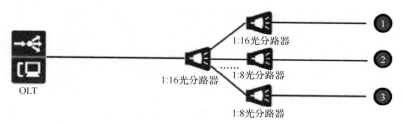

图 7-17　分光比规划

解：链路①分光比为（1:16）×（1:16）=1:256，链路②③分光比为（1:16）×（1:8）= 1:128。

ODN 链路的分光比不是由连接上的设备数量决定的，因为只要接上光分路器，光衰已经产生。对于第一个链路，分光比超过了当前可以支持的最大分光比。因此此组网不满足设计要求。

4. 设计输出

设计的结果应以图纸、清单等文件方式输出。设计图纸包括各段光缆详细路由图、土建施工路由图、纤芯分配图、设备内连纤图、楼内光缆分配图、配置清单等。

7.2.3　土建实施

土建实施包括管道土建施工、杆路土建施工、直埋土建施工等。

1. 管道土建施工

管道施工包含挖沟、放管、人手孔建设、回填等几个步骤。挖沟要按照路由复测的划线来挖，所挖沟的深度应按照不同的应用和土质符合相关工程规定。沟底应平整无碎石。对已开挖的沟要进行隐蔽工程验收。放管要遵循客户所在地的规范进行；管道数量的规划要考虑的后期的扩容。人手孔建设尺寸要根据客户的要求而定或遵循本地标准；人手孔的建设方式一般分现场浇筑和预制两种；人手孔的位置根据设计图纸而定。回填时要先设置警示带，警示带一般放在距离管道 300mm 处；回填材料及标准要和客户确定或遵循本地标准。

以上数据仅供参考，具体要求要根据客户及当地规范而定，如果客户没有自己的标准，按照设计原则里最小值来引导客户，降低土建施工成本。

2. 杆路土建施工

杆路土建施工包含挖杆坑、立杆、做拉线、敷设吊线等几个步骤。

挖杆坑时，新建杆路的路由、杆距、坑深等应符合工程设计要求；杆距按照不同的应用需要，一般在 35～55 m。

立杆要依照施工图设计，确定杆位；按照规范要求开挖杆坑。

做拉线时，线路夹角大于 60°时，增设一条拉线；每隔 16 根电杆左右设置四方拉线。

敷设吊线时允许的最大垂度应符合设计规范的要求；吊线应采用机械方式进行紧固；直线

段一般 500m 左右紧一次吊线。

杆路土建施工时要注意以下几点。

① 交通：在交通不便的地区，要充分考虑运输带来的工期和成本上升。

② 地形：工期、成本和质量要求受地形影响较大，要因地制宜进行调整。

③ 气候：要考虑气候条件对工程工期和成本造成的影响。

④ 补偿：赔补问题是影响工期和成本的重要因素，要考虑相关的法律和当地法规。

⑤ 成本：工程材料的质量直接影响工期、质量和成本。

3. 直埋土建施工

直埋土建施工要按照路由复测的划线挖沟，沟深和放坡要符合设计要求；按计划挖好一段后，应及时布缆，以免下雨造成缆沟坍塌；光缆沟的沟底应平整无碎石；石质、半石质沟底应铺细土或砂土；对已开挖的光缆沟进行隐蔽工程验收及签证。光缆沟的断面示意如图 7-18 所示。图中，H 为沟深，不同的地区有不同的要求，根据用户要求而定；B 为光缆沟的上宽，由当地土质松软程度来选定放坡系数，从而决定上宽。

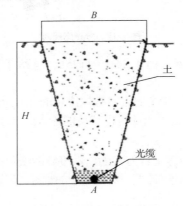

图 7-18　光缆沟的断面示意

光缆沟的土方量可按下式计算：

$$E = (A+B) \times H \div 2 \times L$$

式中：

E 为光缆沟的土方量（单位：m^3）；

A 为光缆沟的下宽（单位：m）；

B 为光缆沟的上宽（单位：m）；

H 为沟深（单位：m）；

L 为光缆沟的长度（单位：m）。

7.2.4　光缆布放

1. 传统管道光缆布放

传统管道光缆可以采用人工或机械布放，布放时需要注意以下事项。

① 弯曲半径：不要超过光缆的最小弯曲半径（动态下 20 倍直径，静态下 10 倍直径）。

② 拉伸力：不要超过厂商规定的拉伸力最大值，松套管和带状光缆一般为 2700N。

③ 管道应用：应特别注意的人孔或手孔的入口/出口。

④ 旋转接头：光缆端要使用旋转接头，防止电缆缠绕。

⑤ 拉环：牵引绳端需要使用拉环。

⑥ 光缆 8 字盘放：如果光缆从卷轴中移除，需按 8 字盘放，避免光缆缠绕。

⑦ 光缆润滑剂：必要时使用润滑剂减少摩擦。

⑧ 敷设温度：光缆不应在超过厂商规定的最高和最低安装温度的环境中安装。

2. 传统架空光缆布放

架空光缆可以采用人工或机械布放，布放时需要注意以下事项。

① 弯曲半径：不要超过光缆的最小弯曲半径（动态下 20 倍光缆直径，静态下 10 倍光缆直径）。

② 拉张力：松套管和层绞式光缆最大拉张力一般是 2700N，8 字光缆的拉张力最大可达到 9000N。

③ 不受控制的扭转：牵引绳端需要使用拉环，防止光缆扭曲。

④ 接头的位置：建议选在接续的拐角处。

⑤ 与其他设施的间隙：确保光缆和其他公用设施有足够的间隙。

⑥ 接地：金属中间加强件和钢带需要在拼接点处接地。

3. 直埋光缆布放

直埋光缆布放时要注意以下几点。

① 在熔接点或接续点，确保光缆有 10m 的盘留，便于后续熔接。

② 光缆要盘留在人井或接头盒内。

③ 如果要将熔接点直接埋在地下，光缆圈需要沿着线路方向垂直放置。

④ 为了方便后续维护，可以考虑每 100m 盘留一定长度的光缆。

4. Figure-8 架空光缆布放

Figure-8 架空光缆是一种带有自承加强芯的光缆，可以采用人工或机械两种方式布放。布放时需要注意以下事项。

① 光缆组件必须分开进行熔接和配线操作。

② 钢绞线固定端采用弹簧式压缩套筒夹持裸露的吊线钢绞线。

③ 钢绞线由螺旋形高强度钢丝组成，将高强度钢丝缠绕在裸露的芯棒钢绞线上。

④ False 端常用于消除中间极点或终端极点的不平衡载荷。

⑤ 钢绞线的松弛光缆可以很容易地沿着电杆向下延伸到 U 型护罩下的连接点。

5. 室内光缆布放

室内光缆布放包括垂直光缆布放和水平光缆布放，垂直光缆布放通常是从上向下布放，如果垂直管道资源不足，可以将光纤分束后从不同的管道中放下。水平光缆布放根据管道情况分为暗线和明线两种，明线在内线的施工工程中主要用 PVC 管、硬管或者波纹管来保护光纤或者网线。室内光缆布放有两种布放方式，一种是先垂直后水平，其优势是效率高、速度快，劣势是废料率高；另一种是先水平后垂直，其优势是物料利用率高，劣势是施工、测试不能同步完成。

7.2.5 设备安装

1. 施工安全

设备安装首先要注意施工安全问题。

（1）通用注意事项

通用注意事项有以下几点。

① 遵循设备上的标识及手册中说明的所有安全注意事项。

② 遵守当地法规。

③ 先培训后上岗。

④ 接地安全。

⑤ 人身安全。

⑥ 设备安全。

（2）易燃空气环境安全

不得将设备置于有易燃、易爆气体或烟雾的环境中，不得在该种环境下进行任何操作。

（3）激光安全

在不确定光源是否已关闭前，禁止注视裸露的光纤或连接器端口；在剪切或熔接光纤前，确保光纤和光源断开。断开光纤后，使用防尘帽保护所有的光纤连接器。

（4）机械安全

① 禁止自行在机柜上钻孔。不符合要求的孔会破坏机柜的密封性能、损伤内部光纤。

② 钻孔时应佩戴护目镜。

③ 钻孔后应及时打扫、清理金属屑。

④ 钻孔、用手搬运设备或固定光缆时，应佩戴保护手套。

⑤ 搬运重物时，应做好承重的准备，避免被重物压伤或扭伤。

（5）接地安全

安装设备时，必须先接地；拆除设备时，最后拆地线；禁止破坏接地导体；设备应永久性地接保护地线。操作设备前，应检查设备的电气连接，确保设备已可靠接地。

（6）人身安全

禁止在雷雨天气下操作设备；禁止裸眼直视光纤出口，以防止激光束灼伤眼睛；操作设备前，应去除首饰和手表等易导电物体，以免被电击或灼伤。

（7）设备安全

操作前，应先将设备可靠地固定在地板或其他稳固的物体上，如墙体或安装架；安装完设备，请清除设备区域的空包装材料。

2．设备安装

在安装 FDT、FAT、接头盒、TB 等设备时，按以下工作程序进行。

（1）安装前安装场所准备

安装前要根据工作温度、存储温度、安装空间要求等做好必要的准备工作，包括安装工具的准备、设备健康度检查等。具体要求参见各设备安装说明。

（2）机柜安装

机柜安装包括机柜在水泥地面或防静电地板上的安装、柜内各单元安装等。安装前要检查机柜是否与地面垂直、机柜/各柜内单元固定是否牢固等。具体要求参见各设备安装说明。

（3）配线操作

配线操作包括配线柜内配线、光缆开剥、固定与接地、尾纤与光缆的熔接等。具体要求参见各设备安装说明。

7.2.6 光纤成端

微课7-2 光纤熔接

光纤成端主要涉及光纤熔接技术。

1．光纤成端的步骤

光纤成端包括接续准备、光纤熔接、盘纤、接地、光缆固定和设备封装等多个环节。

（1）接续准备

接续准备工作需要先开剥好光缆，开剥的长度要符合要求，同时准备好熔接机。

（2）光纤熔接

光纤熔接包括以下步骤。

① 裸光纤的制备。

② 套上热缩管。

③ 执行熔接操作。

④ 对热缩管进行加热。

（3）盘纤

接续后将余纤盘在光纤盘片内；纤盘的弯曲半径应符合设计要求。

（4）接地

若光缆内有铜导线时需要接地。

（5）光缆固定

光缆固定主要是把光缆中的加强芯与接线设备的连接夹紧、夹牢，并能承受与光缆同样的拉力。

（6）设备封装

设备封装主要指接头盒或 ODN 设备与光缆连接处必须进行防水密闭处理；接头套管内应装防潮剂。

2. 光纤熔接设备

光纤的接续是指通过相应的接续工具将两根光纤连接起来，实现光信号路由的畅通。光纤的接续过程包括光缆/光纤的开剥、光纤端面的切割、光纤的清洁、光纤接续、光纤接续点的检测、光纤的盘储等。其中光纤的接续方式分为熔接接续、机械接续与现场制作快速连接器。

光纤熔接机主要用于光通信中光缆的施工和维护。其主要靠放出电弧将两根光纤熔化，同时运用准直原理平缓推进，以实现光纤模场的耦合。

3. 光纤的接续步骤

（1）光缆的开剥

根据光缆的用途，可将光缆/光纤的开剥分为开剥直通光缆、开剥直熔光缆、开剥裸纤。裸光纤是指直径为 0.125mm 仅含包层和芯层的光纤，长度为 22～55mm。光纤开剥工具为三口剥纤钳，用最大的口剥除 2～3mm 的外护套；用中间的口剥除 0.9mm 的缓冲层；用最小的口剥除 0.25mm 的涂覆层。用凯夫拉剪刀来剪断外护套内的芳纶纱。注意剥纤钳应与光纤垂直，上方向内倾斜一定角度，然后用钳口轻轻卡住光纤，右手随之用力，顺光纤轴向平推出去，光纤一次不宜开剥太长，以 1～2cm 为佳。移动时要轻拿轻放，防止与其他物件擦碰。折断/弯曲光纤时不能对准人的面部。剥除的光纤废物应收集到垃圾袋等收纳装置，统一处理。光纤的清洁、切割和熔接应紧密衔接，不可间隔过长。

开剥直通光缆的步骤如下。

① 根据安装场景测量、计算光缆的开剥长度，标识出开剥点。

② 环切光缆。

③ 去除光缆外护套。

④ 剪断芳纶纱，用清洁布擦除油膏。

⑤ 剪断骨架槽或加强芯，保留长度建议为 15mm。

开剥直熔光缆的步骤如下。

① 根据安装场景测量、计算光缆的开剥长度，标识出开剥点。为避免测量长度不准确引起

的二次开剥，开剥长度需在测量长度上增加一定的余量。

② 环切光缆，去除光缆外护套。

③ 剪断芳纶纱。

④ 用清洁布擦除油膏。

⑤ 剪断骨架槽或加强芯，保留长度建议为 15mm。

⑥ 开剥松套管。

⑦ 为开剥后的裸纤套裸纤保护套管，并用绝缘胶布缠裹光缆开剥处。

开剥裸纤的步骤如下。

① 在裸纤开剥前需将熔接保护套管套在裸纤上，本步骤适用于需要熔接的光纤。

② 开剥裸纤。

③ 清洁裸纤。

（2）切割光纤端面

在对光纤进行熔接、冷接等操作前，需要先进行光纤端面的切割。

① 用无水酒精与棉签清洁切刀。

② 水平摆放切刀，根据光纤类型将裸纤放置于相匹配的线槽。

③ 切割裸纤。

④ 当光纤端面缺损或凸出、不平整或有裂痕时，需要重新进行切割。

4. 光纤熔接与接续监测步骤

（1）熔接步骤

① 将光缆开剥出裸纤。

② 分纤，将光纤穿过熔接保护套管。

③ 清洁熔接机"V"形槽、电极、物镜、熔接室等。

④ 打开熔接机电源，设置熔接参数。

⑤ 熔接光纤并查看光纤连接损耗。

⑥ 移出光纤并用加热器加固光纤。

⑦ 将熔接保护套管卡入熔接保护套管固定座。

⑧ 储存熔接数据。

（2）接续监测

光纤连接损耗的监测途径包括熔接机监测、光时域反射仪（Optical Time Domain Reflectometer，OTDR）监测及采用光功率计测量。监测到的损耗值必须符合施工的具体要求，如果不符合，则需要重新进行接续。

采用熔接机监测时，熔接机显示的值是一个估计值，它是根据光纤自动对准过程中获得的两根光纤的轴偏离、端面角偏离及纤芯尺寸的匹配程度等图像信息推算出来的。当熔接比较成功时，熔接机提供的估算值与实际损耗比较接近。但当熔接机出现气泡、夹杂或熔接温度选择不合适等非几何因素时，熔接机提供的估算值一般都偏小，甚至将完全不成功的熔接接头评估为质量好的接头。因此，对于现场接续实行监测是必要的。如果监测结果与熔接机的结果相吻合，可以判定接续合格；如果监测结果明显劣于熔接机的结果，可以判定需要重新进行接续。

工程中连接损耗的监测普遍采用 OTDR。主要是因为 OTDR 除提供接头损耗的测量值外，还能显示测试位置到接续点的光纤长度，继而推算出测试位置到接续点的实际距离。同时能观察到被测光纤是否在光缆敷设中已出现损伤或断裂。另外，通过 OTDR 可以观测接续过程。

7.2.7　光线路工程常见故障分析

　　光线路工程常见问题主要有光纤端面污染与损伤，如灰尘、水汽等异物侵蚀；人为触摸；不当清洁；水浸，如 ODN 环境恶劣。多发问题主要有施工中出现光缆弯曲半径过小，如超过最小半径要求；拉力过大，如外来扯动、布线问题；侧压超标，如捆扎过紧、异物压持。线路中存在反射点，主要原因是光纤连接器未接好、熔接不佳、光纤开裂等。有一些故障是工程施工时标识错误，其原因有的是光纤错接，有的是没有标识，还有的是光纤调整后未更改标识等。还有可能会出现使用的光纤类型错误，没有按照要求使用匹配光纤。

7.3　ODN 工程测试验收

　　测试验收是指在 ODN 工程进行中或完工后对施工质量按照相应的技术规范，进行对比检验，提出验收意见和建议，包括土建施工验收、光缆布放检查、器件安装检查以及链路测试验收等。

7.3.1　土建施工验收

　　通常情况下，对于土建施工的验收，关键是隐蔽工程的验收。在 FTTx 场景施工过程中，一定要在每个步骤的工作完成后，及时和客户完成隐蔽工程的验收及签字工作。

　　1. 管道工程验收

　　管道工程验收要符合如下要求。

　　① 确保管道沟深符合设计要求。

　　② 确保警示带按照设计要求布放。

　　③ 确保任何两个人手孔的管道路由已经清理且贯通。

　　④ 检查每个管道内都已经布放牵引绳。

　　⑤ 检查并确保回填材料与原路面材料相同，符合设计要求。

　　2. 直埋工程

　　直埋工程验收要符合如下要求。

　　① 确保光缆沟深符合设计要求。

　　② 确保街头坑埋深符合设计要求。

　　③ 确保人手孔建造的混凝土等级符合设计要求。

　　④ 确保接头坑位置符合设计要求。

　　⑤ 确保警示带按照设计要求布放。

　　3. 架空工程

　　架空工程验收要符合如下要求。

　　① 确保电杆的质量、类型、基础的安装符合设计要求。

　　② 确保电杆坑深符合设计要求。

　　③ 检查并确保电杆附件的固定和安装符合设计要求。

　　④ 检查并确保水泥基础符合设计要求。

7.3.2　光缆布放检查

　　光缆安装前、安装过程中、安装后分别进行相应的检查。

1. 光缆布放前的检查

① 目视检查光缆盘是否有物理损伤。

② 检查光缆类型是否与设计要求相符。

③ 在光缆布放前要对厂商的每盘光缆做单盘测试，一般用 OTDR 在 1550nm 波长下进行测试。

2. 光缆布放中的检查

① 在光缆熔接过程中，要在 ODF 侧用 OTDR 对熔接的链路进行测试，检测连接损耗是否过大。

② 检查光缆护套是否在布放过程中有损坏。

③ 检查并确保在连接处有一定长度的光缆盘留。

3. 光缆布放后的检查

① 光缆弯曲半径要符合标准，布放过程中为 20 倍光缆直径，静止时为 10 倍光缆直径。

② 检查并确保所有光缆均有标签。

7.3.3　器件安装检查

ODN 器件安装检查主要包括：ODF、FDT、FAT、TB、接头盒等的安装检查。

1. ODF 的安装检查

① 检查安装位置是否和设计一致。

② 检查安装的稳固性。

③ 检查 ODF 的模块单元是否配齐。

④ 检查金属部件是否都已妥善接地。

⑤ 检查 ODF 的标签是否正确。

2. 接头盒安装检查

① 检查并确认接头盒的规格和类型是否和设计一致。

② 检查接头盒内的光缆是否按照弯曲半径要求及盘留长度要求进行妥善盘留。

③ 检查接头盒内的每条光缆都已经具备标签。

④ 检查所有金属部件已经妥善接地。

⑤ 检查接头盒支架是否固定牢固。

3. FDT、FAT、TB 安装检查

① 检查 FDT、FAT、TB 的安装位置是否和设计一致。

② 检查 FDT、FAT、TB 是否稳固。

③ 检查 FAT 等金属部件是否已经妥善接地。

④ 检查光缆、跳纤是否已经固定在合适的位置。

⑤ 检查光缆走线是否有序、清晰。

7.3.4　链路测试验收

进行 ODN 链路测试首先要了解测试所用的工具仪表、测试的参数指标和测试方式。测试的方法包括人工仪器仪表测试、系统测试（如网管测试）两大类。

微课 7-3　光链路测试

1. 常用测试工具

ODN 链路检测常用测试工具有：光功率计、光源、OTDR、光纤识别仪、红光笔、光纤接头清洁工具等。

（1）光功率计

在光纤系统中，光功率计是基本的工具，非常像电子学中的万用表。在光纤测量中，光功率计是重负荷常用表。通过测量发射端机或光网络的绝对功率，一台光功率计就能够评价光端设备的性能。将光功率计与稳定光源组合使用则能够测量连接损耗、检验连续性，并评估光纤链路传输质量。典型光功率计如图 7-19 所示。

PON 功率计，同时测试承载声音，数据和图像信号的不同波长的光功率值，可以在穿通方式下工作，即将该仪表置于 OLT 和 ONT 之间，在让业务信号完全通过的方式下测试。典型 PON 功率计如图 7-20 所示。

图 7-19　典型光功率计

图 7-20　典型 PON 功率计

（2）光源

光源（稳定光源）通常是指输出的光功率、波长及光谱宽度等特性都是稳定不变的光源。稳定光源对光系统发射已知功率和波长的光，将其与光功率计结合在一起，可以测量光纤系统的光损耗。对现成的光纤系统，通常也可把系统的发射端机当作稳定光源。如果端机无法工作或没有端机，则需要单独的稳定光源。稳定光源的波长应与系统端机的波长尽可能一致。在系统安装完毕后，经常需要测量端到端损耗，以便确定连接损耗是否满足设计要求。典型光源如图 7-21 所示。

（3）红光笔

故障定位器也就是红光笔，能发出持续或具有脉冲式的红光，若将红光注入光纤，在宏弯或者光纤断裂处会有红光漏出，可识别断裂、弯曲、连接器故障、熔接以及其他引起损耗的原因。红光笔又叫作通光笔、笔式红光源、可见光检测笔、光纤故障检测器、光纤故障定位仪等，多用于检测光纤断点，目前其最短检测距离分为 5km、10km、15km、20km、25km、30km、35km、40km 等。典型红光笔如图 7-22 所示。

图 7-21　典型光源

图 7-22　典型红光笔

（4）OTDR

通过向被测光纤发射光脉冲，检测光纤中返回的瑞利散射及菲涅尔反射数值，得到被测光纤的长度及损耗等物理特性，并借助数据分析功能，可精确定位光路中的事件点及故障点。

OTDR（可穿透光分路器型），最大动态范围为 50dB，最短盲区为 0.8m；可穿透光分路器对整个 PON 进行测试；采用 1310/1490/1550/1625nm 波长，具有触摸屏，方便操作。典型 OTDR 有手持式、台式等，如图 7-23 所示。

 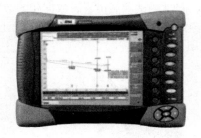

（a）手持式 OTDR　　　　　　　　　　　　（b）台式 OTDR

图 7-23　典型 OTDR

（5）光纤识别仪

光纤识别仪可测试有无信号和信号方向、功率；在不中断业务下，可进行纤序查找。光纤识别仪是在维护、安装、布线和恢复期间使用的一种光纤维护必备的工具，用于无损的光纤识别工作，可在单模和多模光纤的任何位置进行探测，寻找和分离特定的一根光纤，通过在一端把 1310nm 或 1550nm 带特定调制信号的光信号射进光纤，用识别器在线路上把它识别出来，还可以指示业务。典型光纤识别仪如图 7-24 所示。

图 7-24　典型光纤识别仪

（6）光纤清洁工具

常用的光纤清洁工具中，光连接头清洁工具如图 7-25（a）所示，光适配器清洁工具如图 7-25（b）所示。也可使用"无尘布＋无水乙醇"方式清洁光纤，该方式比较经济。

（a）光连接头清洁工具　　　　　　　　　　（b）光适配器清洁工具

图 7-25　光纤清洁工具

2. 仪器仪表测试参数

测试参数包括 ODN 关键参数，如光纤的衰减、ODN 器件引起的插入损耗和回波损耗等。衰减是光在沿光缆传输过程中光功率的减少。对于不同的光纤类型、不同的波长，其损耗值是不同的，如表 7-3 所示。通过用光功率计测量绝对光功率或通过一段光纤的光功率可得到光纤的相对损耗。

表 7-3　光纤类型及对应损耗

名称	类型	平均损耗/dB
光纤(G.652D)	1310nm（1km）	≤0.35
	1550nm（1km）	≤0.21
光纤(G.657A)	1310nm（1km）	≤0.38
	1550nm（1km）	≤0.25

插入损耗是指光纤中的光信号通过活动连接器或者光分路器之后，其输出光功率相对输入光功率的损耗。ODN 器件损耗典型值如表 7-4 所示。插入损耗的测量方法与衰减的测量方法相同。

表 7-4　ODN 器件损耗典型值

名称	类型	平均损耗/dB
连接器	冷接	≤0.2
	熔接	≤0.1
	活动连接	≤0.3
光分路器	1:64（PLC）	≤20.5
	1:32（PLC）	≤17
	1:16（PLC）	≤13.8
	1:8（PLC）	≤10.6
	1:4（PLC）	≤7.5
	1:2（FBT）	≤3.8

光回波损耗（Optical Return Loss，ORL）又称为反射损耗，它是指在光纤连接处，后向反射光相对输入光的损耗。回波损耗越大越好，以减少反射光对光源和系统的影响；建议线路最小 ORL > 45dB；PC 的回波损耗>45dB，APC 的回波损耗>55dB；对于 CATV 业务，要求 ODN 所有节点必须使用 APC 类型接头。

3. ODN 工程检测

典型 ODN 工程如图 7-26 所示。首先对链路总损耗进行预算，然后按网络节点，分段进行测试，包括馈线段的测试、配线段和入户段的测试、光分路器端口的测试。所有测试完成后再进行业务发放。

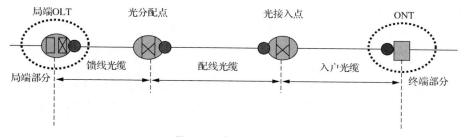

图 7-26　典型 ODN 工程

（1）总损耗预算

ODN 工程检测建议步骤如下。

首先要对链路总损耗进行预算。根据部署的 PON 类型，测试前应认真检查 ODN 的每个组件。

ODN 链路总损耗包括光分路器损耗、熔接和冷接损耗、连接器和适配器（法兰盘）损耗、光纤传输损耗、线路冗余损耗等。线路冗余损耗与距离有关，5km 以内，冗余损耗为 1dB；5～10km 为 2dB；10km 以上取 3dB。

如果集成 CATV 业务，需要另外进行考虑。关于 WDM 的损耗，每个 WDM 耦合器的损耗通常为 0.7～1.0 dB；1550nm 波长应用于 CATV 传输时，链路功率预算需另外计算，1550 nm 的衰减约为 0.2 dB/km；CATV 接收机光功率最小为-8dBm。PON 光模块满足 ClassB + /C+标准，满足 20km、1:128 分光比要求。

不同标准 PON 光模块发送/接收光功率如表 7-5 所示。

表 7-5 不同标准 PON 光模块发送/接收光功率

激光模块型号	设备名称	发射波长/nm	发送光功率/dBm	接收光功率/dBm	链路衰减/dB
GPON（CLASS B+）	OLT	1480～1500	+1.5～+5.0	-28～-8	13～28
	ONT	1290～1330	+0.5～+5.0	-27～-8	
GPON（CLASS C+）	OLT	1480～1500	+3.0～+7.0	-32～-12（开 FEC）	17～32
	ONT	1290～1330	+0.5～+5.0	-30～-8（开 FEC）	
CLASS C++	OLT	1480～1500	+6.0～+10.0	-35～-15（开 FEC）	20～35
	ONT	1290～1330	+0.5～+5.0	-30～-8（开 FEC）	
XGS-GPON（N1）	OLT	1575～1580	+2～+5	-26～-5	14～29
	XGS-PON ONT	1260～1280	+4～+9	-28～-9	
XGS-GPON（N2）	OLT	1575～1580	+4～+7	-28～-7	16～31
	XGS-PON ONT	1260～1280	+4～+9	-28～-9	
XGS-GPON（E1）	OLT	1575～1580	+6～+9	-30～-9	18～33
	XGS-PON ONT	1260～1280	+4～+9	-28～-9	

OLT/ONU 的接收光功率需满足光模块的过载光功率及接收灵敏度的区间要求。接收光功率=发送光功率-链路衰减。

链路衰减 $= L \times \alpha_0 + n_1 \times \alpha_1 + n_2 \times \alpha_2 + n_3 \times \alpha_3 + e + f$

$L \times \alpha_0$：光纤传输损耗（α_0 为光缆每千米损耗，L 为光缆长度）。

$n_1 \times \alpha_1$：熔接点损耗（α_1 为单个熔接点损耗，n_1 为熔接点数量）。

$n_2 \times \alpha_2$：冷接点损耗（α_2 为单个冷接点损耗，n_2 为冷接数量）。

$n_3 \times \alpha_3$：连接器损耗（α_3 为单个连接器损耗，n_3 为连接器数量）。

e：光分路器损耗。

f：冗余损耗。

总损耗预算举例如图 7-27 所示。链路衰减 $= 7.25 \times 0.35 + 6 \times 0.1 + 1 \times 0.5 + 12 \times 0.3 + 16.8 + 2 = 26.04$（dB）。不管是采用 CLASS B+还是 CLASS C+标准，链路衰减均在衰减允许范围内，满足要求。

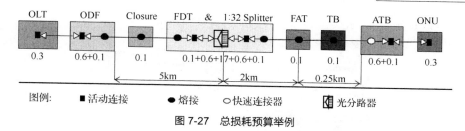

图 7-27　总损耗预算举例

　　OLT 的接收机动态范围在 15dB 内，即最大光衰和最小光衰的差值应该在 15dB 以内，一旦超出 OLT 接收机的动态范围，会导致误码率上升，甚至某些 ONU 掉线。如图 7-28 所示，第一条链路的 ONU1 接收的光强度为 -7dBm；第二条链路 ONU2 接收的光强度为 -23dBm。二者相减，为 16dB，超出接收机动态范围 15dB 的要求。

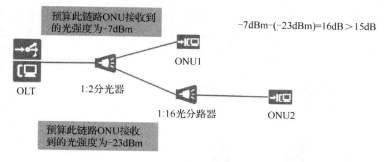

图 7-28　OLT 接收机的动态范围概念

（2）PON 口发光功率测试

　　测试 OLT PON 口发光功率，保证 PON 口发光功率在正常范围之内，如图 7-29 所示，用 PON 网络功率计或光功率计连接 OLT 的 PON 口进行测量。当使用光功率测量时，注意 PON 口接头类型为 SC/PC，而光功率计的接头类型通常为 FC/PC（圆头），需要准备合适的跳纤；所有 PON 的跳纤都必须是单模的，禁止在 PON 中使用多模跳纤；测试前请使用无水酒精或专业清洁工具清洁尾纤接头。测量完毕后，将测量值与表 7-5 中不同光模块的功率值相对照，检测是否正常。

图 7-29　PON 口发光功率测试

（3）馈线段链路测试

　　馈线段链路测试第一种方法是使用 OTDR 来测试主干光缆（馈线段）链路情况，从 PON 口至光分路器输入口可分别从两个方向进行测量，如图 7-30 所示。由于大多数 OTDR 都无法穿透光分路器，从 OLT 侧向下测试的时候 OTDR 上显示的距离是 OLT 到光分路器的距离；进行 OTDR 测试时光纤必须为黑光纤状态，即光纤链路中不能有光源，否则将干扰 OTDR 测试结果；从光分路器向 OLT 做上行测试时，必要时需将光纤与 PON 口断开。从 OLT 向下行方向测试时，注意 ONT 侧不能有长发光设备，最好能进行双向测试。

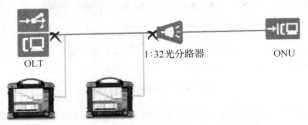

图 7-30　OTDR 测试主干光缆（馈线段）链路

如果没有 OTDR，只有光功率计，也可使用光功率计与光源配合测试主干光缆（馈线段）从 PON 口至光分路器输入口的链路情况。测量时，将稳定发光的光源设备连接下行光纤，在光分路器前用光功率计测量光衰，这种方法无法检测出 ORL 和 OLT 与光分路器距离等。配线段和入户段使用光功率计测试的方法与馈线段的类似，按节点测试，最好能进行双向测试。光功率计测试主干光缆（馈线段）链路情况如图 7-31 所示。

图 7-31　光功率计测试主干光缆（馈线段）链路情况

（4）配线段和入户段链路测试

使用 OTDR 测试配线段和入户段光缆（分支段）链路情况，从光分路器输出口至 ONT 侧。由于大多数 OTDR 都无法穿透光分路器，做上行测试时距离为 ONT 至光分路器距离；进行 OTDR 测试时光纤必须为黑光纤，即链路中不能有光源干扰，注意测试时上行和下行的波长选择（1310nm、1490nm、1550nm），最好能进行双向测试。测试配线段和入户段光缆（分支段）链路如图 7-32 所示。

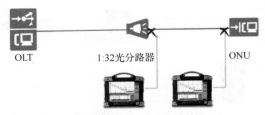

图 7-32　测试配线段和入户段光缆（分支段）链路

（5）光分路器端口测试

使用 PON 功率计或光功率计对光分路器每个输出口进行测试，保证光分路器插损值符合规范。注意光分路器的接头类型丰富，需要提前准备合适的跳纤；使用光功率计测试时需要有稳定光源；测试需要经常插拔光分路器接头，测试完成后需清洁尾纤及适配器。用光功率计测试光分路器输出口如图 7-33 所示。

图 7-33　用光功率计测试光分路器输出口

当使用光纤识别仪测量时，光纤识别仪可以检测出跳纤或者尾纤内是否有光信号。光纤识别仪在光纤熔接上接头之前便可以准确检测，而光功率计需要有相应的连接器。正常情况下，对于 PON，在 ONT 没有接到网络上之前，ONT 是不发光的。如果检测到 ONT 侧的尾纤有光信号，说明存在长发光 ONT 或者有其他光源。光纤识别过程如图 7-34 和图 7-35 所示。

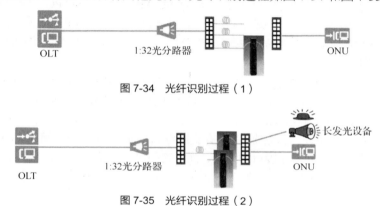

图 7-34　光纤识别过程（1）

图 7-35　光纤识别过程（2）

7.3.5　ODN 业务发放和运维

1. ODN 业务发放

ODN 业务发放要满足以下要求。

① 收发光功率应满足设备标准要求。OLT/ONU PON 口收发光功率需满足标准要求，如 Class B+标准，ONU 的接收灵敏度为-27dBm，过载光功率为-8dBm，那么 ONT 处接收到的光功率必须大于-27dBm，小于-8dBm。典型 PON 设备发送和接收光功率如表 7-6 所示。

表 7-6　　　　　　　　　　　　　　典型 PON 设备发送和接收光功率

标准	设备	发送光功率/dBm	接收光功率/dBm
GPON（CLASS B+）	OLT	+1.5～+5	-28～-8
	ONT	+0.5～+5	-27～-8
GPON（CLASS C+）	OLT	+3～+7	-32～-12（开 FEC）
	ONT	+0.5～+5	-30～-8（开 FEC）
XGS-GPON（N1）	OLT	+2～+5	-26～-5
	XGS-PON ONT	+4～+9	-28～-9

② ODN 链路实际损耗在预算损耗之内。ODN 链路实际损耗不仅应在预算损耗之内，也要

考虑各种因素的影响。例如，A 点 OLT PON 口发光功率为 3dBm，到某 ONT 处的链路衰减预算总值为 15dB，预算到 ONT 处的光功率为-12dBm，但是现场测试发现 ONT 处接收到的发光功率为-21dBm，与预算差了 9dBm，但在光模块的工作范围内，是否需要排查链路？答案是肯定的，需要重新排查链路，因为光衰异常，可能引起回波损耗等其他参数异常，进而导致网络不通。

③ 保证 ONT 光模块不长发光。通常情况下，在没有与 PON 连接上之前，ONT 光模块是不发光的。如果测试发现光模块长发光（即能测试出有稳定的光信号），就要更换 ONT 光模块，保证 ONT 光模块不长发光。

④ 确认距离在相关 PON 标准范围之内。GPON 光模块满足 Class B+标准，满足 20km、1:64 分光比；EPON 光模块满足 PX10/PX20 标准，满足 10km、1:32 分光比或 20km、1:16 分光比。

⑤ 其他事项，例如保证接头类型一致，保证尾纤头清洁。通常 ONT 的接头类型为 SC/APC（绿色大方头），那么适配器两端的类型必须都为 SC/APC，禁止 SC/PC 对接 SC/APC。SC/PC 与 SC/APC 对接，最大可产生 20dB 的衰减，并且测试的时候也许正常，但后续随时都可能故障。尾纤头要保持清洁，检修测试时要时刻注意。在有灰尘或水汽环境应定期维护。

2. ODN 运维

线路标签和光路表是日常维护的基础。工程移交时，各连接点必须有完整的线路标签及光路表。日常维护时，如调整光路后，须同步更新线路标签及光路表。加强规范性布线管理。

日常维护中，ODN 光路故障检测是基本的技术手段。通过 OTDR 对链路进行检测，并将检测数据和基准数据进行比较，可以判断是否存在断纤、污损、弯曲等潜在问题。工程移交时，ODF、FDT、人井等线路，以及光路连接点的光缆、光纤走线排序、路由方向、弯曲半径等都要满足要求。日常维护时，如增加跳纤等，新增线路布线也必须有序、路由清晰、弯曲半径满足相应要求。

【思考与练习】

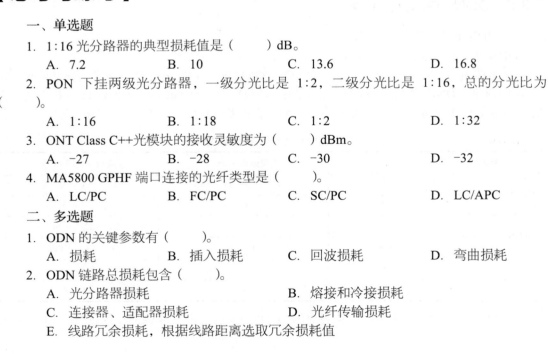

一、单选题

1. 1:16 光分路器的典型损耗值是（　　　）dB。
　　A. 7.2　　　　　　　　B. 10　　　　　　　　C. 13.6　　　　　　　　D. 16.8
2. PON 下挂两级光分路器，一级分光比是 1:2，二级分光比是 1:16，总的分光比为（　　　）。
　　A. 1:16　　　　　　　B. 1:18　　　　　　　C. 1:2　　　　　　　　D. 1:32
3. ONT Class C++光模块的接收灵敏度为（　　　）dBm。
　　A. -27　　　　　　　B. -28　　　　　　　C. -30　　　　　　　D. -32
4. MA5800 GPHF 端口连接的光纤类型是（　　　）。
　　A. LC/PC　　　　　　B. FC/PC　　　　　　C. SC/PC　　　　　　D. LC/APC

二、多选题

1. ODN 的关键参数有（　　　）。
　　A. 损耗　　　　　　　B. 插入损耗　　　　　C. 回波损耗　　　　　D. 弯曲损耗
2. ODN 链路总损耗包含（　　　）。
　　A. 光分路器损耗　　　　　　　　　　　　B. 熔接和冷接损耗
　　C. 连接器、适配器损耗　　　　　　　　　D. 光纤传输损耗
　　E. 线路冗余损耗，根据线路距离选取冗余损耗值

3. FTTH 场景中，ODN 从局端到用户端可分为两点三段，其中的两点分别是（　　　）。

   A. 光分配点　　　　B. 用户接入点　　　C. 综合汇聚点　　　　D. 信息汇聚点

三、判断题

1. ODN 中器件需要电源供电才能工作。（　　　）

2. 光纤结构可分为折射率较低的纤芯、折射率较高的包层以及表面的涂层。（　　　）

3. ODN 端到端链路测试方式包括人工仪器仪表测试、系统测试（如网管测试）两大类。
（　　）

4. 回波损耗越小越好，以减少反射光对光源和系统的影响。（　　　）

四、简答题

1. Outside Plant 勘测主要包含哪些阶段？

2. ODN 设计原则有哪些？

3. 管道土建施工包含哪些重要步骤？